三峡库区城市『公共安全空间单元』研究

◎基于灾害链视角

中国建筑工业出版社

图书在版编目（CIP）数据

三峡库区城市“公共安全空间单元”研究 / 郭辉著.— 北京：中国建筑工业出版社，2016.12
ISBN 978-7-112-20191-4

Ⅰ.①三… Ⅱ.①郭… Ⅲ.①城市空间－空间规划－安全设计－研究－三峡 Ⅳ.①TU984.11

中国版本图书馆CIP数据核字（2016）第322430号

城市公共安全是人居环境建设的基本任务，也是我国城镇化建设中不可旁绕的现实问题。本书运用“以问题为导向”的研究方法，秉持“融贯学科”的系统理论观，探索城市公共安全的差异性理论与方法。研究立足于城乡规划学科领域，融合复杂系统科学等相关学科，以三峡库区城市公共安全为课题对象，在实地调研的基础上，针对现实问题提出公共安全空间单元“容灾机制”和“干预方法”，意图探索并建构三峡库区城市公共安全差异性规划理论及方法体系。

本书可供城乡规划学、公共安全学、建筑学、灾害学、城市社会学及文化地理学等研究、设计及管理人员参考，也可供相关专业师生阅读。

责任编辑：唐 旭 张 华
版式设计：京点制版
责任校对：焦 乐 张 颖

三峡库区城市
“公共安全空间单元”研究
郭 辉 著
*
中国建筑工业出版社出版、发行（北京海淀三里河路9号）
各地新华书店、建筑书店经销
北京京点图文设计有限公司制版
北京云浩印刷有限责任公司印刷
*
开本：787×1092毫米 1/16 印张：12¼ 字数：320 千字
2017年5月第一版 2017年5月第一次印刷
定价：78.00元
ISBN 978-7-112-20191-4
(29670)

序

三峡工程是我国人居环境建设的一项综合性工程。2009 年基本完成水利枢纽建设和库区移民安置，目前进入后三峡库区人居环境的建设时期，其中社会稳定与安全、生态环境的保护与建设是一项长期的可持续工作。

城市公共安全是一个综合复杂的学术概念，以人居环境科学融会贯通的思想为指导，因地制宜地探索适应性理论和方法，寻求“标准理论”的地域化，是探索城市公共安全问题的有效途径和技术方法。郭辉博士的学术论文以“三峡库区城市公共安全空间单元规划研究”为切入点，结合山地人居环境学科团队多年来的基础工作，将区域研究、城乡规划学、建筑学、地理学、社会科学等系统研究融贯一体，依循“以问题为导向”，以三峡库区人居环境建设的城市公共安全问题为研究工作的切入点，建立从理论到实践的调查过程和研究框架，通过总体策略、理论探索、技术方法与规划实践的研究途径，试图建构针对三峡库区后期人居环境建设的城市“公共安全空间单元”的规划理论与方法体系，并探索不同地域中的城市公共安全规划的差异性理论和相应实践途径。

郭辉博士从本科时期，跟随学科团队参与了关于三峡库区人居环境建设的相关研究工作，其中有些工作涉及城市公共安全的学术话题。在研究生阶段也从事了不少关于三峡库区城乡规划的项目实践工作，得到了很大的锻炼。2013 年，郭辉博士参与了国家“十二五”科技支撑计划课题《西南山地生态安全型村镇社区与基础设施建设关键技术研究与示范》的相关研究工作，对其博士论文的写作，产生了积极的理论影响和技术方法的支持作用。郭辉博士论文的选题、调研、写作、答辩等程序工作中，得到团队老师的积极指导和帮助。郭辉多次深入库区进行实地调研，收集了大量的第一手资料，从城乡规划学和社会学的角度，对研究内容有所融贯、探索和创新。

本书是郭辉在博士学位论文基础上修改完成的书著，其内容较好地探索了三峡库区人居环境建设相关“城市公共安全”的热点话题，有一定的学术新意和前沿性，反映了他学术研究艰苦劳作与积极思考的过程。该书的面市，一方面是对他研究成果的肯定，一方面也是对他学术道路延续与发展的勉励。郭辉博士为人谦虚，基础知识扎实，有较明确的学术志向。希望他能以此为基点，在新的工作岗位上，坚持学术探索和积极创新的态度，不断学习与思考，在自己的学术领域取得新的进步。

谨此为序。

赵万民

2017 年 5 月于重庆大学

前　言

三峡工程是世界上规模最大的水利枢纽工程，自2009年完成主体建设和库区移民安置工作以来，取得了预期效果和效益，但随着“后库区时代”的到来，库区城市面临的公共安全问题也日渐突出和严峻。在跟随导师进行国家科技支撑计划课题《西南山地生态安全型村镇社区与基础设施建设关键技术研究与示范》的研究时，意识到三峡库区城市公共安全问题研究的必要性和紧迫性，据此选定此领域进行研究。

城市公共安全问题是一个复杂综合的问题，因地制宜、系统性和适应性研究方法的选取便成为研究的重点和难点。作者以人居环境科学融会贯通的思想为指导，立足城乡规划学科，综合借鉴社会学、地理学、系统学及复杂性科学等相关学科，以三峡库区城市面临的公共安全现实问题为导向，探索并建构三峡库区城市“公共安全空间单元”规划理论与方法体系，希望以此为切入点探索差异性的城市公共安全规划理论与方法。

本书主要提出以下研究结论：

1. 理论体系——以“精细化单元管控、多学科交叉融合”为研究方向，以三峡库区城市公共安全现实问题为背景，构建出“公共安全空间单元”概念，并构建了以公共安全空间单元“容灾性”为核心的理论研究体系。

2. 技术方法——围绕公共安全空间单元的“容灾性”，进行“容灾机制”和“规划干预”研究，其中的“单元划定、断链减灾、成链救助”是三个关键技术。

3. 实践运用——选取三峡库区公共安全核心问题突出的三个典型区域进行“公共安全空间单元”规划差异性实践研究，在建设实践和理论方法方面得到相关启示，具有一定的可操作性。

郭　辉

2016年11月

目　录

第1章 绪 论

1.1 研究背景

1.1.1 三峡工程是一项人居环境建设的系统工程

三峡工程是集防洪、发电、航运、调水多项功能为一体的国家重大工程，其分布在重庆市到湖北省宜昌市的长江干流上，是世界上规模最大的水电站工程。三峡工程绝不是一项单纯的工程技术问题，也不仅仅是简单的居民迁移问题，其是在21世纪的开端，中国三峡地区5万多平方千米水陆域面积上近1400万人民的生产、生活和生态环境的一次大调整、大平衡和大建设，是整个库区新的人居环境可持续发展的复杂性系统工程。

“三峡工程实质上是一项复杂的人居环境建设的系统工程。它涉及区域科学、环境科学、历史文化遗产的保护与开发、新城镇规划与建设、风景旅游区规划和地方建筑学多种领域。社会、经济、历史、地理、能源、土建、水利学科等都能在其中找到自己的位置（图1-1）。这就要求我们应该由更宏观的尺度和更高的起点来认识它、研究它。事实上，时至今日，我们对这一问题的认识和所做的实际工作还远远不够。我们通过对三峡库区众多城市的规划和迁建，以及关联问题的实际调查，迫切地感到三峡工程建设将面临的综合性和复杂性。” ①

1.1.2 公共安全是库区城镇化推进的客观需要

三峡工程是促进西部大开发建设，实施可持续发展战略，加速三峡地区经济社会发展的基础性工程，是治理和开发长江的重要工作，是国家城镇化发展由东向西递进的战略性工程，也是国家在三峡地区和长江流域的中西结合部推进新型城镇化发展的一次尝试。自1992年三峡工程开工建设，到2009年初步建成验收，累计完成移民安置142.37万（其中，进入城镇安置的移民约占65%），涉及12个县市、114个集镇的搬迁建设，整体规模达5.6万km^2。三峡移民是三峡流域人民生产、生活和生态环境的一次大调整、大平衡和大建设，也是我国典型的库区山地环境一次特殊形式的城镇化发展。② 库区百万移民所引出的大规模城镇搬迁和人居环境建设的可持续发展，是三峡工程成败的关键。历届党和国家领导人对库区的移民工作和稳定发展，都给予了高度的关心和重视。③ 在移民迁建的拉动下，库区城市发生了巨大的变化，成绩是明显和突出的，但也暴

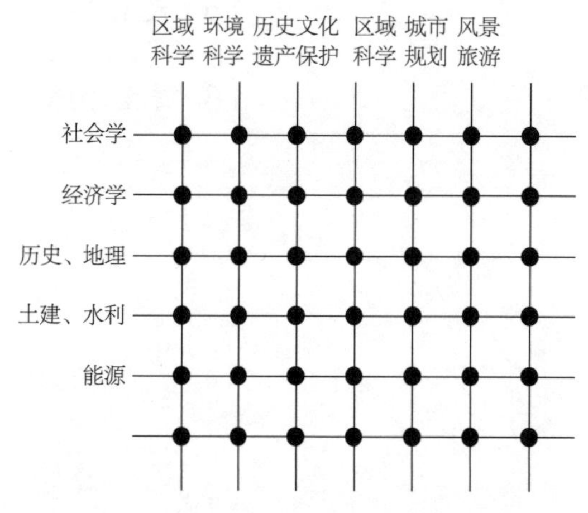

图1-1 三峡工程多学科综合关系结构示意图
（资料来源：吴良镛，赵万民. 三峡库区人居环境的可持续发展[J]. 中国科学技术前沿（工程院版），1997）

① 吴良镛，赵万民. 三峡工程与人居环境建设[J]. 城市规划，1995（4）.

② 吴良镛，赵万民. 三峡工程与人居环境建设[J]. 城市规划，1995（4）.

③ 自李鹏总理开始，朱镕基、温家宝、李克强等历任总理都到三峡库区视察，重视移民工作和库区发展。

露出很多矛盾和问题，很多方面始料未及。

尽管三峡工程的水利枢纽建设和库区的移民安置工作，已于 2009 年基本完成，但作为这样一项举世瞩目的复杂巨系统工程，其后续的问题才刚刚开始，三峡库区人居环境的可持续发展，面临着更大的挑战和考验。正如《三峡库区人居环境的可持续发展》① 一文中所指出的："三峡工程除本身的水利枢纽建设和淹没移民外，同时还面临了一系列重大的课题：三峡工程是三峡地区产业和经济结构的一次大调整和大发展；是中国一次特殊形态的城镇化进程；是保持三峡地区生态环境可持续发展的重大工程；是库区 120 万居民迁移的一项特大安居工程；是保护三峡自然风景资源和历史文化遗产的一项前所未有的新任务"。

时至今日，三峡工程移民迁建和库区城镇化的工作已初步完成，取得了预期效果，但从城镇化建设角度来看，面临着一些不容回避的现实问题，现归纳如下：

（1）库区城镇生态环境猝变与长期维育的问题。

三峡工程的建设和运行产生了区域地质及生态结构的大调整，其库区城镇建设条件及生态环境也发生了猝变，出现了"高峡平湖"新的自然生态格局，地质条件的变更、人口的短期集聚、水流的变缓及污染，都对新生态环境的平衡提出了严峻的考验，其长期维育问题成为了一项长期和艰巨的任务。

（2）库区城镇产业结构调整与城镇建设的问题。

三峡工程的建设促进了库区城镇产业和经济结构的大调整和大发展，产业结构正面临着新的调整与转型，渐进式的产业更新与急速化的时空压缩之间存在着客观上的矛盾，出现相当一部分库区城镇产业空心化现象，从而导致库区"产业结构与城镇建设"的不同步问题。

（3）库区历史文化遗产保护与城市品质的问题。

在三峡工程的建设中，形成了大量的淹没区，大量有文化价值的建筑物、构筑物等不可移动的文物被永远地淹没，在库区新城镇建设的过程中，民俗、技艺等非物质文化遗产也遭到遗失，这些遗产是提升库区城市品质的基因，更是提高库区城市软实力的核心要素。如何留住"乡愁"、留住文脉，避免千城一面（这些问题已经出现端倪），是一项更为复杂的问题和工程。

（4）库区城镇基础设施建设与资源承载的问题。

库区移民的百万级时空转移和城镇人口的非线性（非自然）增长，是当下三峡库区城镇化的显著特征，为应对这样一个客观的现实，库区城镇的基础设施进入了一个急速的扩张期，库区大部分城镇都面临着城镇基础设施建设扩张和资源承载力不足的新问题。

以上归纳的四方面问题是对库区城镇化建设当前问题的阶段性总结，其中隐含着一个可持续发展的核心问题，如果从城市可持续发展的安全角度进行深度剖析，可以归结为"生态系统和社会系统"安全可持续发展的问题，这两方面问题并非单一的、静止的，其复杂性会随着时间的推移和后续的建设逐步显现，对于研究者来说，也意味着复杂性和长期性。与此同时，"新型城镇化"对三峡库区

① 吴良镛，赵万民. 三峡库区人居环境的可持续发展 [J]. 中国科学技术前沿（工程院版），1997：572-573.

的城镇化建设提出了更高的要求，在《国家新型城镇化规划（2014—2020年）》[①]中，有21处提出了城镇化建设的“安全”问题。由此可见，城市公共安全建设将成为我国未来城镇化建设的重心，在后三峡时代库区城镇建设的特殊时期，库区城镇化建设面临着猝变性和复杂性，城市公共安全的重要性不言而喻。

在此背景下，笔者以城市公共安全为切入点，从城市建设的公共安全角度对库区城镇化建设面临的客观问题进行研究，期望为库区城镇化建设提出适应性思路和建议性意见。

1.2 文献综述

1.2.1 三峡库区相关研究

本书所指的“三峡库区”是指因三峡枢纽工程建成后形成的西起重庆江津白沙镇、东至三峡大坝及至宜昌市三斗坪这一长达600km的江段及周边地区，包括因三峡工程175m蓄水及汛后回水所淹没涉及的地域以及工程需移民安置的范围，位于北纬28° 31′～31° 44′、东经105° 44′～111° 39′之间，东南、东北与鄂西交界，西南与川黔接壤，西北与川陕相邻，跨越大巴山南麓及鄂西武陵山脉北缘（图1-2）。包括了湖北省和重庆市在内的18个城市（区、县）：湖北省宜昌市所辖的夷陵区、秭归县、兴山县，恩施州所辖的巴东县；重庆市所辖的巫山县、巫溪县、奉节县、云阳县、万州区、石柱县、忠县、开县、丰都县、涪陵区、武隆县、长寿区、重庆市主城区（包括渝中区、沙坪坝区、南岸区、九龙坡区、大渡口区、江北区、渝北区、巴南区等）和江津区。其中，被淹没的陆地面积为632km^2，占上述18个城市（区、县）总面积的1%（图1-3）。

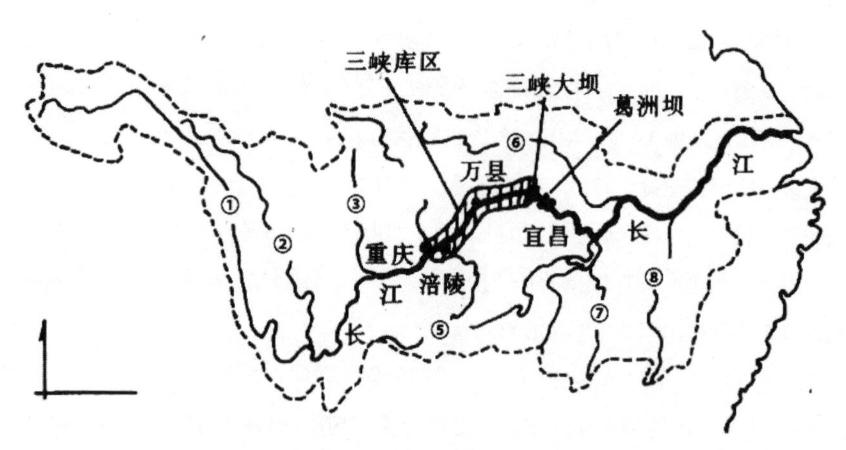

图1-2 三峡库区在长江流域的位置示意图
①—金沙江；②—雅砻江；③—岷江；④—嘉陵江；⑤—乌江；⑥—汉江；⑦—湘江；⑧—赣江
（资料来源：赵万民. 三峡工程与人居环境建设[J]. 城市规划，1995（4）：4）

① 中共中央、国务院印发（新华社北京2014年3月16日电）。

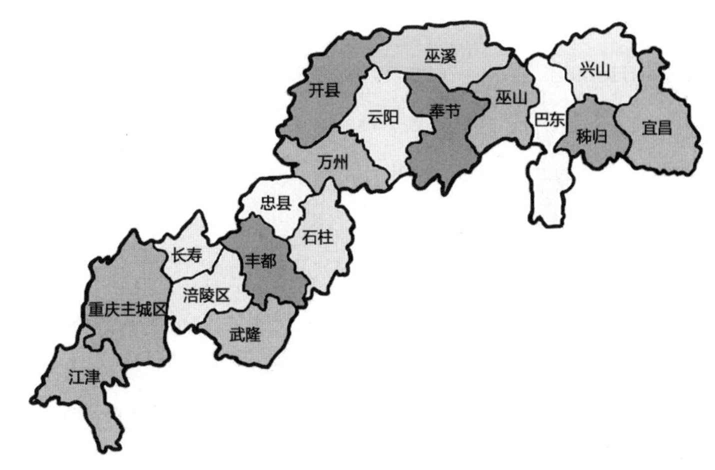

图 1-3 三峡库区淹没城镇、场镇范围示意图
（资料来源：赵万民 . 三峡工程与人居环境建设 [J]. 城市规划，1995（4）: 7）

三峡库区的发展，在漫长的历史时期基本保持着一种相对稳定的状态。20 世纪末，由于三峡工程的建设，三峡库区的发展经历了一次翻天覆地的突变。在短短 10 年左右的时间里，库区淹没及搬迁城市 2 个，县城 11 个，集镇 114 个，人口近百万，人数之多，涉及面之广，时间之紧迫，动迁规模之大，在世界范围内尚属首例。移民和城镇迁建使三峡库区在经济、文化、生态、聚居形态等方面发生着前所未有的变化，这一阶段的变化比历史上任何时期的变化都来得更加突然、迅速和深刻。这种强烈的变化在一个集中的时期完成，但由此所引发的影响将要持续的时间却无法估量。

当前，三峡库区的主要研究包括国内、国外两个方面：

（1）国内对三峡库区城市建设的研究可以分为“三峡工程前、三峡工程后”两个阶段，具体来说：

“三峡工程前”阶段：主要包括文化变迁研究，楚文化、巴渝和重庆文化的起源与发展研究（张正明，1987；徐文彬，1989 ～ 1999；薛新力，2003；周勇，2003），三峡文化及其现代性过程、文化与环境变迁的关系及长江流域的文化比较等总体脉络研究（朱诚，2002；段渝，2007）；也有稻作文化、茶文化、山水文化、盐业发展、军事等文化专门史研究（刘不朽，2000；张道葵，2002；阮荣华，2002）。在自然和人文地理方面，陈可畏（2002）、蓝勇（2003）系统挖掘了近古三峡地区人文环境遗存，分析了不同历史阶段城镇建设和社会经济过程。

“三峡工程后”阶段：主要包括三峡库区城市总体发展态势、社会经济发展战略研究（刘邵权，2001；陈国阶，2003），移民迁建后产业空心化、结构调整和工业发展战略研究（朱向梅，1999；任东明，2001；刘嗣明，2002），库区生态农业和旅游业发展战略研究（张述林，2000；李国平，2001；苏维诗，2003），移民经济开发与劳动就业问题方面研究（彭珂珊，1996；颜帮权，2001；陈国阶，1996；雷亨顺，2002）；山地城乡规划的理论体系和学术框架研究（赵万民，1999、2006；黄光宇，2002、2006），移民住宅区规划和设计问题研究（张兴国，2004），文化形态与人居环境建设的规律研究（王纪武，2005）以及综合交通体系战略研究（李泽新，2008）等。

（2）国外对三峡库区城市建设的研究主要集中在“移民政策、生态保护、技术支撑”三个方面，具体来说：

“移民政策”方面：L. Heming、P. Rees（2000）从移民的视野关注迁建政策，Yuefang Duan、S. Steil（2003）从迁建的政策、规划和实施进行研究，S. Jackson、A. Sleigh（2000）、Tan Y.、Hugo G.J.、Potter L. M.（2003）、Heming Li、P. Waley、P. Rees（2001）[①] 对三峡工程造成的紧张局势进行了研究；

“生态保护”方面：Gwo-Ching Gong、J. Chang、Kuo-Ping Chiang 等（2006）、Kehui Xu、John D. Milliman（2009）、Sai Leung Ng、Qing Guo Cai、Shu Wan Ding 等（2008）研究了三峡工程对库区的自然生态力量的影响，重点包含其对水营养、输沙能力、水土保持能力的影响，Javed Iqbal、R. Hu、M. Feng 等（2010）、T. Yan、L.Yang、C. D.Campbell（2003）、Y.S. Park、J.Chang、S.Lek 等（2003）[②] 重点关注库区内不同土地利用方式对生态物种的影响及保护策略，G. Heggelund（2006）研究了三峡工程的安置方案及环境容量；

“技术支撑”方面：J.G.Liu、P.J.Mason、N.Clerici 等（2004）[③] 利用 ASTER 影像分析法对库区进行研究，C. Seeber 、H. Hartmann、L. King（2010）利用多光谱数据分析法对库区进行研究，Seam-Shang Hwang、Juan Xi、Yue Cao 等（2007）对库区移民心理压力进行研究，S.Jackson、A.C. Sleigh（2000、2001）对库区迁建过程中对社会、经济的影响进行研究。

通过对三峡库区已有研究的综述可以看出，当前成果为三峡库区城市人居环境研究的全面展开奠定了基础，人居环境建设研究即将进入了一个新的阶段；与此同时，三峡库区城市公共安全领域的研究尚属空白，本书的研究也寄期望成为三峡库区人居环境研究的一个有机部分。

1.2.2 公共安全相关研究

1. 公共安全

“安全”是仅次于生理需求的人类第二大生存需求，也是满足社交需求、尊重需求和自我实现需求等其他需求的基础（马斯洛，1943），参考国家标准《职业健康安全管理体系要求》（GB/T 28001—2011），这样定义“安全”：免除了不可承受的损害风险的状态。由此可见，安全不是一个绝对的概念，而是与“风险”和“可承受”相关的一种状态。笔者进行了“公共安全”相关领域的梳理（表 1-1）。

---

① Heming Li 研究了三峡库区在大坝建设引起的非自愿移民的情况下，国家政策并不支持从农村被迫移民到城市的移民，提出了需要关注这些移民的政策上面的思考。参见：Heming L.，Waley P.，Rees P. Reservoir Resettlement in China：Past Experience and the Three Gorges Dam[J]. The Geographical Journal，2001，167（3）：79，195-212.

② Park Y.S. 试图确定在长江上游的 17 条支流的特有物种之间的潜在储量，研究基于 44 个特有物种的存在 / 不存在的数据，运用了自组织映射（SOM）方法对物种的潜在储量进行了分布模式研究。参见：Park Y. S.，Chang J.，Lek S.，et al. Conservation Strategies for Endemic Fish Species Threatened by the Three Gorges Dam[J]. Conservation Biology，2003，17（6）：146，1748-1758.

③ Liu J. G. 用了基于 terra-1 卫星的先进星载热发射辐射仪（ASTER）的图像数据，包括衍生的数字高程模型（DEM）的立体图像和多光谱反射和热成像，与有限的实地调查相结合，对三峡库区的移民安置灾害状况进行研究。参见：Liu J. G.，Mason P .J.，Clerici N.，et al. Landslide Hazard Assessment in the Three Gorges Area of the Yangtze River Using ASTER Imagery：Zigui–Badong[J]. Geomorphology，2004，61（1）：79，171-187.

代表人物及相关理论一览表　　表 1-1

时期	学术领域	代表人物	地域	学术思想	书著及贡献
1830 年代	社会学	奥古斯特·孔德	法国	社会结构各部分的平衡与和谐关系是社会正常运转的基本条件，一旦这种关系遭到破坏，社会系统的运转就会发生障碍，造成社会病态	《实证哲学教程》、《实证政治体系》、《主观的综合》《论实证精神》
1860 年代	物质空间设计与犯罪行为模式	简·雅各布斯	美国	城市规划的垂直化、郊区化等空间格局变化破坏了传统的城市空间模式，使对犯罪具有抑制作用的社会自然监控力量（natural surveillance）减弱，以致犯罪率上升	《美国大城市的死与生》
1860 年代	犯罪学	杰弗瑞（C.R.Jeffery，1971）	美国	环境设计预防犯罪（CPTED，crime prevention through environmental design）	“社会疏离理论”
1890 年代	城市犯罪学	克拉克（R.V.Clark）	英国	通过对空间情境的控制和影响，能够增加犯罪难度、提高犯罪风险、降低犯罪回报和移除犯罪借口，从而实现预防犯罪之目的	“情境犯罪预防”理论
1890 年代	安全城市理念	韦克利（Gerda R.Wekerle）和怀茨曼（Carolyn Whitzman）	美国	通过城市规划及环境设计，保障城市公共空间免受自然因素及人为因素危害	《安全城市：规划、设计和管理指南》
1920 年代	环境心理学	莱温（K.Lewin）	德国	人的心理、行为决定于内在需要和周围环境的相互作用，行为（B）可以被理解为人（P）和环境（E）的函数（f），110$B=f(P, E)$	《环境心理学》《心理生态学》
1920 年代	社会学	佩里	美国	一是以邻里单位为细胞来组织居住区，二是力图解决现代机动车交通对居民，特别是对小学生上学的安全的影响	“邻里单元”理论
1940 年代	城市规划	埃列尔·沙里宁（Eliel Saarinen）	芬兰	没有理由把重工业布置在城市中心，轻工业也应该疏散出去	《城市：它的发展、衰败和未来》
1940 年代	社会学	马斯洛（Abraham Harold Maslow）	美国	人一旦生理需要得到充分的满足后，就会出现第二种需要——安全需要，例如对安全、稳定、依赖的需要，对免受恐吓、焦躁和混乱折磨的渴望，对体制、秩序、法律、界限的向往等	“5 层次理论”
1970 年代	犯罪学	奥斯卡·纽曼（Oscar Nemnan，1972）	美国	可防卫空间理论；在环境设计中整合领域感（territoriality）、自然监控（natural surveillance）、意象（image）和周遭环境（milieu）要素，提高居民的集体责任感和对犯罪的干预能力	《可防卫空间：通过城市设计预防犯罪》
1970 年代	城市犯罪学	伊藤滋	日本	防卫空间理论与环境设计预防犯罪理论相结合	《城市与犯罪》

续表

时期	学术领域	代表人物	地域	学术思想	书著及贡献
21 世纪	城市建设与灾害管理、区域发展	韩传峰	中国	从区域自组织发展系统的角度，重新建立安全体系	《基于自组织系统耦合的区域安全》
21 世纪	城市公共安全	刘茂	中国	城市公共场所安全是公共安全的核心	《公共安全》
21 世纪 20 年代	空间信息科学	浅见泰司（2003）	日本	城市公共开放空间中与日常行为活动相关的安全问题可以分为生活安全和交通安全两大类	《居住环境评价方法与理论》

由此可见，国内外对“公共安全”的理解并不相同，国外多是指社会公共安全，即所谓的“大安全观”，不仅有军事安全，还有生态安全，不仅有生产安全，还有生活安全等方面，包括综合减灾的概念。国内对“公共安全”的理解多指公共场所的安全[①]。

2. 城市公共安全

全球化的进步取决于城市化的普及和发展，城市的高度集聚性，是城市成为人类传承精神文明和物质文明载体的基础，也正是这种集聚性，使得城市变成一个复杂的巨系统，城市公共安全是组成这一系统的重要组成部分，而这种集聚下公共安全所带来的风险，会因人群的聚集而被放大，因脆弱性而易受破坏，因社会敏感性而被激化及猝变。随着全球经济的发展，城市公共安全的重要性越来越突出，从一组数据可以看出：英国 1993 年因城市公共安全造成的损失为 160 亿英镑，占当年 GDP 的 2%；美国 1997 年因城市公共安全所造成的损失为 1770 亿美元，占当年 GDP 的 4%；德国 2000 年因城市公共安全造成的损失为 1500 亿美元，占当年 GDP 的 2%。因此，可以这么说，一个城市应对、控制风险的能力，反映了这个国家整体的文明水平和综合的竞争能力，是一个国家竞争力和国家形象的重要标志。

我国经济社会发展已经进入一个关键阶段，社会经济矛盾重重，在经济高速发展中往往产生新旧观念的碰撞，社会结构发生剧烈变动，社会不稳定因素增加，城市公共安全基础设施不足，城市公共安全面临空前的挑战。基于我国基本国情，综合相关研究成果，笔者认为城市公共安全的威胁包括两个方面：

其一，各类灾害给城市带来的直接威胁。

当灾害发生在城市中时，就会对城市带来直接的威胁，城市公共安全状态首先取决于灾害种类、大小及破坏范围，直接威胁一般占到了公共安全制约因素的 60%。

其二，救助资源不足给城市带来的间接威胁。

有些灾害不能绝对消除（如地震等），当灾害发生后，城市的救助设施就起到救援和减灾的作用，当

① 金磊. 倡导大安全观的建议 [J]. 学会月刊，2003：7.

救助资源不足时，就会对城市形成间接威胁，间接威胁一般占到了公共安全制约因素的40%。

不同的学科对城市公共安全的研究都有涉及，如社会学、经济学、信息学及管理学等领域，需要指出的是，本书所研究的城市公共安全仅限于城乡规划领域，即主要研究城市用地和空间布局与城市公共安全的关系（图1-4）。

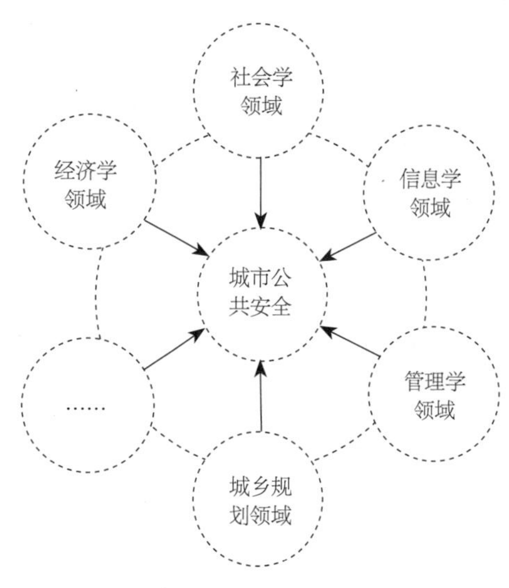

图1-4 研究领域与城市公共安全关系图

一般来说，城市公共安全研究的内容包括以下八个方面：

1）城市工业危险源带来的风险

工业化是城市化的一个重要特征，而与此相关的各类重大安全事故威胁的可能性也大大增加。如工业原材料因其化学、物理或毒性，容易导致火灾、爆炸或中毒的危险；油库、储罐区、生产场所、锅炉、压力管道、压力容器等疏于管理引发重大事故。

2）城市人口密集的公共场所存在的风险

高密度的人口聚集形式以及高频率的人员流动是城市的另一个重要特征，而公共场所作为人群聚集的地方，更是隐含了众多的安全隐患。超市、商场、车站、码头、公园、旅游景区等人员聚集场所，都不同程度地存在各类安全隐患，例如：安全设施陈旧、通道不畅、安全标识不清等。近年来事故频发，使得具有密集人群的公共场所的安全问题成为社会关注的重点。

3）城市公共设施

城市是人们生活、生产以及商业活动的中心，功能多样，结构复杂，特别是对水、电、气、油、信息、交通等资源的高度依赖性，因而也使遍布城市地下纵横交错的自来水、煤气、天然气管网和电信、电力、网络管线系统显得特别脆弱，任何一个方面出现问题，都会威胁到城市的公共安全。

4）城市自然灾害

我国历来是自然灾害多发地区，容易受到大规模自然灾害的威胁，如地震、台风、水灾、地质灾害、雪灾等天灾不断发生，每年我国因自然灾害损失上千亿元甚至更多。随着生态环境不断受到影响，自然灾害的发生概率和严重程度也不断攀升。

5）城市道路交通

城市的道路交通是城市发展的基础，是城市各种物质与能量流通的生命线，其敏感性和脆弱性不言而喻，每年发生在其中的事故率、死亡率始终居高不下。

6）城市公共卫生

城市是人口聚集的地方，而突发性疾病具有不可预测性、难以控制性，一旦出现突发性流行疾病，将使得城市公共卫生系统经受重大的考验。如一些突发性公共卫生事件，主要包括传染病疫情、群体性不明原因疾病、食品安全和职业危害、动物疫情以及其他严重影响公众健康和生命安全的事件。

7）恐怖袭击及社会安全事件

由于受国际经济、文化、社会局势的影响，国内贫富差距扩大的影响，公共场所成为各种恐怖袭击事件及社会暴力事件的目标，其必然给城市安全带来更多隐患。

8）城市生态环境

城市是生产单位与城市居民的集中地，产生大量的废气、废渣、废水等，往往造成大量的工业污染与生活污染。与此同时，城市化进程中，对自然资源无节制的开发也会对生态环境造成不良影响，进而引发一系列社会问题。

3. 城市公共安全规划

不同的学科领域对城市公共安全规划有着不同的理解，城市经济和社会发展规划、国土规划、城市规划等相关领域相互交织，共同构成了城市公共安全规划的内容。刘茂、王振认为①：“公共安全规划是在对城市风险进行预测的基础上所作的安全决策，或者对城市的安全设计，目的是控制和降低城市风险，使之达到可以接受的水平”。朱坦认为②：“公共安全规划是依据风险理论对城市发展趋势进行研究，对城市中人类自身活动及其设施、场所等免于事故和灾害的发生而作出时间和空间上的安排”。对此观点笔者意见稍有不同，因为有的事故和灾难根本避免不了（如地震，就无从谈起免于灾害的发生），据此，笔者这样理解城市公共安全规划：基于城市风险研究，通过合理的规划干预，最大限度地降低灾害对城市带来的直接威胁；通过城市公共安全救助资源的优化配置，最大限度地降低救助资源不足对城市带来的间接威胁，最终使风险达到城市可接受的水平。

其内涵包括以下五个方面③：

（1）城市公共安全规划的对象是城市系统。

（2）城市公共安全规划的任务在于使城市经济发展和防灾减灾并重，维持城市系统良性循环，以谋求系统最佳发展。

（3）城市公共安全规划依据风险理论、系统理论和灾害学原理等。

（4）城市公共安全规划的主要内容是合理安排人类自身活动，减少人员伤亡和财产损失，体现以人为本的宗旨。

（5）城市公共安全规划是在一定条件下的安全状态的优化，它必须符合一定历史时期的技术、经济发展水平和能力。

城市公共安全规划是国家公共安全政策在城市中的具体体现，也是国民经济和社会发展规划体系的重要组成部分，编制和实施城市公共安全规划对于保证国家的长治久安、可持续发展具有深远的意义，其作用体现在以下两个方面：

其一，促进城市的可持续发展。城市公共安全问题应当以预防为主，否则后果严重、损失巨大，城市公共安全规划的重要作用应当是预防或减轻城市灾害，促进城市可持续发展。

---

① 刘茂，王振．城市公共安全学——原理与分析 [M]. 上册．北京：北京大学出版社，2013：6.

② 朱坦，刘茂，赵国敏．城市公共安全规划编制要点的研究 [J]. 中国发展，2003（4）：10-12.

③ 刘茂，王振．城市公共安全学——应急与疏散 [M]. 下册．北京：北京大学出版社，2013：2.

其二，最小的投资获取最佳的公共安全效益。中国是发展中国家，如何用最小的资金投入，取得最好的防灾减灾效益，显得十分重要。城市公共安全规划运用科学的方法，保障在发展经济的同时，以最小的投资获取最佳的公共安全效益。

为了更加深刻和全面地理解城市公共安全规划，本书将之与防灾减灾规划进行对比分析。一方面，从内容上来看，城市公共安全规划比防灾减灾规划更为全面。城市防灾减灾规划一般只注重针对某一灾害，特别是自然灾害，如抗震减灾规划、防洪规划、地质灾害防治规划，即便是综合防灾减灾规划，一般也是对这几类灾害的叠加；然而，城市公共安全规划不仅有防灾的内容，还有救灾的内容，即添加了应急体系规划的内容。另一方面，城市防灾减灾规划比较偏“硬”，工程规划、设施布局的内容比较多，而公共安全规划则更多地吸收了国外的经验，在“硬”的基础上，增加了资源的合理利用和管理、宣传教育、方针政策制定等“软”的内容。

区别于防灾减灾规划，城市公共安全的规划有以下几点特征：

（1）综合性：在城市公共安全规划内容上综合考虑更多灾种。从单一灾种、个别部门的条块管理扩大到多种灾害、多部门条块结合式、综合管理，再到以确保城市安全运行、社会稳定发展为目标的危机管理，体现信息、物资、人员等各类资源统一调度、统筹合作、综合化、集约化、高效率利用。

（2）全程化：在规划层次上，建立起包括城市灾害的预防设防、应急对策、恢复重建在内的全过程管理体系，包括硬件设施和软件管理系统的建立；由对城市单个系统的个别规划扩大到城市的所有系统共同规划，保障整个城市系统的运行安全。

（3）科学性：在城市公共安全研究阶段，加入规划评价的内容，包括城市土地承灾脆弱性评估，城市建筑受灾易损性评估，各种灾害的风险评估、防灾工程措施的经济性评估以及城市综合防灾能力评估等，充分采用国际先进的致灾因子风险分析和承灾体脆弱性评价方法和技术进行城市公共安全分析和评价，实现公共安全规划与公共安全研究的有利结合。

（4）圈层化：在空间体系层面，强调建立综合防灾圈与应急救援圈，形成城市安全空间体系，包括城市平面布局、建（构）筑物立体空间（包括城市地上、地下空间在内的建（构）筑物），避难疏散空间体系，还包括公共安全行政事务管理等管理系统、监测预报预警系统、应急指挥与反应系统。

此外，国外（如日本、美国及俄罗斯）在公共安全规划实践领域已有大量实践，也取得了比较好的效果，本书重点选取与三峡库区公共安全问题最为相似的日本进行分析。日本地形复杂多变、灾害种类多且频发，1980年日本首次提出“防灾生活圈”的概念，同年制定的《都市防灾设施基本规划》，以“火不出，也不进”为基本观点，提出用延烧阻隔带将城市分隔为不同层级的防灾空间单元，并以此为基础构建安全城市。防灾生活圈致力于构建具有相对独立防灾能力的空间单元。日本防灾生活圈包括邻里生活圈、生活文化圈、区域生活圈三个空间层级（表1-2）。防灾生活圈的每一层级都有相对完整的防灾空间规划，通过统筹布局救灾路线、避难路线、避难场所、防灾绿轴、防火区划等以形成防灾生活圈的主体空间骨架，并依圈域人口规模设立相应层级的防灾指挥中心及防救灾据点。防灾生活圈既是具有防灾功能的空间单元，同时也是治安、消防、医疗与物资等防灾相关体系的基本功能单元。

防灾生活圈建设标准 表 1-2

类别	空间名称	建设指标	防灾必要设施及设备
全市生活圈	学校	以全市为单位	➢ 提供避难居民中长期居住空间； ➢ 提供避难居民所须粮食等生活必需品； ➢ 紧急医疗器材、药品； ➢ 区域间资料收集，建立防灾资料库及情报联络设备
	全市性公园		
	医学中心		
	消防队		
	警察局		
	仓库批发		
	车站		
地区生活圈	中学	半径 1500 ～ 1800m，约 3 个邻里单元	➢ 消防相关器材、紧急用车辆； ➢ 紧急医疗器材、药品； ➢ 推行救灾所需大型广场、空地； ➢ 提供临时避难者所需之饮水； ➢ 粮食与生活必需品之储存（约 3 ～ 7 日）
	社区性公园		
	地区医院		
	消防分队		
	警察分局		
邻里生活圈	小学	步行距离半径 500 ～ 700m，约 1 个邻里单元	➢ 居民举行灾害应对活动的空间与器材； ➢ 区域内居民间情报联络及对外联络设备
	邻里公园		
	诊所或卫生所		
	派出所		

（资料来源：张益三 . 都市防灾规划之研究 [D]. 成功大学都市计划研究所，1999）

本书对相关国内外的公共安全实践进行了统一的梳理和分析，见表 1-3 所示。需要特别说明的是，这些规划实践体现出了从“单一性”向“综合性”、从“宽泛化”向“精细化”的变化。

国内外公共安全实践对比 表 1- 3

社区类型	防灾生活圈	防灾单元	阻灾单元	专项规划
国家和地区	日本	美国	俄罗斯	中国
性质	安全都市防灾单元	具有自主防灾能力的单元	具有防灾能力，并能阻断灾害向外蔓延的基本防灾单元	针对某一灾害威胁进行防治
防灾模式	以“火不出，也不进”为基本观点，用阻断燃烧带将城市分割成许多防灾生活圈	由联邦紧急灾害管理总署（FEMA）制定针对社区的“可持续减灾计划”	一般以学校为中心，建立以邻里单位为基础的防灾单元	按照服务半径配置必要的防灾救灾设施
规模	以小学为中心的社区	依据社区规模大小不等	步行距离 500 ～ 700m	城市行政范围

通过对比可以看出，我国当前公共安全规划还处于“宽泛式”的管控阶段，而当前我国城市公共安全问题复杂多变，已经成为制约我国城市发展的主要因素，且会随着城市化率的提高变得更为紧迫，尤其像面对三峡库区这样复杂性突出的城市显得更为不足。基于以上分析，本书总结出城市公共安全规划研究领域的两个态势。

态势一：更加注重精细化单元管控

随着我国城市公共安全问题的不断复杂化，不仅不同城市的公共安全问题不同，而且同一城市不同区域的公共安全问题也不尽相同。以往“宽泛化”的管控方式①已经不能适应当前的需要，因地制宜的“精细化”单元管控研究势在必行。

态势二：更加注重多学科交叉融合

随着城市公共安全问题的不断严峻化，不同学科都尝试对城市公共安全问题进行研究，尽管各个学科都有突破，但面对越来越复杂的公共安全问题，单一学科的研究始终不足。在此背景下，多学科交叉融合已逐渐成为研究公共安全问题的一个趋势，在系统科学领域尤为突出。

1.2.3 灾害链相关研究

1. 灾害链定义及特征

许多灾害发生之后，常常会诱发出一连串的次生灾害，这种现象就称为灾害的连发性或灾害链，基于相关检索，本书列举以下几种灾害链定义：

1987年我国地震学家郭增建首次提出灾害链的理论概念：“灾害链就是一系列灾害相继发生的现象”；文传甲把灾害链定义为：“一种灾害启动另一种灾害的现象”，即前一种灾害为启动灾害，后一事件为被动灾害，更突出强调了事件发生之间的关联性；肖盛燮等人从系统灾变角度将其定义为：“灾害链是将宇宙间自然或人为等因素导致的各类灾害，抽象为具有载体共性反映特征，以描绘单一或多灾种的形成、渗透、干涉、转化、分解、合成、耦合等相关的物化流信息过程，直至灾害发生给人类社会造成损坏和破坏等各种连锁关系的总称”；史培军将灾害链定义为：“由某一种致灾因子或生态环境变化引发的一系列灾害现象，并将其划分为串发性灾害链与并发性灾害链两种”。

总的来说，灾害链具有一定的突变性，内在机制复杂，一般有以下三个特征：

其一，诱生性。灾害链存在引起与被引起的关系，即一种或多种灾害的发生是由另一种灾害的发生所诱发的，没有这种诱生作用发生的多种灾害，不能被称为灾害链。

其二，时序性。灾害链的诱生作用使得灾害发生有一定的先后顺序，即原生灾害在前，次生灾害在后。有些灾害的发生可能在几年、几十年甚至几百年后诱生另一种灾害。这种诱生作用的时间尺度过长，完全可以视为单灾种，对其进行分别评估，精度可能更高。灾害链的时间尺度相对来说较短。

其三，扩展性。重大灾害发生时，往往会产生次生灾害，使其影响范围扩大。不同灾种对环境的敏

① 特指当前以北方平原城市为研究蓝本的城市公共安全规划体系，其特点是：无论是平原城市还是山地城市、无论是发达地区还是相对落后地区，都以一套标准执行。

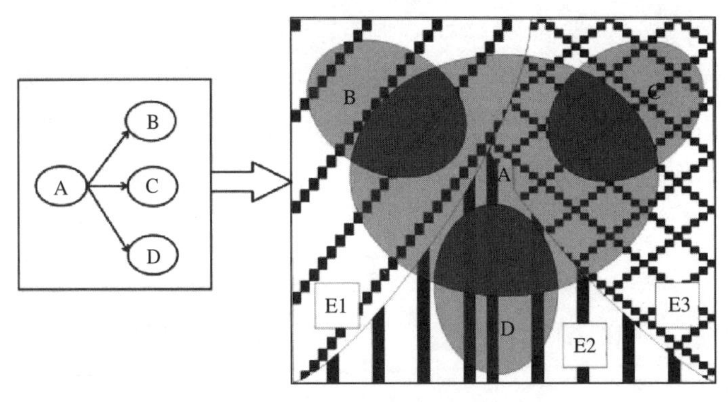

图 1-5 灾害链影响范围和环境的空间关系

感性不同，有的灾种甚至对特定环境基本不敏感，因此，不同灾种的影响范围（大小）也不尽相同（图 1-5）。需要说明的是，A 代表原生灾害，B、C、D 分别代表不同的次生灾害，E1、E2、E3 代表不同的孕灾环境。当原生灾害 A 发生后，其影响范围包括 E1、E2、E3，由于各灾种对孕灾环境的敏感性不同，在 A 与 E1 的相互作用下，可能诱生次生灾害 B。B 与 E1 相互作用下，其影响范围不局限在 A 的影响范围内，甚至有可能超出 A 的范围。当 B 发生后，类似于 A → B 的过程，B 与环境作用后又可能诱发二级次生灾害（不再赘述）。类似地，当 A 与 E2 和 E3 作用后，可能分别诱生出次生灾害 D 和 C。

2. 典型灾害链分析

1）汶川地震灾害链

2008 年 5 月 12 日 14 时 28 分，中国发生震惊世界的四川汶川特大地震，给四川、甘肃、陕西、重庆、云南等地人民生命财产和经济社会发展造成巨大损失。汶川地震震级达到里氏 8 级，超过了唐山大地震，最高烈度达 11 度。四川、甘肃、陕西、重庆、云南等 10 省（区、市）的 417 个县（市、区）、4667 个乡（镇）、48810 个村庄受灾，受灾总面积约 50 万 km^2，其中属极重灾区、重灾区的县（市、区）达 51 个，面积达 13.2 万 km^2。这场巨灾造成 69225 人遇难，374640 人失踪，直接经济损失达 8451 亿元①。

重灾区多为交通不便的高山峡谷地区。如图 1-6 所示，地震和暴雨共同作用，形成了复杂的灾害链效应，导致四川、甘肃、陕西灾区出现崩塌、滑坡、泥石流等地质灾害隐患点 1.3 万处，较大的堰塞湖 35 处，存在大量火灾、爆炸、有毒物质泄漏等事故隐患。并且由于地形因素，以及交通、电力、通信大范围中断，灾情信息难以及时掌握，救援人员、物资、车辆和大型设备无法及时进入，使应急救灾难以迅速开展。

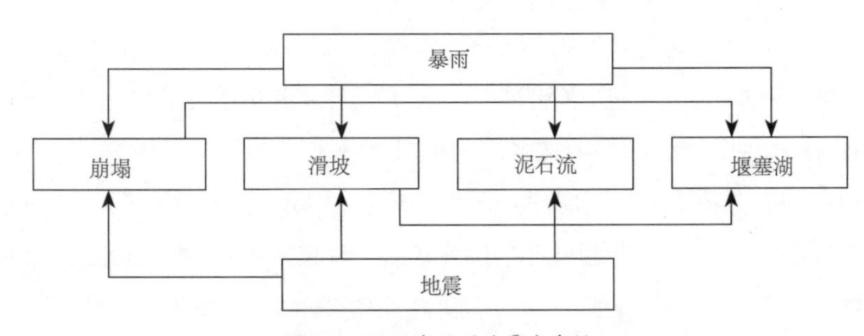

图 1-6 2008 年汶川地震灾害链

（资料来源：汶川地震灾害综合分析与评估 [M]. 北京：科学出版社，2008）

① 抗震救灾专家组. 汶川地震灾害综合分析与评估 [M]. 北京：科学出版社，2008.

2）东日本大地震——海啸灾害链

2011 年 3 月 11 日东日本大地震是典型的由灾害链引发的巨灾案例。大地震导致巨大损失主要有三个方面的原因：致命的地震，诱发的海啸以及核泄漏事故。9 级地震在日本东北海岸引发了高达 24m 的海啸波，波及沿海 10km 范围内的内陆，摧毁了沿海大部分地区，特别是人口密集的沿海城市石卷港（Shinomaki）。除去海啸的破坏之外，地震本身也破坏了大量的建筑，如须贺川崩溃的 Funjinuma 水坝，大范围的火灾，福岛第一和第二核电站的地震紧急预警①。不仅如此，东日本大地震还对多个系统产生了深远的影响，如地球物理系统（日本本州岛东移 3.6m），建筑系统（截至 2011 年 4 月，约 190000 栋建筑被毁，其中 45700 已经完全损坏），基础设施系统（多个核电站以及火力发电厂被损毁）以及经济系统（日本地震导致全球金融市场动荡，如由于日本汽车行业停产，导致全球汽车产量下滑）②。这场巨灾造成至少 19000 人死亡（16273 人死亡，3061 人失踪，但目前已将失踪人员加入死亡人口中），经济损失总额至少 2100 亿美元，如果充分考虑核电站损失、业务中断和人口迁移成本后，这一数字可能更高③。

图 1-7 反映了东日本大地震过程中的灾害链形式，四种不同的颜色代表了不同的影响系统以及系统间的递进关系。首先，地震瞬间促发了致灾因子间的链式反应，诱发了海啸与核电站爆炸；紧接着波及到了社会以及诸如电力、堤坝等关键基础设施以及诱发其他次生灾害，扩大了受灾面积；由此灾害链全面扩散至社会经济系统，陆地生态系统，区域与全球海洋系统，农业系统等关键系统；然后通过系统间的各个子要素，尤其是供应链的不断扩散与相互作用，最终如同多米诺效应一环紧扣一环，严重影响了日本本国与国际的经济。

3. 灾害链与城市公共安全的关系

当灾害链发生在城市时，对城市公共安全的危害更大，城市灾害链有以下四点特征：

（1）城市灾害链存在明显的放大效应。灾害链会导致城市在短期内遭受连续不断的打击，缺乏整体性与系统性的城市公共安全体系无法应付多灾齐发的局面，而城市系统中各种功能相互关联，形成强的功能网，加之现代社会人员交往和流动的便捷、频繁，都会使危机迅速扩散，使得灾害的“放大效应”更为明显。

（2）城市灾害链往往呈现长链效应。通常把具有 3 个以上“链”节的灾害链就称之为长链，如在城市地震灾害链中，4 链的占 30%；5、6、7 链的各占 20%；8 链的占 10%④。其他城市灾害链中长链也是普遍存在的，长链的最突出特点是即使将前链“扑灭”，后链仍有可能继续，灾害难以停息。造成城市灾害链长链的原因很多，主要是因为城市危险源多，自然灾害很容易与人为灾害相互叠加，使得灾害被放大延长的另外一个重要原因就是城市生命线工程，是灾害链迅速传播的渠道。

① Khazai B., Daniell J. E., Wenzel F. The March 2011 Japan Earthquak, Analysis of Losses, Impacts, and Implications for the Understanding of Risks Posed by Extreme Events[J]. Schwerpunkt, 2011, 20: 22-34.

② Norio O., Ye T., Kajitani Y., et al. The 2011 Eastern Japan Great Earthquake Disaster: Overview and Comments [J]. International Journal of Disaster Risk Science, 2012, 2 (1): 34-42.

③ Sigma. Natural Catastrophes and Man—Made Disasters in 2011: Historic Losses Surface from Record Earthquake and Floods[EB/OL], 2011[2014]. www.swissre.com/sigma.

④ 高建国 . 城市地震灾害链长链研究 [A]// 中国首届灾害链学术研讨会论文集，2007: 237-245.

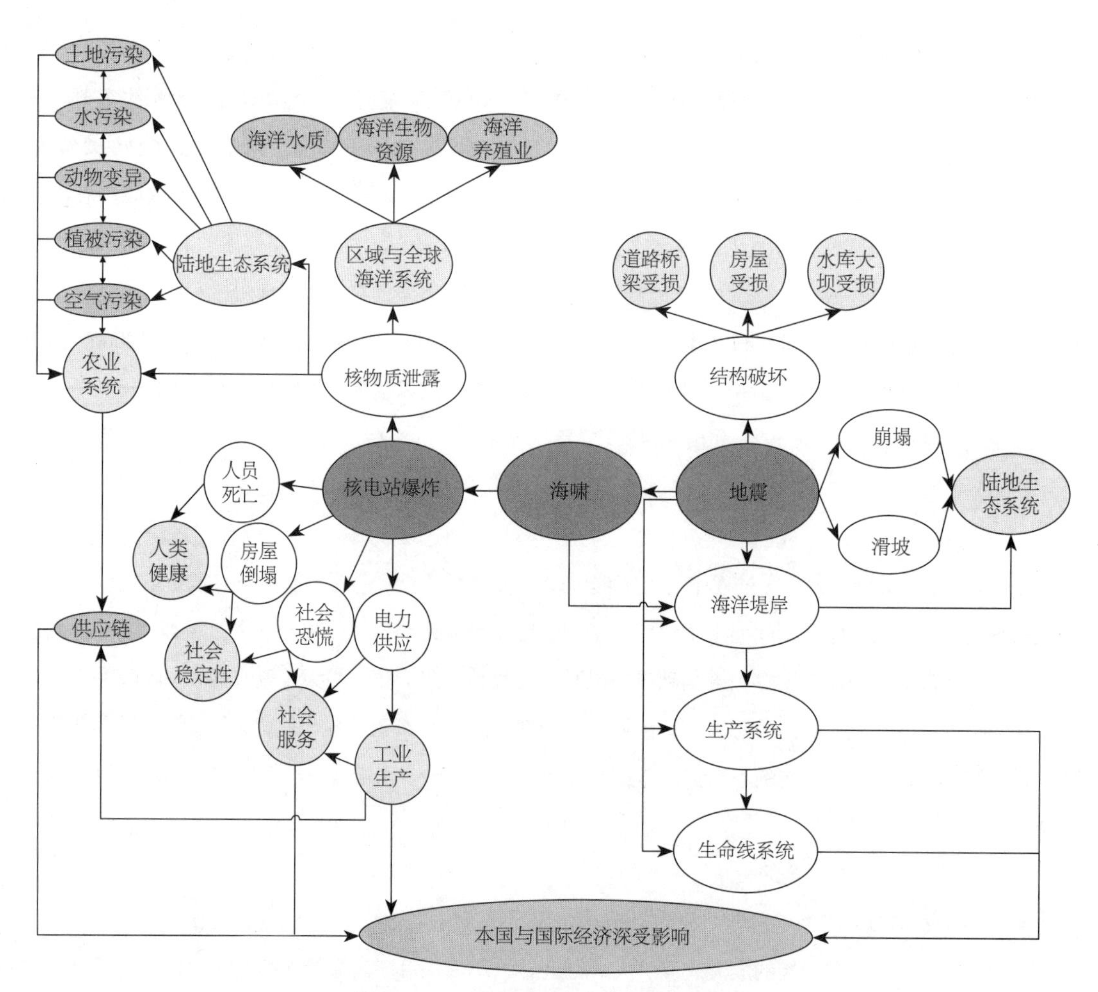

图 1-7 2011 年东日本大地震－海啸灾害链

（资料来源：Sigma.Natural Catastrophes and Man—Made Disasters in 2011：Historic Losses Surface from Record Earthquake and Floods [EB/OL]，2011[2014]. www.swissre.com/sigma.）

（3）城市灾害链的多样性和潜在性。经济的快速发展和城市化进程的加速，使得一些小灾衍化成巨灾，造成的损失和影响之大都远远超出人们的估计。而且，现代城市易产生热岛效应、街道建筑加大了局地风速的狭管效应、逆温加重了雾灾和空气污染等新生灾害，也都加重了灾害链的发生。对城市资源和环境的过度开发和利用，使得“建设性破坏”构成的“新灾害源”不断鲁棒，如不少城市过量抽取地下水，引起地面下沉。而这一系列灾害链的实质都是人为因素引发的，人为因素的多变性也就使得城市灾害链系统充满了潜在性和未知性。

（4）城市灾害链的可缩小效应。作为一个大型城市，对灾害危机如果处置不当，会引起灾害链的放大效应；如果处置得当，则可以激活大城市在科技、管理、人力等方面的优势，显现缩小效应，因此了解城市灾害链演变的机理和过程，对城市灾害风险进行全面评估，对城市公共安全资源进行合理的配置，实现城市灾害链的缩小效应也是本文的研究目的之一。

基于以上分析可以看出，灾害链具有一定的突变性，对城市公共安全的破坏力及影响力非常大，尤其在人地关系突出的山地和城市化进程超常规的库区，需要加强对灾害链的研究：

其一，人地关系矛盾突出区域。人地关系指人口和建设用地之间的关系，尤其在我国西部山区，建设用地大多不足、人口相对较多，人地关系矛盾突出（大多未达到国家城乡规划建设的人均指标），大多人口密集区常常处于灾害链（主要指自然灾害链）潜在风险高的区域，一旦发生灾害链破坏，会造成大量的人口伤亡和经济损失。

其二，城市化超常规区域。我国正处于城市化率的拐点处，刚刚跨过50%的门槛，城市化将进入一个超常规的增长区，尤其对于我国西部地区，这种特征更为明显，加之某些特殊区域（如三峡库区）的宏观政策导向，城市灾害链问题（主要指复合灾害链）会更加突出。

1.3 研究内容

本书的研究内容可以概括为“一个中心、五个方面”。其中，“一个中心”指以“公共安全空间单元”为核心（研究对象）；“五个方面”指围绕“公共安全空间单元”这个核心所展开的五方面基本研究（研究构成）。

1.3.1 研究对象

在后三峡库区城镇化建设时代背景下，本书以城市公共安全为切入点，对当前该领域的研究进展进行系统性的检索和分析，选定“精细化单元管控和多学科交叉融合”作为公共安全的研究方向，以灾害链为视角展开“公共安全空间单元”研究，其对象的界定如图1-8所示。可以看出，“公共安全空间单元”是灾害链、三峡库区和城市公共安全规划三个领域的交集。它们之间的逻辑关系为：灾害链是研究的“视角”，三峡库区是研究的“地域范围”，城市公共安全规划是具体“研究领域”（图1-9）。

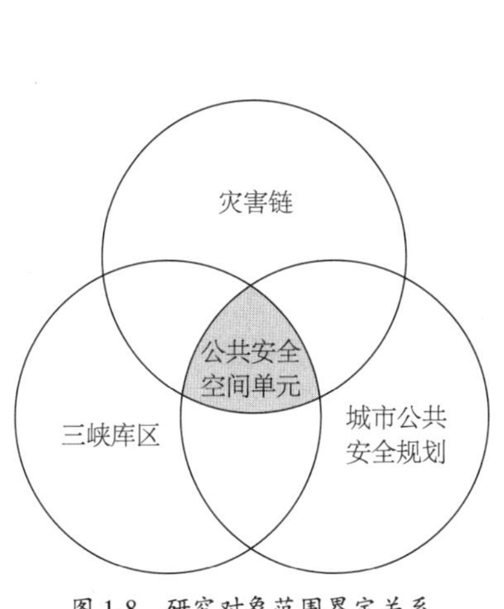

图1-8 研究对象范围界定关系

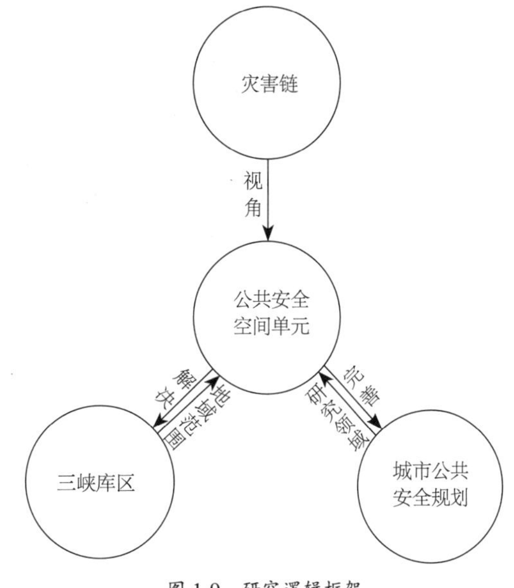

图1-9 研究逻辑框架

1.3.2 研究构成

围绕研究对象，本书的研究构成主要包括五个方面。

1.“公共安全空间单元”背景研究（第1、2章）

此部分是本书研究的基础。通过对三峡库区城市公共安全现状的调研和分析，梳理出当前三峡库区公共安全存在的核心问题，结合相关领域的基础研究，基于“精细化单元管控”的思路，提出“公共安全空间单元”核心概念，并以此构建研究的总体框架。

2.“公共安全空间单元”内涵解析（第3章）

此部分是本书研究的关键。常规的公共安全规划方法（以北方平原城市或非库区城市为蓝本的“宽泛性、单灾性”管控）在系统性解决三峡库区公共安全现实问题时已显不足，基于“多学科交叉融合”的思路，借鉴复杂性系统理论，对“公共安全空间单元”进行解析，并确定以提高“容灾性”为目的的核心研究思路。

3.“公共安全空间单元”容灾机制（第4章）

此部分是本书研究的理论核心。包括“环境约束机制、系统嵌套机制、结构鲁棒机制、动态演化机制”等四个容灾机制。

4.“公共安全空间单元”规划干预（第5章）

此部分是本书研究的技术核心。包括公共安全空间单元的“范围划定、断链减灾、成链救助”等三个关键技术。

5.“公共安全空间单元”实证总结（第6、7章）

此部分是本书研究的实证总结。主要包括两个部分：第一，以三峡库区城市公共安全问题突出的三个典型区域为例进行规划实践研究；第二，对比现行公共安全规划的理论体系、技术方法和管理政策，进行理论方法上的总结。

1.4 研究逻辑

1.4.1 研究目的

三峡工程所涉及的移民迁建和库区城镇化等工作已初步完成，并取得了显著效果，但基于库区特殊的自然环境（山地特征明显）和社会环境（被动移民搬迁），城市公共安全问题突出，据此笔者以三峡库区城市公共安全为对象展开研究，旨在为复杂多变的三峡库区城市公共安全问题探寻新的解决途径。

1.4.2 研究方法

1. 实地调研法

对三峡库区18个城市（镇）的公共安全现状进行实地调研，运用实地观察和问卷调查等具体方法，对三峡库区城市公共安全现存情况进行系统的了解，对调查搜集到的资料进行分析、综合、比较、归纳，提取三峡库区城市公共安全存在的客观问题。

2. 理论研究法

对国内外库区城镇建设及公共安全规划相关理论进行系统性的研究，借鉴相关理论，通过类比、移植等相关领域的原理，构架三峡库区城市“公共安全空间单元”理论研究体系。

3. 案例研析法

对国内外库区城镇建设及公共安全规划相关案例进行系统性的研究，借鉴相应成功的经验、吸取失败的教训，对三峡库区城市公共安全的具体方法进行系统构架和研究。

4. 文献研究法

以三峡库区城市公共安全存在问题为线索，通过调查文献来获取资料，了解三峡库区城市公共安全问题的历史和现状，全面地、正确地了解、掌握所要研究的问题。

5. 学科交叉法

本书研究对象的复杂性，决定了必须运用多学科相交叉的方法进行研究，利用相关科学的“高度分化和高度综合”这一对立统一的矛盾特性，对研究对象进行整体研究，运用复杂性科学等理论，从整体上对三峡库区城市公共安全规划进行综合研究。

6. 定量定性综合分析法

定量分析（借助地理信息系统计算机辅助技术）可使研究对象进一步精确化，以便更加科学地揭示规律、理清关系，预测事物的发展；定性分析可对研究对象进行“质”的分析，运用归纳和演绎、分析与综合以及抽象与概括等方法，获取对象本质、揭示内在规律。本书运用两种方法进行综合分析研究，使获得的城市公共安全规划数据和结论更具准确性。

1.4.3 研究意义

本书的研究意义主要体现在以下两个方面：

（1）理论意义：弥补和填充三峡库区人居环境研究领域公共安全方面的空白，在一定程度上丰富人居环境的研究体系。

（2）实践意义：为今后三峡库区城市公共安全的建设和实践，提供相应的理论和技术支撑。

1.5 技术路线

见图 1-10。

1.6 本章小结

三峡工程是目前世界上规模最大的水利枢纽工程，也是在 21 世纪的开端，中国三峡地区 5 万多平方千米水陆域面积上近 1400 万人民的生产、生活和生态环境的一次大调整、大平衡和大建设，是库区人居环境可持续发展的复杂性系统工程。截至目前，三峡工程所涉及的移民迁建和库区城镇化等工作已初步完成，并取得了显著效果，但基于库区特殊的自然环境（山地特征明显）和社会环境（被动移民搬迁），三峡库区城市公共安全存在极大的隐患（直接威胁和间接威胁突出）。据此，本书以三峡库区城市公共安全为对象展开研究。

通过对三峡库区、公共安全、灾害链等相关领域文献综述的研究，确定以“公共安全空间单元”作为核心研究对象，展开五个方面的研究。详见1.3.2研究构成。

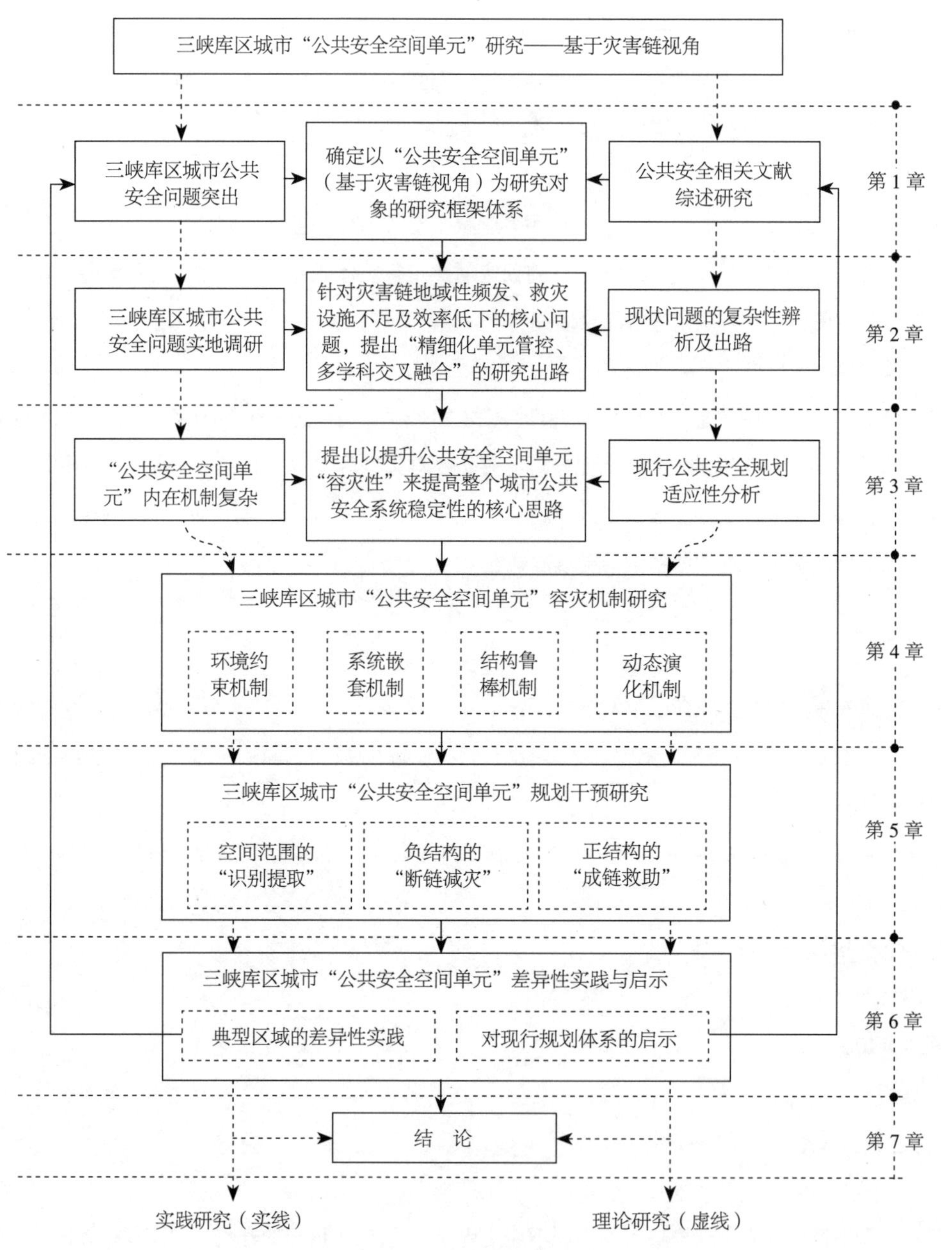

图1-10　技术路线框图

第2章 三峡库区城市公共安全问题辨析与出路

2.1 现状问题

2.1.1 灾害分布广、类型多

获取一手资料是本书进行研究的基础，作者于 2011 年 7 月至 2014 年 7 月期间，对三峡库区 18 个区、县（市）[①] 进行了实地的调研，其中被淹没的陆地面积为 632km^2，占总面积的 1%（图 2-1）。三峡库区 18 个区、县（市）的简要情况见“附录 A”。

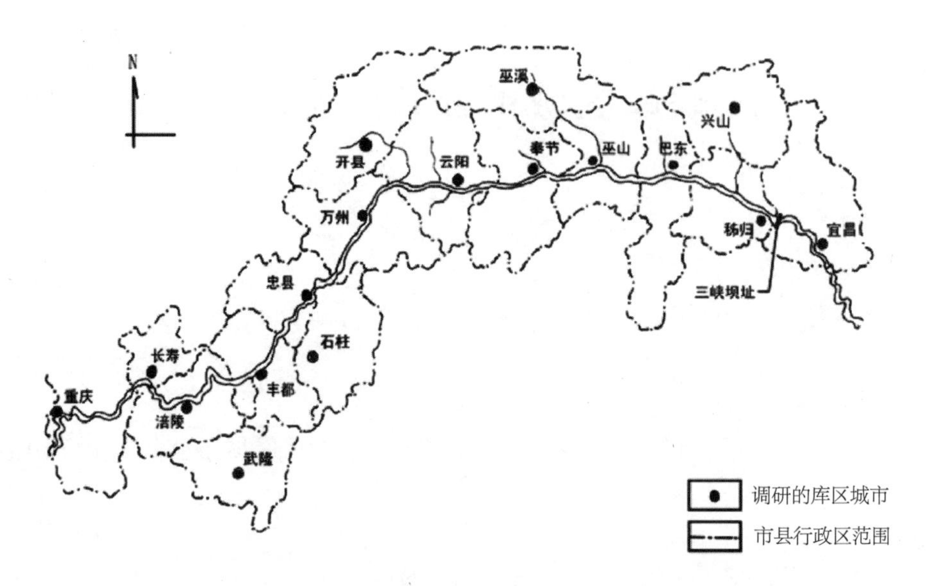

图 2-1 调研库区城镇分布示意图

调研内容涵盖了城市公共安全的八个方面，通过现场走访、文献收集及问卷调查（问卷详见附录 B、C），本书将当前库区城市公共安全问题总括为 8 个方面。

1. 库区城市工业及仓储危险源带来的风险

在库区城市化进程中，工业化是一个重要特征，而与此相关的各类安全事故威胁的可能性也大大增加，与之直接相关的公共安全灾害（威胁）的主要类型有以下两类。

1）火灾

城市是人为火灾的高发区域，尤其对于工业化快速推进的三峡库区来说，在工业生产、运输及仓储的各个环节，其火灾风险会比一般城市更高。三峡库区城市产业布局受到山地地形的限制，加之移民的因素，导致产业布局集约化高，人口密集度高，基础设施建设和管理落后，火灾高发。如，2007 年 7 月 3 日，位于重庆市万州区五梁桥沙河路 354 号的蓬源防水涂料厂沥青提炼装置发生大火，300 多 m^2 厂房被烧毁，

① 具体包括：湖北省宜昌市所辖的夷陵区、秭归县、兴山县，恩施州所辖的巴东县；重庆市所辖的巫山县、巫溪县、奉节县、云阳县、万州区、石柱县、忠县、开县、丰都县、涪陵区、武隆县、长寿区、重庆市主城区（包括渝中区、沙坪坝区、南岸区、九龙坡区、大渡口区、江北区、渝北区、巴南区等）和江津区。

经济损失严重[①]；又如，在 2013 年 10 月份，万州区消防部门对城市火灾隐患点进行了抽查和统计，共检查 210 处，发现火灾隐患 99 处，火灾隐患率高达 47%。

2）泄漏爆炸

三峡库区大多以重工业为支柱，在其生产、储藏和运输过程中，极易发生安全事故，其中最为严重的类型是泄漏爆炸，泄漏爆炸不仅会带来直接的经济损失，更会造成间接的人员伤亡。如：2006 年 8 月 25 日，万州区白岩路 55 号附近商户门面发生一起因天然气泄漏引发的爆炸事故，事故造成 8 人重伤，引起附近一个装有危险化学品的储存罐泄漏燃烧，事故造成严重的人员受伤。

2. 库区城市人口密集的公共场所存在的风险

库区城市用地紧张且流动人口显著，高密的人口聚集形式以及高频率的人员流动模式是库区城市的另一个重要特征，公共场所作为人群聚集的地方，隐含了众多的安全隐患，与之直接相关的公共安全灾害（威胁）的主要类型为群体性暴力事件。

群体性暴力事件是指某些利益要求相同或相近的群众或个别团体、个别组织，在其利益受到损害或不能得到满足时，受人策动，经过酝酿，最终采取暴力方式，以求解决问题，并造成甚至引发某种治安后果的非法集体暴力活动[②]。包括因移民搬迁所致的“库区文化断层”带来的民众归属感弱，自身利益得不到保证，在移民安置过程中发生的群体性冲突事件。随着三峡移民进入后移民时代，此类事件的发生率越来越高，这些事件大多集中于人口密集的公共场所，如：云阳县高阳镇外迁江津、铜梁县，居住在璧山县青杠街道的移民要求享受农村移民后期扶持的群体性事件；巫山大昌镇部分移民要求对无审批手续的 1992 年后新增房屋进行补偿的群体性事件；开县自主外迁湖北公安县移民返乡要求同等享受政府集中组织外迁移民待遇的群体性事件等。

3. 库区城市公共设施老旧存在的风险

库区城市公共设施大多老旧破损严重，加之新的公共设施建设不到位，使得库区城市给水、排水、燃气、电信、电力、网络等基础管线系统超负荷运转，十分脆弱，除直接引发的公共安全灾害（威胁）之外，还会引发库区产业链条的缺失，出现区域性的产业空心化问题，与之直接相关的公共安全灾害（威胁）的主要类型有以下两类。

1）产业空心化

产业空心化是指一个国家或地区的已有产业处于衰退阶段，而新的产业还没有得到发展，或者新的产业发展得不够充分并且不能弥补已有产业衰退的影响，造成经济陷入不断下降甚至萎缩的局面。当前三峡库区城市产业空心化由以下两点原因造成：其一，三峡工程前，因其特殊的地理位置（地处西部落后地区），国家在库区投入的资金不足，导致整个区域缺乏支柱产业，产业基础薄弱、生产力水平低下；其二，三峡工程后，因库区移民带来的一系列产业结构重组问题，导致新城建设缺乏系统性的产业支撑，生产力水平不高。如：万州，在三峡工程前的 40 多年间（1950 ～ 1992 年），国家对其直接总投资累加不足 6

① 红网，2007-07-03.http：//news.QQ.com.

② 经济要情参阅，2013（29）.

亿元[①]，导致万州区交通、能源、通信等基础设施建设的严重滞后，在三峡工程后，因受蓄水影响，万州区受淹工矿企业达370户，而规划关闭227家，仅剩143家[②]，新的产业尚未形成，而原有产业也未能升级，导致城乡经济关联度低，无系统产业链；又如，丰都县从1992年三峡工程开始决定搬迁后，因城市公共基础设施老旧，且建设跟不上城市发展，使得原有100多家工业企业，70多家在搬迁过程中破产倒闭，涉及的职工有1万多人，占到全县工业企业总职工人数的一半左右。

2）生命线工程灾害

三峡库区“生命线工程”（lifeline engineering）主要是指维持三峡库区城市生存功能系统的工程，主要包括：供水、排水系统的工程；电力、燃气及石油管线等能源供给系统的工程；电话和广播电视等情报通信系统的工程；大型医疗系统的工程以及公路、铁路等交通系统的工程等。在以“时空急速压缩”为特点的三峡库区移民建设过程中，任何生命线工程灾害发生，就会直接影响到库区产业安全系统，会对整个三峡库区城市安全带来致命的危险。如：2008年1月重庆市武隆县普降暴雪，暴雪之大，百年罕见，在此次暴雪灾害中，供电设施遭受了毁灭性的摧毁，造成全县9个乡镇近10万人用电完全瘫痪，给武隆县产业造成了巨大的损失。

4. 库区城市自然灾害带来的风险

三峡库区地形复杂多变，历来是自然灾害多发地区，容易受到水灾、滑坡、泥石流等自然灾害的威胁，近些年地质结构及生态环境也受到三峡蓄水的影响，自然灾害给库区城市带来的风险也不断攀升，与之直接相关的公共安全灾害（威胁）的主要类型有以下五类：

1）地震

三峡库区本身是地质板块活动剧烈的地方，有多条断裂带贯穿库区。库区“地质稳定性”变化引发的地震主要是指“构造型地震”[③]，具体分布在第二库段仙女山断裂、九畹溪断裂、建始断裂北延和秭归盆地西缘一些小断层的交会部位。最危险的地段位于齐岳山东北和建始北延断裂，这一线在成库蓄水后，古地质剧烈活动恐被激活，极有可能诱发地震。如，2014年3月30日零时24分在湖北省宜昌市秭归县发生4.3级地震，震源深度7km（图2-2）。

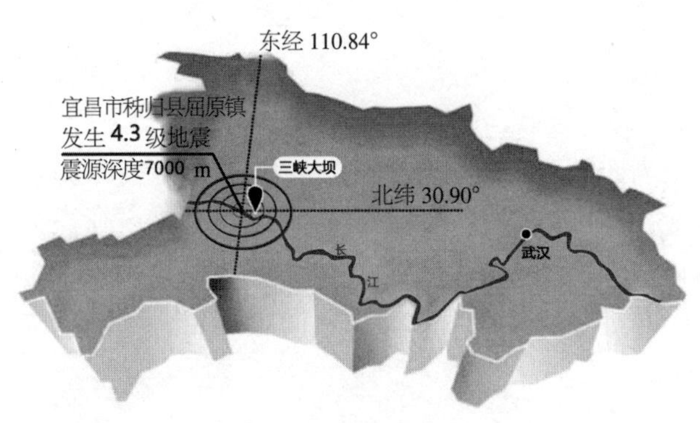

图2-2　秭归地震示意图
（资料来源：网络新闻）

2）崩塌滑坡

三峡库区水位的上下剧烈变动，使水流渗入坡体，加大了孔隙水压，软化了土石，增大了坡体容量，

① 万州：突破深重的“围墙”破解空心难题[N/OL]，2004-04-15.http：//www.xinhua023.com.

② 詹培民．三峡库区产业空心化的内在机理[J]．重庆社会科学，2005（9）：125-128.

③ 构造型地震的发生需要三个条件：（1）有发震断层；（2）发震断层本身已经接近临界状态；（3）水有向深部渗透的条件。

改变了坡体的静水压、动水压，从而诱发了崩塌滑坡。据有关资料统计①，在三峡工程库区内共有各类崩塌滑坡体 2490 处（其中属受水库蓄水影响的 1627 处，在移民迁建区的 863 处），从湖北宜昌三斗坪到重庆体积大于 $100m^3$ 的崩塌滑坡堆积体共有 134 处，总体积约 $15.6 \times 10^8 m^3$，其中分布较密集的是秭归新滩附近、秭归—巴东河段、巫峡上段、巫山—大溪河段、奉节—万州河段等（图 2-3）。如，2014 年 9 月 3 日在湖北省宜昌市秭归县发生大面积山体崩塌滑坡，崩塌滑坡体总体积约 80 万 m^3，导致大岭电站整体损毁、G348 国道中断。

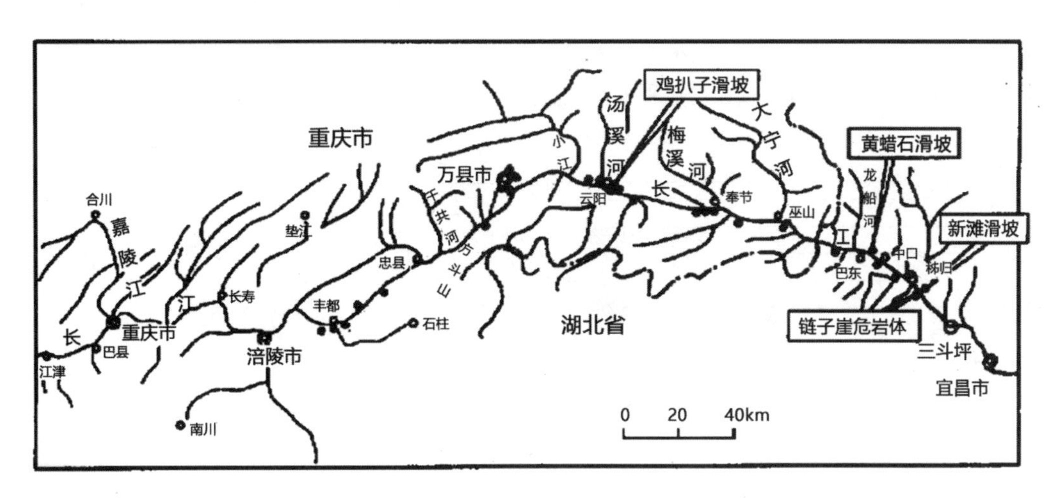

图 2-3　三峡崩塌滑坡分布图

（资料来源：三峡库区地质灾害统计年鉴（1992 ～ 2012 年））

3）泥石流

三峡库区呈现典型的河谷地形地貌特征，由于特殊的气象和地质、人文环境，库区泥石流活动较为活跃②。已查明库区具有泥石流特征的沟谷 309 条，其中 132 条直接注入长江（左岸 56 条，右岸 76 条），其余 118 条则分布在左岸各级支沟上，59 条分布在右岸各级支沟上（其中，奉节以东三峡峡谷河段内集中分布了 254 条）。泥石流灾害可以说是地震、崩塌滑坡的次生灾害，其破坏力更大。如：2008 年 4 月 19 日，三峡库区湖北省兴山县出现持续暴雨天气，最高降雨量达 106mm，移民迁建集镇高阳镇发生特大“泥石流”，人员伤亡严重（图 2-4）。

图 2-4　兴山县泥石流

① 长江水利委员会综合勘测局 . 长江三峡水利枢纽库区崩滑体及第四纪地质图（1：1000）[Z].

② 泥石流发生需具备三个条件：（1）物源条件；（2）水源条件；（3）地貌条件。

4）水土流失

三峡库区自古以来就是我国水土流失最为严重的地区之一[①]，库区地处我国第二、三阶梯的过渡地带，地质复杂，地形陡峻，暴雨频繁，地表侵蚀强烈，水土流失问题突出。目前，虽然不比西北黄土高原严重，但潜在的石质化威胁则非常大。加之三峡水库蓄水要淹没的几十万亩土地，是沿河阶地上肥分较高的冲积土，含磷量丰富、土质松软，加重了水土流失。三峡库区坡度大于15°的坡耕地约占耕地面积的56.7%，其中，坡耕地中大部分无灌溉条件，库区泥沙主要来源于坡耕地，水土流失十分严重（图2-5），成为三峡库区的主要产沙源，水土流失严重破坏了三峡库区居民赖以生存的土地资源。如：水土流失严重的云阳县，全区土地面积3649km²，水土流失面积占67.4%，泥沙流失量209.10万t/年，土层厚度15～20cm、坡度大于20°的坡耕地泥沙流失量165.9t/年[②]。

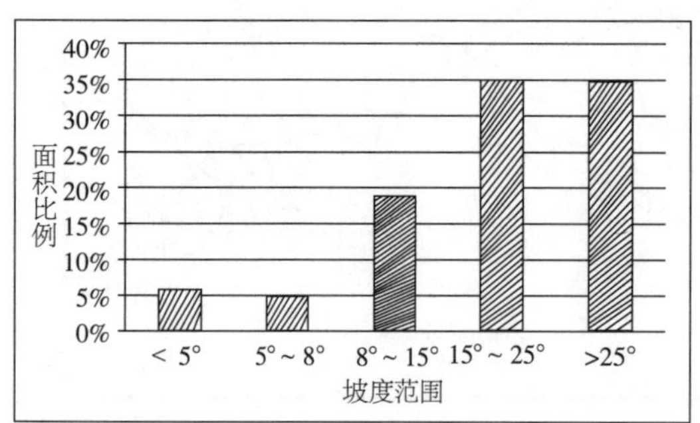

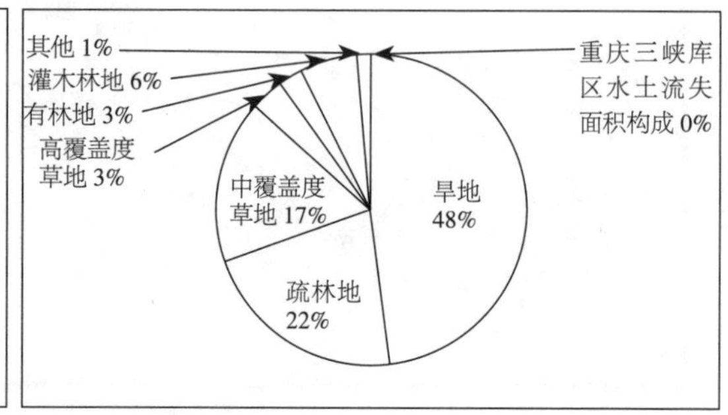

图2-5　三峡库区水土流失类型比例分布图

5）洪涝

图2-6　重庆洪涝灾害

[资料来源：三峡库区地质灾害统计年鉴（1992～2012年）]

“洪涝”特指因洪水泛滥、暴雨积水和土壤水分过多对人类社会造成的灾害，三峡工程本身是可以起到减缓洪涝灾害发生的作用的，这是积极的一面，不容忽视。但是，三峡蓄水共淹没的陆地面积约600km²，水体下垫面面积大幅度增加所产生的局地效应，与大尺度下垫气候系统叠加的复杂过程，同样也会导致局地洪涝的频发，对三峡库区经济和人民生活造成新的危害。如：2004年9月三峡库区出现大范围的持续性暴雨；2007年7月重庆西部地区遭受暴雨袭击[③]，这两次强降水都造成了极为严重的洪涝灾害（图2-6）。

① 其水土流失面积达5.1万km²，每年流失的泥沙总量达1.4亿t，占长江上游泥沙的26%。

② 三峡工程生态环境保护情况[N/OL]. 中国网，2005.http：//news.sina.com.cn/c/2005-04-28/16196520772.shtml.

③ 周国兵，沈桐立，韩余．重庆“9·4”特大暴雨天气过程数值模拟分析[J]. 气象学，2006，26（5）：572-577.

5. 库区城市道路交通事故带来的风险

三峡库区城市交通受到复杂的地形、地质条件和多雨、多雾的气候制约，在这种不利条件下，道路技术等级偏低、道路安全设施匮乏，加之后期道路养护力度不够，库区城市道路交通事故率居高不下，与之直接相关的公共安全灾害（威胁）的主要类型为交通事故。

图 2-7　三峡道路交通

库区城市交通受到山地地形限制，道路狭窄，交通条件复杂（图 2-7），容易引发交通事故；加之因库区蓄水引发的崩塌滑坡、泥石流等次生灾害，也增加了交通事故发生的风险，因三峡库区城市多依山而建，区域之间的交通联系多为单线，一旦发生交通事故就会造成片区性堵车，增加次生灾害发生的威胁。如，2011 年全重庆市发生道路交通事故近 4300 起，共造成了近 800 人死亡、6100 余人受伤，直接财产损失接近 1 亿元。

6. 库区城市公共卫生存在的风险

库区大多城市受地形限制，布局多样，在有限的用地上所容纳的人口较多，人口密度相对较高，公共卫生设施陈旧落后，公共安全隐患大，与之直接相关的公共安全灾害（威胁）的主要类型为公共卫生事故。

公共卫生事故是指突然发生，造成或者可能造成社会公众健康严重损害的重大传染病疫情、群体性不明原因疾病、重大食物和职业中毒以及其他严重影响公众健康的事件。三峡库区城市用地不足，人口密度大，产业布局紧凑，加之在移民迁建过程中公共卫生设施建设滞后，一旦发生公共卫生事故，后果十分严重，公共卫生事故隐患巨大。如：湖北省宜昌市兴山县，2002 ～ 2012 年 10 年间共发生乙类传染病 9 种 1025 例，传染病平均报告发病率为 351.58 例 /10 万人，痢疾、肺结核、病毒性肝炎三种传染病占报告传染病总数的 88.98%①。

7. 社会安全事件带来的风险

库区经济基础较为薄弱，企业破产关闭、移民搬迁安置、农村土地征用和城市居民拆迁补偿等引发的矛盾极易造成各种群体性事件，由于其他复杂的历史和社会原因，各类刑事案件、涉外、金融以及社会影响重大的突发社会安全事件时有发生，与之直接相关的公共安全灾害（威胁）的主要类型有以下两类。

1）文化重构安全

“文化安全”一词在国内学术文献中的出现目前可追溯到 1999 年②。目前比较认可的解释是：“一个国家或者是民族区域内，自身发展及传承下来的民族特色、民族文化，包括语言、文字、民间艺术、文化

① 公共卫生与预防医学，2013，18（2）.

② 见：林宏宇 . 文化安全：国家安全的深层主题 [J]. 国家安全通讯，1999（8）；朱传荣 . 试论面向 21 世纪的中国文化安全战略 [J]. 江南社会学院学报，1999（12）.

景观等的独立性特征。”三峡库区文化属于“巴蜀多元文化共存体系”，库区有超过40个民族，聚居人口超过200万，是历来巴蜀文化等地域民族文化的传统发祥地之一。在三峡工程建设过程中，一方面，大量文物被淹而消失，原有文化载体受到损害；另一方面，库区移民属非自愿性人口迁移类型，具有较大的盲目性和较强的依赖性，对适应新环境不仅缺乏足够的物质基础和文化寄托，而且容易造成文化意识不稳定。

2）移民安置安全

移民安置问题是三峡库区城市建设最为关键的社会性问题，类似的问题在国外也非常突出[①]。新中国成立以来，由于历史原因我国移民安置也存在不少遗留问题，移民上访、闹事、返迁等社会问题时有发生[②]。“搬得出、稳得住、逐步能致富”是三峡水库移民的基本目标，在初步实现了移民“搬得出”之后，如何稳住移民，并逐步实现其致富的目的，是关系到三峡库区城市能否可持续发展的重大社会问题。当前三峡移民已经进入“后移民时期”（2010～2026年[③]），传统的移民类型（外迁移民、后靠就地安置农村移民、脱离土地农村移民、城镇纯居民移民）在实际工作中已不能准确反映三峡库区移民的现状和变化。为了更准确地反映当前的移民安置问题，本书针对“后移民时期”的特征，新划分移民安置类型（表2-1）。

三峡移民安置类型 **表2-1**

分类标准	类型	特征	对策
心理承受力	承受力强	从事非农经营，职业稳定	不需要扶持
	承受力一般	自谋职业，相对稳定	需要关注
	承受力弱	未就业或丧失劳动能力，移民后收入不及以前	需要重点扶持
社会适应性	适应强	有一定知识、文化、技能	不需要扶持
	适应一般	做小生意、农闲打工、农忙种地	特殊性扶持
	适应差	因年龄、体力和本身条件限制，没有技能、就业能力差	需要经济救助
经济条件	经济条件好	较多积蓄，较为富裕，安置后获得新发展机会	不需要扶持
	经济条件一般	一般积蓄，通过努力能够维持生计	需要重点关注
	经济条件差	无田种、无工做、无出路，生活水平处于贫困线之下	需要重点扶持

8. 库区城市生态环境存在的风险

在库区城市化进程中，由于大量移民短时期内的时空转移，产生大量的废气、废渣、废水等生活污染，由此产生的生活污染物对现有库区城市生态环境来说是一个严重的威胁。与之直接相关的公共安全灾害

① 以印度为例，近几十年产生的2000多万工程性移民，由于没有得到“妥善安置”，使其中75%的移民生活陷入贫困。
② 据1984年一项对中国水库移民的研究表明，1/3以上的移民生活在贫困之中，1/3的移民生活勉强可过，只有1/3的移民生活较富裕。
③ 孙元明.三峡库区“后移民时期”的概念、定义及其意义[J].重庆行政，2010（1）：12-13.

（威胁）的主要类型有如下四类。

1）水系统污染

三峡工程成库后，江水滞留时间加长，库区水体流速减缓，水体自净能力和输送污染物的能力大大降低，污染物扩散能力也降低，水环境容量减小。扩散能力减弱，岸边水域污染加重，污染物排放口下游的岸边污染带形状将由长带型向宽短型变化。水污染浓度增加，岸边污染带加宽，库区水系统污染加重将不可避免。据有关数据统计，成库前重庆城区排出的污染物流到涪陵已降解一半，而成库后这些污染物流到涪陵仅能降解 17%，水中污染物将增加 30%；同时岸边污染带普遍增加幅度为 0.85 ～ 1.33 倍，带内污染物平均浓度将提高 1.63 倍，库区主城区江段污染物浓度比成库前提高 34.5%，长寿江段提高 117%，涪陵、万州江段提高 573%，这将给水体带来严重的污染。特别是在三峡水库腹心地带和库尾还居住着 2000 多万居民和 18 座城市（包括一座特大型城市——重庆），据有关部门数据统计，2013 年，重庆当年所排放的废水为 23 亿 t（不包括其他库区城市的排放）。

2）消落带污染

所谓消落带，是指水库进入冬季枯水期，水位下降后，岸边露出的一条被淹没区域。但三峡库区的消落带是一条反季节消落带，这是因为，由于夏季防洪和冬季蓄水发电的需要，三峡水库在每年 10 月至次年 5 月的枯水期间，正常蓄水水位将升至 175m；而在每年 5 月末或 6 月初开始的汛期，为了防洪，水位则将降至 145m，也就是说，在整个炎热的夏季，三峡库区沿线将形成一条长 5578km，面积 349km^2 的消落带，而这条反季节形成的消落带，已经成为库区沿线生态最为脆弱的地带（图 2-8）。

图 2-8　三峡流域消落带污染

3）生态环境破坏

在三峡工程动工前，国家对生态环境破坏带来的风险已经进行过充分的评估，也做了大量的准备工作，但随着三峡工程的不断运行，后期出现了更多的不可预见的生态环境问题，且越来越超过原有的预见。三峡库区有 34.66% 的用地坡度大于 25°，水土流失面积占总面积的 58.79%，是全国水土流失最为严重的地区之一，生态敏感性高，库区自身生态系统比较脆弱。加之近些年三峡蓄水带来的水系统污染及消落带污染（重庆段 71 条主要次级河流 178 个监测断面有 58.4% 的断面水质不能满足水域功能要求，37.1% 的断面水质为 v 类或劣 v 类[①]），库区生态环境破坏日趋严重，库区沿江已经形成了比较明显的污染带。另外，如万州在三峡建设以来的大规模城市建设推进过程中，由于建设用地紧张，开发过度，对生态环境的影响和破坏加剧，城市建设区人工生态环境质量不高，绿地面积少（城市绿地率不足 15%），中心

① 新闻晚报，2013-03-06.

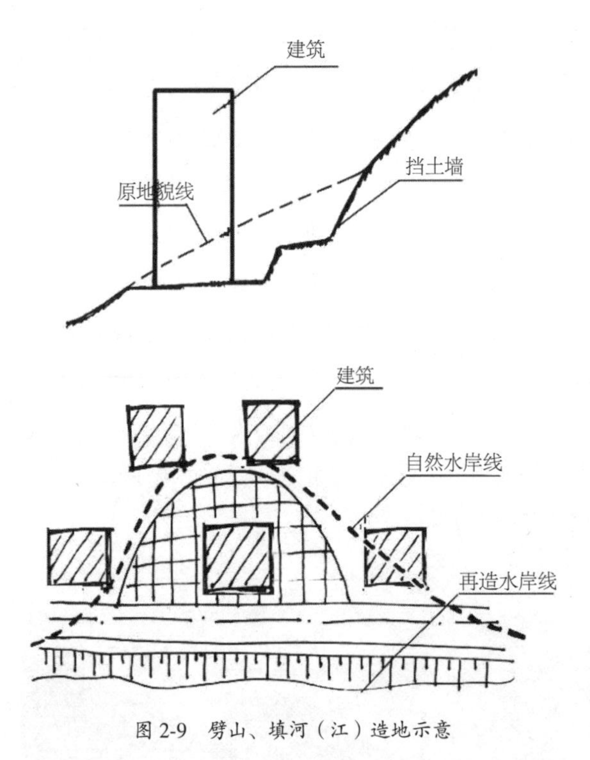

图 2-9 劈山、填河（江）造地示意

城区热岛效应明显。不注重对生态环境的尊重，劈山、填沟造地用于建设的情况普遍（图 2-9），城市水库、池塘等水体填毁严重，许多生态廊道被侵占、破坏。水岸生态系统人工化发展，恢复重建几无可能，城市废水、废渣、废气等对城市周边生态环境形成污染。

4）大气污染

三峡库区城市工业多为重工业，工业生产排放到大气中的大气污染物种类繁多，有烟尘、硫的氧化物、氮的氧化物、有机化合物、卤化物、碳化合物等。在特殊的地形、气候条件影响下，大气污染会给库区城市的公共安全带来严重的威胁。如：酸雨、雾粉等极端天气现象都是由大气污染引发。

根据以上分析梳理，将三峡库区城市公共安全灾害（威胁）的类型汇总为 18 类（表 2-2）。

三峡库区城市公共安全灾害（威胁）类型汇总表　　表 2-2

序号	公共安全研究内容	对应灾害（威胁）类型	灾害（威胁）类型
1	库区城市工业及仓储危险源带来的风险	火灾、泄漏爆炸	水系统污染 消落带污染 生态环境破坏 地震 崩塌滑坡 泥石流 水土流失 洪涝 交通事故 产业空心化 生命线工程灾害 泄漏爆炸 火灾 大气污染 公共卫生事故 文化重构安全 移民安置安全 群体性暴力事件
2	库区城市人口密集的公共场所存在的风险	群体性暴力事件	
3	库区城市公共设施老旧存在的风险	产业空心化、生命线工程灾害	
4	库区城市自然灾害带来的风险	地震、崩塌滑坡、泥石流、水土流失、洪涝	
5	库区城市道路交通事故带来的风险	交通事故	
6	库区城市公共卫生存在的风险	公共卫生事故	
7	社会安全事件带来的风险	文化重构安全、移民安置安全	
8	库区城市生态环境存在的风险	水系统污染、消落带污染、生态环境破坏、大气污染	

按照类型本书将 18 类灾害（威胁）在三峡库区的分布进行梳理，如表 2-3 所示。

三峡库区灾害（威胁）分布情况汇总表　　**表 2-3**

城市、区、县	地理区位（东经 / 北纬）	主要灾害（威胁）类型	次要灾害（威胁）类型
夷陵区	110° 51′ ~ 111° 39′ / 30° 32′ ~ 31° 28′	水系统污染 消落带污染 生态环境破坏	崩塌滑坡、泥石流、文化重构安全、火灾、产业空心化、生命线工程灾害
秭归县	110° 18′ ~ 111° 00′ /30° 38′ ~ 31° 11	文化重构安全 移民安置安全 群体性暴力事件	生命线工程灾害、泄漏爆炸、火灾、地震、崩塌滑坡、移民安置安全、群体性暴力事件
兴山县	110° 45′ ~ 113° 43′ /31° 14′ ~ 32° 00′	产业空心化 生命线工程灾害 公共卫生事故 火灾	泥石流、水土流失、洪涝、交通事故、大气污染、消落带污染、移民安置安全、泄漏爆炸、生态环境破坏
巴东县	110° 04′ ~ 110° 32′ /30° 28′ ~ 31° 28′	地震 崩塌滑坡 泥石流	移民安置安全、文化重构安全、泄漏爆炸、生态环境破坏、洪涝、交通事故、水土流失
巫山县	109° 33′ ~ 110° 11′ /23° 28′ ~ 30° 45′	地震 崩塌滑坡 交通事故	移民安置安全、泥石流、水土流失、生命线工程灾害、水系统污染、洪涝
巫溪县	108° 44′ ~ 109° 58′ /31° 14′ ~ 31° 44′	文化重构安全 群体性暴力事件 崩塌滑坡	水土流失、洪涝、交通事故、水系统污染、消落带污染、公共卫生事故、移民安置安全
奉节县	109° 01′ ~ 109° 45′ /30° 29′ ~ 31° 22′	地震 崩塌滑坡 洪涝	泥石流、水土流失、移民安置安全、交通事故、泄漏爆炸、生态环境破坏
云阳县	108° 24′ ~ 109° 14′ /30° 35′ ~ 31° 26′	文化重构安全 移民安置安全 群体性暴力事件	生命线工程灾害、泄漏爆炸、火灾、大气污染、生态环境破坏、水土流失
万州区	107° 52′ ~ 108° 53′ /30° 24′ ~ 31° 15′	水系统污染 消落带污染 移民安置安全 产业空心化	消落带污染、移民安置安全、地震、崩塌滑坡、泥石流、水土流失、生命线工程灾害、泄漏爆炸、火灾、大气污染
石柱县	107° 59′ ~ 108° 34′ /29° 39′ ~ 30° 32′	产业空心化 生命线工程灾害 公共卫生事故	泄漏爆炸、火灾、大气污染、生态环境破坏、交通事故、地震、崩塌滑坡
忠县	107° 3′ ~ 108° 14′ /30° 03′ ~ 30° 35′	文化重构安全 移民安置安全 群体性暴力事件	地震、泥石流、水土流失、洪涝、泄漏爆炸、火灾、大气污染、公共卫生事故
开县	107° 55′ ~ 108° 54′ /30° 49′ ~ 31° 41′	地震 崩塌滑坡 水土流失	移民安置安全、洪涝、交通事故、泥石流、生命线工程灾害、泄漏爆炸
丰都县	107° 28′ ~ 108° 12′ /29° 33′ ~ 30° 16′	文化重构安全 移民安置安全 群体性暴力事件	消落带污染、火灾、大气污染、公共卫生事故、交通事故、地震、崩塌滑坡

续表

城市、区、县	地理区位（东经 / 北纬）	主要灾害（威胁）类型	次要灾害（威胁）类型
涪陵区	106° 56′ ~ 107° 43′ /29° 21′ ~ 30° 01′	水系统污染 生态环境破坏 泄漏爆炸	消落带污染、移民安置安全、生命线工程灾害、泄漏爆炸、火灾
武隆县	107° 13′ ~ 108° 05′ /29° 02′ ~ 29° 40′	产业空心化 生命线工程灾害 泄漏爆炸	地震、火灾、群体性暴力事件、崩塌滑坡、泥石流水土流失
长寿区	106° 49′ ~ 107° 27′ /29° 43′ ~ 30° 12′	产业空心化 大气污染 公共卫生事故	移民安置安全、生命线工程灾害、泄漏爆炸、火灾、交通事故、地震、崩塌滑坡
重庆主城区	105° 07′ ~ 107° 04′ /28° 22′ ~ 30° 26′	泄漏爆炸 火灾 大气污染 公共卫生事故	消落带污染、产业空心化、洪涝、交通事故、泥石流、生命线工程灾害、泄漏爆炸、群体性暴力事件
江津区	105° 49′ ~ 106° 38′ /28° 28′ ~ 29° 28′	产业空心化 火灾 大气污染	群体性暴力事件、地震、生命线工程灾害、泄漏爆炸、公共卫生事故

通过综合梳理分析可以看出，威胁三峡库区城市公共安全的灾害分布广、数量多，且单一城市涵盖的灾害种类也繁多，大多城市的公共安全主要灾害类型在 3 个以上，次要灾害类型在 6 个以上。

2.1.2 灾害链地域性频发且救助能力不足

威胁三峡库区城市公共安全的各类灾害不仅分布广、种类多，且灾害之间的关联性强，灾害群发、链发特征明显。自然灾害链、人为灾害链、复合灾害链[①]等相互交织，地域特征明显，具体如下。

1. 自然灾害链

三峡蓄水导致流域“地质稳定性”变化，加剧了“地震、崩塌滑坡、泥石流、水土流失、洪涝及由地质灾害引发的交通事故”等自然灾害的链发。三峡库区城市自然灾害链主要包括：地震、崩塌滑坡、泥石流、水土流失、洪涝及由地质灾害引发的交通事故等引发的灾害链（具体参见附录 D）。

2. 人为灾害链

首先，移民搬迁所致的“库区产业重构”，加剧了“产业空心化、生命线工程灾害、泄漏爆炸、火灾、大气污染、公共卫生事故”等人为灾害的链发；其次，移民搬迁所致的“库区文化断层”，加剧了“文化重构安全、移民安置安全、群体性暴力事件”等人为灾害的链发。三峡库区城市人为灾害链主要包括：产业空心化、生命线工程灾害、泄漏爆炸、火灾、大气污染、公共卫生事故、文化重构安全、移民安置安全、群体性暴力事件等引发的灾害链（具体参见附录 F）。

① “复合灾害链”是由自然和人为共同作用产生的。

3. 复合灾害链

三峡蓄水导致长江（支流）“水位及流速”变化，加剧了“水污染、消落带污染、生态环境破坏”等复合灾害的链发。复合灾害链主要包括：流域水系统污染、消落带污染和生态环境破坏等由综合因素引发的灾害链（具体参见附录 F）。

综合来说，受限于特殊的地理环境和社会背景，威胁三峡库区城市公共安全的灾害很少孤立出现，大多呈现出地域群发、链发特征，加之库区人地矛盾突出（用地不足），建设用地七零八落，城市救助设施不足且效率低下，最终致使三峡库区城市公共安全呈现出直接威胁（灾害链地域性频发）和间接威胁（城市救助设施不足且效率低下）皆突出的现实状况。

2.2　问题辨析

2.2.1　历史性辨析

三峡库区城市公共安全问题不是一个静止的状态，而是一个不断变化的过程，因此，从历史角度来分析就成为认识现实问题的必然。本书以 1992 年（三峡大坝动工）为分界点进行研究，将威胁三峡库区城市公共安全的灾害类型分为两个阶段：

第一阶段：1992 年以前，引发三峡库区城市公共安全的灾害的主要原因来自其特定的自然地理环境。由自然因素引发的安全灾害包括地震、泥石流、滑坡等，由社会因素引发的安全灾害包括刑事案件、基础设施安全等。在这个阶段制约城市公共安全的因素以自然因素为主、社会因素为辅。

第二阶段：1992 年以后，由自然因素引发的安全灾害除了固有存在的地震、泥石流、滑坡，又出现了一系列的新问题，如水污染、消落带、地质稳定性安全等。由社会因素引发的安全灾害除了以前的刑事案件、基础设施安全等，又新增加了移民、产业空心、文化断层等安全性问题，在这个阶段，城市公共安全问题突出，呈现出更多新的特点。

1. 种类、数量增多

随着三峡工程的不断建设，由自然因素和社会因素引发的各种公共安全威胁的灾害种类和数量都不断增加。首先，三峡蓄水导致库区水量显著增加，流域单位面积地质承载力增加，因此诱发地震、滑坡等自然灾害的风险增加；其次，库区城市移民迁建会带来对耕地、林地等生态本底的侵占，改变原有生境，降低城市生态的承载力，增加城市灾害风险；再次，移民会带来城市原有产业结构的破损，出现产业断层和空心，增加城市产业链的脆弱指数和各种新的安全风险；最后，库区水位提高，导致淹没区有大量的文物及遗迹被淹没，历史文化结构遭到破坏，城市文化基础设施建设不足，导致社会文化归属感降低，增加城市舆情灾害风险。

2. 社会因素比重增加

以移民为特征的库区城镇化建设，加大了公共安全社会因素的比重，主要体现在产业和文化两个方面：首先，城市移民会带来产业转移和转型，会直接影响到城市危险产业的安全布局（工业、仓储等布局及选址等），也会间接影响到城市产业链条重生和恢复（产业暂时空心化）；其次，城市移民同时也是“文化移民”，由于原来生活圈子和社会关系的巨变，大多移民都有“盲目性、依赖性”，文化的缺失同样会增加社会因素的影响的比重。

3.“人为自然灾害”成为防治新领域

在三峡库区城镇化建设过程中，由于受地形环境限制，城镇建设不可避免地要破坏自然地形地貌，随着城镇规模的扩大，人口与资源的矛盾更加突出，库区生态环境进一步受到破坏，其所带来的地壳表层地质环境内应力，甚至超过了自然地质应力的作用强度，导致各种城市灾害的发生，虽然它们以自然灾害的形态表现出来，但实际是由人类的活动所诱发，本书把这种灾害称之为“人为自然灾害”。如库区城镇化过程中的修建公路、铁路、劈山开矿等经济活动及滥垦滥伐，会诱发滑坡、泥石流、山体坍塌等地质灾害。据统计，1992 年之前（主要是 1980 年代），库区人为地质灾害所占的比重为 20.7%，1992 年之后（截至 2013 年）上升为 50.5%，相比增加了近 1.5 倍。

将以上两个阶段的公共安全特点与三峡库区的城镇化进程进行对比分析可以看出，“三峡库区城市公共安全风险指数”与“城市化率”之间呈现出交替变化的历史演变关系（图 2-10）。首先，三峡库区城市一般选址于生态环境好、安全指数高的地区，此时“三峡库区城市公共安全风险指数”与“城市化率”之间几何关系为下降曲线（*a*-*b*）；其后，由于极化效应，因优势条件发展起来的城市规模逐渐壮大，并不断突破城市公共安全的局部阈值，两变量关系为“正 U 形”（*b*-*c*）；再后，当城市的发展对公共安全的多项指标产生破坏后，两者的关系就演变成上升型（*c*-*d*，其对应的城市化率约为 35% ～ 55%）；接着，部分城市率先采用规划干预将公共安全指数提升，使二者的耦合关系演化为倒 U 形（*d*-*e*）；最后，当所有城市都采用规划干预将公共安全指数提升后，二者的关系就再次表现为下降型（*e* - *f*）。

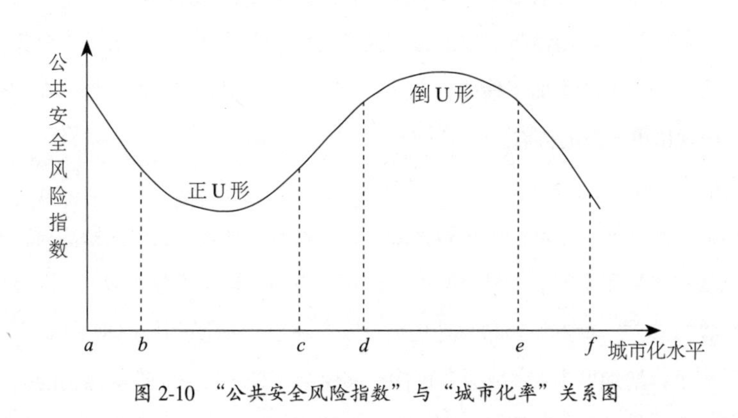

图 2-10 “公共安全风险指数”与“城市化率”关系图

通过以上对三峡库区城市公共安全问题的历史性辨析可以看出，当今三峡库区城市的发展正处于后三峡时代的“*c*-*d*”阶段，自然灾害、人为灾害和人为自然灾害相互交织，库区城市公共安全未来将面临比以往更大的复杂性。

2.2.2 地域性辨析

基于地域性差异，三峡库区城市公共安全问题与平原城市和非库区城市也不同，本书通过对比进行分析如下。

1. 相对于平原城市

三峡库区城市用地空间紧凑，灾害关联性强，自然灾害链问题突出。自然环境约束是造成三峡库区与平原城市公共安全问题不同的根源。一般而言，当城市人口规模超过 10 万人时，就应该考虑采取集中与分散相结合的空间结构，但基于三峡库区用地条件的局促，大多城市组团规模更小，呈现“大分散、小集中”的空间特征，加之流域水环境空间的制约，相对于平原城市三峡库区城市总体上呈现出以下几种典型空间结构。

1）星盘组团式

此类空间结构一般适应于规模较大的城市，如重庆主城区和万州区。由于城市规模较大，且城市建成区受限于固有的地理约束，城市扩张必须跳跃式地突破山、江、河等自然障碍发展，建设成类似于卫星城的多个新组团，整体空间结构上呈现星罗棋布的格局。

重庆是三峡库区长江上游第一城市，也是西部经济中心，我国最大的山城和国家级历史文化名城，建成区面积为 647.78km^2。重庆主城区包含渝中、九龙坡、沙坪坝、大渡口、南岸、巴南、江北、渝北、北碚九个市辖区，各个组团之间由自然绿地、山体及河流相隔，各个区域星罗棋布，相对独立又相互联系，空间结构体现了“有机松散、分片集中、分区平衡、星盘组团式”的布局特征。

万州区位于长江中上游结合部，重庆市东部，三峡库区腹心，四川盆地东部边缘，是长江沿岸十大港口之一。在总体规划（2020 年）中，万州主城区整体采用“大分散，小集中”的用地结构。主城的用地结构分为“三片区，七组团”。具体为：苎溪河以北，长江北岸为天城片区，包括周家坝、申明坝、枇杷坪三个组团；苎溪河以南，长江以西为龙宝片区，包括高笋塘、龙宝两个组团；长江以东为五桥片区，包括陈家坝、百安坝两个组团。这种用地布局在整体上呈现出星盘组团式的空间结构（图 2-11）。

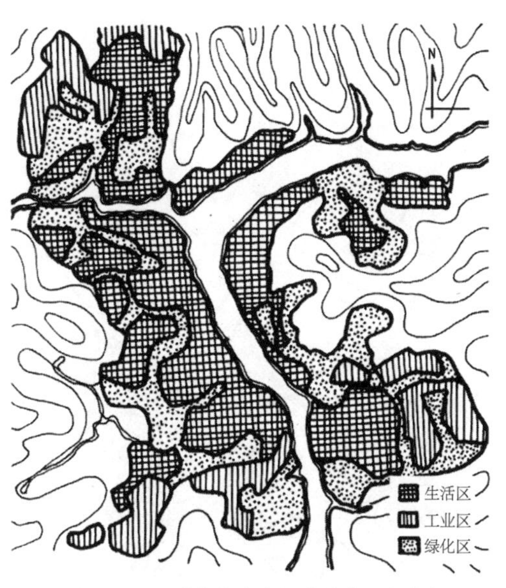

图 2-11　万州城市总体规划图（2020 年）
（资料来源：《重庆市万州区总体规划》）

2）带状组团式

此类空间结构在三峡库区较为普遍，如奉节、巴东及忠县等。

奉节的城市规划用地范围内冲沟多，有滑坡崩塌威胁的不良地质地段广布[①]，在城市发展用地选择过程中，奉节的城市建设以长江及三河为轴，依托长江、白帝城、瞿塘峡等基本自然条件，以长江、朱衣河、

① 在用地评定范围内，从朱衣河沿长江到草堂河，左岸分布有大小滑坡 49 处。区内坡度小于 15° 的一类用地仅占总用地的 8%，且较分散。

梅溪河、草堂河为自然界限，将城区分为多个组团，形成独特的“一心八点”（即一个城市中心、八个居住或工业小区）的带状组团式空间结构（图 2-12），东西长达 24km 多，奉节城市空间结构是独特自然环境约束（地质地貌复杂、城址难选）的直接产物。

巴东县新县城规划用地范围内存在几条较大的冲沟，城市被分隔成黄土坡、大坪、北土坡、云沱、西壤坡五个部分，各部分顺长江方向一字形展开，形成典型的带状组团式的城市形态（图 2-13）。

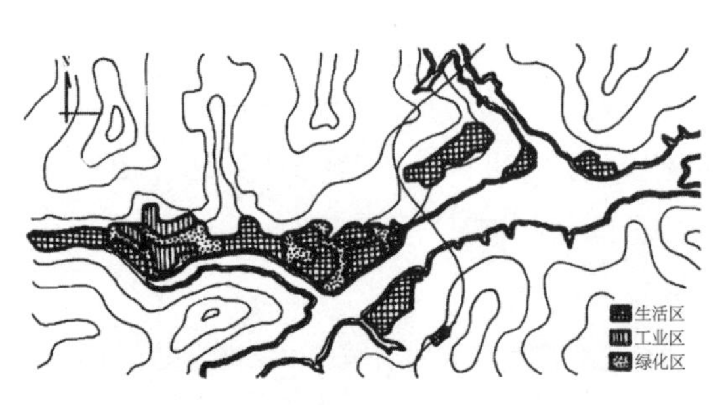

图 2-12　奉节县城总体规划图（2020 年）

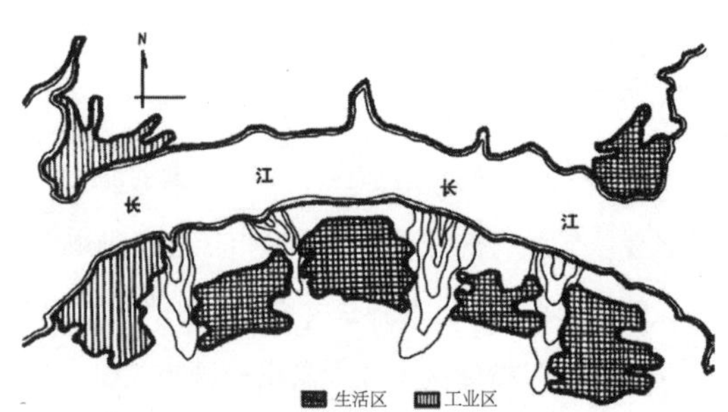

图 2-13　沟谷对巴东城市形态的影响
（资料来源：根据巴东城市总体规划绘制）

3）环湖组团式

此类空间结构在三峡库区较为特殊，如巫山。主要因三峡蓄水后，在河段局部形成“湖面”，从而影响了库区城市的用地布局及空间结构。

巫山老城用地位于长江北岸大宁河与长江交汇处。三峡蓄水至 175m 后，峡口水面上升，使巫山老城全部受淹，大宁河与长江交汇处形成 4.5km^2 的“湖面”。新城在用地选择时考虑了航运交通的需要、市民临水生活习惯，以及用地景观的视线等问题，把新城沿环状水域布置，城市整体形态呈环状临水，形成特殊的环湖组团式空间结构（图 2-14）。

图 2-14　巫山县总体规划图（2020 年）
（资料来源：根据巫山县总体规划资料（2004—2020 年）绘制）

4）临江集中式

此类空间结构主要由于老城全部被淹，新城重新选址建设形成，如秭归。

秭归县城新址位于长江南岸，西陵峡庙南宽谷地带[①]，归州镇迁至老城下游 30km 处九里坪。新城区未来同时向南、北方向扩展，形成一主两翼的临江集中式格局（图 2-15）。一主：承担城区行政办公、商贸、

① 东距三峡大坝水路仅 1km，与副坝相连，距葛洲坝水利枢纽 39.4km，距宜昌市人民政府驻地 48km，西距归州城 37km。

文教、医疗卫生等功能；两翼：九里片区和金缸城片区，分别承担工业、居住服务功能和旅游度假功能。三个片区之间规划有 200 ～ 400m 宽的组团隔离绿带，由此引入临江景观。

5）沿江退台式

此类空间结构主要因城市建设用地坡度高差大，用地紧凑，如涪陵。

三峡库区大部分城市都建于长江沿岸的一、二或三级台地之上，但因各级台地界限不甚明显，呈现不出沿江退台的特征。而涪陵用地受地质构造影响，呈现出典型的三级台阶：第一级台阶上为老城区，即码头和河街一带，滨临长江；第二级台阶比第一级台阶约高 50m，规模相对较小；第三级台阶位于山顶，比第二级台阶约高 60m，地势平坦，可建用地多。因台地限制，在空间布局上，涪陵城区利用长江、乌江“两江贯穿”的功能轴驱动，形成“一城二区五片”的沿江退台式空间结构（图 2-16）。

通过以上分析可以看出，三峡库区相对于平原城市，用地空间紧凑、灾害关联性强、自然灾害链问题突出，公共安全呈现出以下两方面的特征：

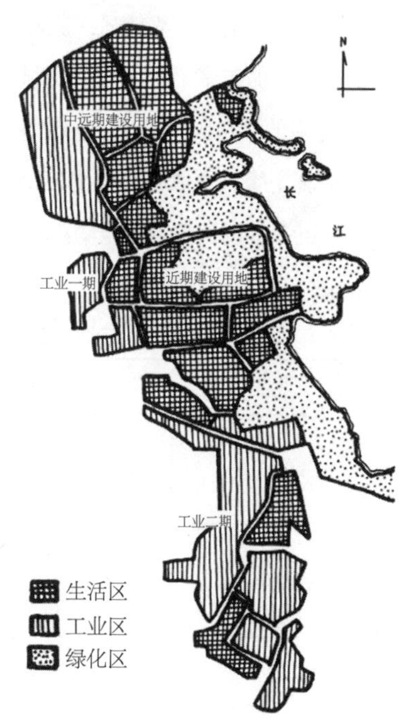

图 2-15　秭归县总体规划图（2020 年）
（资料来源：根据秭归县总体规划自绘）

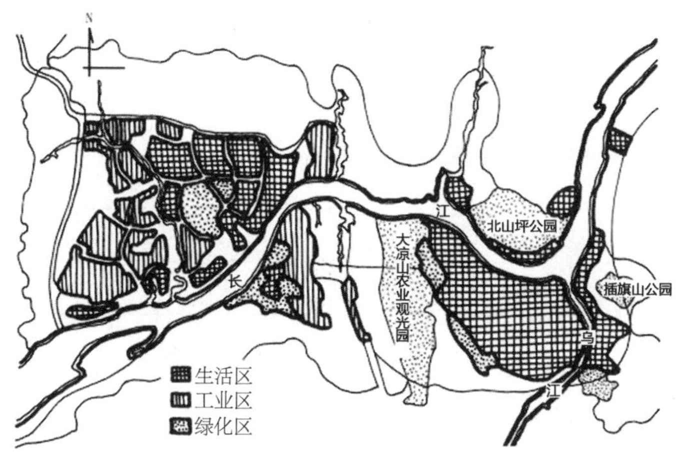

图 2-16　涪陵城区总体规划图（2020 年）
（资料来源：根据《重庆市涪陵区总体规划（2004—2020 年）》绘制）

其一，山地空间制约性强，竖向空间安全隐患突出。

三峡库区城市山地特征明显，用地空间极为局促，城市建设更多地只能在有限的、相对平缓的用地空间展开，相对于平原城市来说不适宜建设的用地在三峡库区经过一般的改造就当成了建设用地使用，尤其对于地震、滑坡、崩塌等与竖向空间关联度紧的灾害变得十分突出，灾害容易空间叠加，加之救灾体系空间用地的不足，进而加强了这种竖向空间的安全隐患。

其二，水域空间制约性强，流域体系安全隐患突出。

三峡库区城市多沿长江支干流域展开，皆因水而兴，用地空间受水域的制约性强，加之三峡蓄水至175m，更多的城市因水而迁，相对平原城市来说受到流域的影响更为突出。需要说明的是，三峡蓄水还会导致水流变缓、水体自净能力下降、反季节消落带等现象，灾害容易非线性放大，这都给三峡库区城市带来了更多的流域体系安全隐患（表 2-4）。

三峡库区与平原城市公共安全特征对比 表 2-4

类型	自然地理特征	公共安全特征
三峡库区城市	山地空间制约性强	竖向空间安全隐患突出，灾害容易空间叠加
	水域空间制约性强	流域体系安全隐患突出，灾害容易体系放大
平原城市	山地空间制约性弱	竖向空间安全隐患不突出，灾害相对独立
	水域空间制约性弱	流域体系安全隐患不突出，灾害不易放大

2. 相对于非库区城市

特殊的产业结构和社会环境是造成三峡库区与非库区城市公共安全不同的另一根源。三峡库区城市经济普遍比较落后，以第一、第二产业为主，大多城市生产力低下，随着三峡工程的修建和后期移民的搬迁，大多城市的产业结构经历着新的调整，区域经济不均衡、产业结构不合理（表 2-5）。

库区城镇性质定位一览表 表 2-5

城市	商贸	工业	农业	物流仓储	旅游观光	文化休闲
长寿区		√	√		√	
涪陵区		√		√		
丰都县			√		√	√
忠县		√	√		√	
万州区	√	√	√	√	√	
云阳县	√	√	√		√	
开县	√			√	√	
奉节县	√			√	√	√
巫山县			√		√	
巴东县			√		√	
秭归县	√		√		√	√

（资料来源：根据各地迁建资料整理而成）

三峡库区移民给城市建设带来的影响不是一个短期的单一问题，它具有明显的时代特征，库区城市在历经移民迁建后，必然要经历社会人文空间的“解构—重构”过程，此过程必然会增加库区城市社会公共安全的复杂性。在移民迁建的城市（镇）中，规模不尽相同[①]，但总体来说，库区迁建城镇人口相对集中，城市人均用地指标普遍偏小[②]，这种高密的聚居形式，隐藏着强烈的地域性依赖。由于迁建后社会关系发生了巨大的变化，大部分移民短时间很难适应新的社会环境，尤其是农村移民失去土地后被迫融入城市生活，角色更为“尴尬”，这无形地给移民迁建后的城市公共安全增加了复杂性。对比非库区城市，三峡库区移民迁建分为两种类型：整体移民迁建型和局部移民迁建型。

1）整体移民迁建型

整体移民迁建的基本情况为：秭归县归州镇迁至老城下游 30km 处的九里坪（图 2-17），巴东县信陵镇迁至老城下游 6km 处的白云凌、云沱、西襄坡，兴山县高阳镇迁至老城以北 17km 处的古夫镇，巫山县巫峡镇迁至老城下游 1km 处的大宁河口，丰都县名山镇迁至长江南岸的王家渡，奉节县永安镇迁至老城上游 15km 处的头道河沟—梅溪河一带，云阳县云阳镇迁至老城上游 30km 处的双江镇，万州区天城区迁至周家坝，万州区五桥区迁至百家坝。

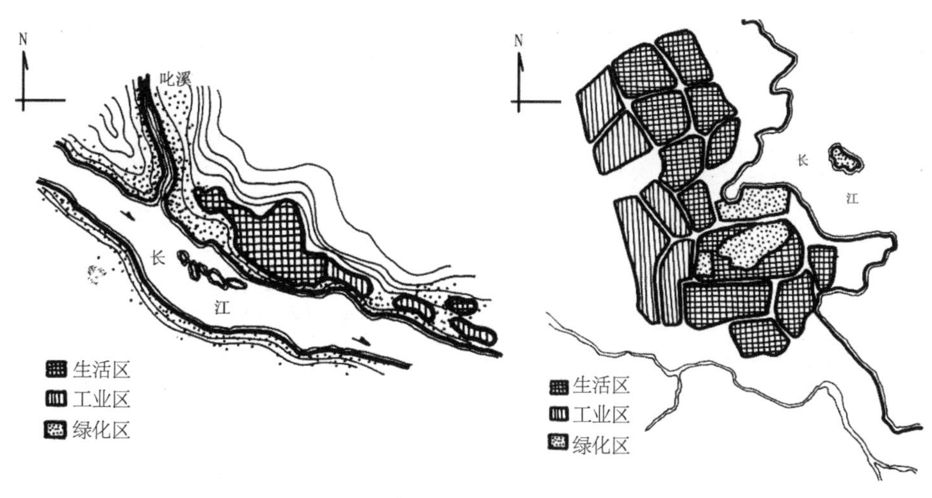

图 2-17　整体迁建：秭归县迁建前后用地示意图
（资料来源：根据迁建规划整理绘制）

2）局部移民迁建型

局部移民迁建的基本情况为：忠县忠州镇局部迁建（图 2-18），万州区龙宝区局部迁建，开县汉丰镇局部迁建，涪陵区局部迁建，长寿区城关镇局部迁建。

① 中等城市有万州区，人口 10 万 ~ 15 万的有长寿区，人口 5 万 ~ 10 万的有涪陵区，人口 1 万 ~ 5 万的有开县、忠县、奉节县、巫山县、云阳县、巴东县、兴山县、秭归县等。

② 迁建前用地条件宽松的城市人均用地也只有 70 ～ 80m^2，而更多的县城，人均用地只有 40 ～ 50m^2。

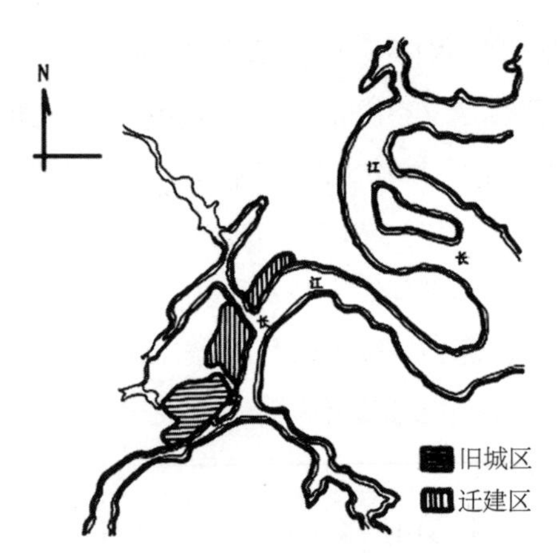

图 2-18 局部迁建：忠县忠州镇旧城区迁建区用地示意图
（资料来源：根据迁建规划整理绘制）

迁建方式及新城选址汇总如表 2-6 所示。

迁建方式及新城址简表 **表 2-6**

县城	迁建方式	新城址	位置
秭归县归州镇	整体迁建	九里坪	老城下游 30km 处
巴东县信陵镇	整体迁建	白云凌、云沱、西襄坡	老城下游 6km 处
兴山县高阳镇	整体迁建	古夫镇	老城以北 17km 处
巫山县巫峡镇	整体迁建	大宁河口	老城下游 1km 处
丰都县名山镇	整体迁建	王家渡	长江南岸
奉节县永安镇	整体迁建	头道河沟—梅溪河一带	老城上游 15km 处
云阳县云阳镇	整体迁建	双江镇	老城上游 30km 处
万州区（含原万县沙河镇）	龙宝区局部迁建	–	附近
	天城区整体迁建	周家坝	天城区迁往周家坝
	五桥区整体迁建	百家坝	五桥区迁往百家坝
开县汉丰镇	局部迁建	–	附近
忠县忠州镇	局部迁建	–	附近
涪陵区	局部迁建	–	附近
长寿区城关镇	局部迁建	–	附近

（资料来源：作者根据收集各地迁建规划资料整理而成）

通过以上分析可以看出，三峡库区相对于非库区城市，移民被动搬迁，产业体系性弱，社会灾害链问题突出，公共安全呈现出以下两方面的特征：

其一，产业空间制约性强，移民安置安全隐患突出。

三峡库区城市都存在不同类型的移民安置问题，无论是城市移民还是农村移民，都存在一定的移民后再就业、再生产问题。相对于非库区城市新区（城）建设来说，三峡库区城市移民安置人口和产业大多以淹没范围划定，是一种被动的搬迁移民，而不像非库区城市是一种主动的、有计划、有体系的新区（城），因此三峡库区安置新区（城）大多产业结构体系不完整，移民安置安全隐患突出。

其二，人文空间制约性强，文化断层安全隐患突出。

三峡库区城市大多为西南少数民族的聚集地，城市文化相对内向、封闭，随着三峡移民的开始，大多新建的安置区（城）都存在不同程度的文化冲突。相对于非库区城市来说，三峡库区"十里不同天、百里不同文"，不同文化背景的移民被动地安置在一起，加之新区各类文化基础设施的不完善，文化断层安全隐患突出。

三峡库区与非库区城市公共安全特征对比　　表 2-7

类型	社会人文特征	公共安全特征
三峡库区城市	产业空间制约性强	被动移民搬迁，产业空心现象严重
	人文空间制约性强	被动移民整合，社会舆情矛盾突出
非库区城市	产业空间制约性弱	主动搬迁，产业结构较合理
	人文空间制约性弱	主动融合，文化脉络较完整

通过对三峡库区城市公共安全问题的地域性辨析可以看出（表 2-7），其区别于平原城市和非库区城市，三峡库区城市公共安全问题更为特殊和复杂，跳出常规的思路框架，因地制宜地研究势在必行。

2.3　其他库区城市公共安全问题借鉴

他山之石，可以攻玉。本书借鉴国外两个典型的库区进行对比研究，进行相关问题的借鉴。

2.3.1　阿斯旺大坝（阿斯旺高坝）

1960 年，埃及在苏联援助下动工兴建阿斯旺大坝，全部工程于 1971 年建成，大坝位于世界第一长河——尼罗河之上，是世界七大水坝之一（图 2-19、图 2-20）。阿斯旺大坝总体坝长 3830m，高 111m，历时 10 年多，耗资约 10 亿美元，使用建筑材料 4300 万 m^3，相当于大金字塔的 17 倍，是一项集灌溉、航运、发电的综合利用工程。

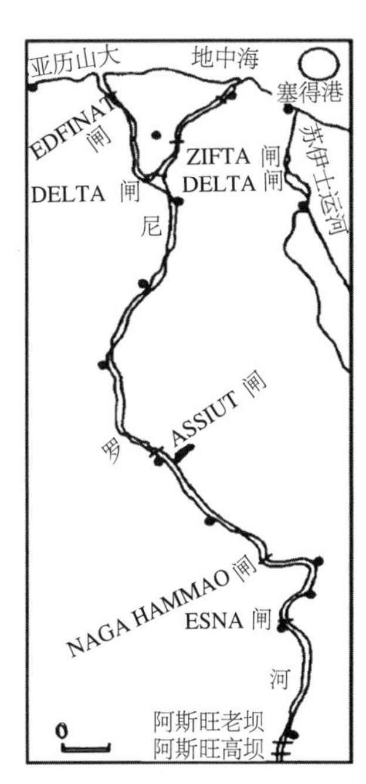

图 2-19　阿斯旺大坝位置
（资料来源：根据相关资料绘制）

阿斯旺大坝当初修建的目的有三个：首先，大坝既可以控制河水

图 2-20 阿斯旺大坝

泛滥，又能够存储河水，以便在枯水季节用于灌溉及其他用途；其次，大坝建成后可以产生巨大的发电能力，为工业化提供充裕而廉价的能源；再次，修造大坝所形成的巨大水库及对下游水位的调节，可以发展淡水养殖及内河航运。

阿斯旺大坝对生态和环境确有正面作用。比如，大坝建成前，随着每年干湿季节的交替，沿河两岸的植被呈周期性的枯荣；水库建成后，水库周围5300 ~ 7800m的沙漠沿湖带出现了常年繁盛的植被区，这不仅吸引了许多野生动物，而且有利于稳固湖岸、保持水土，对这个沙漠环绕的水库起了一定的保护作用。

当初，人们对大坝的认识还是片面的。阿斯旺大坝建成后陆续出现的各种问题中（特别是区域生态安全和城市公共安全问题），有些是设计时预料到、但无法避免或无力解决的；有些则是有所预料、但对其后果的严重性估计不足的；还有些问题则是完全没有预料到的。直到今天，人们仍然认为，要精确地预测大坝对各种问题的影响还是相当困难。由于在兴建大坝前，要判断大坝工程的后果有很大的不可预测性，所以，目前很多国家的公众舆论和学者专家们往往对超大型水利设施的建设持反对或谨慎的态度。大坝建成后20多年，工程的负面作用就逐渐显现出来，并且随着时间的推移，当初未预见的后果逐步显现。

1. 产业方面

流域土质肥力下降及土壤盐碱化，这些问题给周边城市的农业带来了很大的影响，整个流域城市的产业链条受到冲击，造成持续数年的社会经济动荡，给周边城市造成了巨大的损失。

2. 水文方面

流域水质恶化，大坝完工后库区流域水质及物理性质较原来明显变差，以河水为生活水源的城市居民用水困难，城市安全用水受到威胁，由此引发了一系列的城市用水危机。

3. 地质方面

流域地质不稳定性增加，大坝完工后库区流域水体自重的增加，引起地质内应力的变化。如1981年11月14日在纳赛尔湖附近地区发生了里氏5.6级的中型地震，地震又引发了周边区域的滑坡和泥石流等灾害，最后造成巨大的人员伤亡。

4. 移民方面

阿斯旺大坝带来约10万人的移民，不同的文化差异和生活背景的移民短时期集中在一起，曾一度引发各种社会安全问题，这些问题在城市更为明显（问题在城市中被积聚放大），有些问题至今还未解决。

5. 文物方面

库区流域共淹没了17个神庙（包括最有名的太阳神庙），埃及政府抢救了10座，其中太阳神庙得到了联合国教科文组织帮助，其他神庙得到了法国、意大利、德国政府的资助。尽管如此，仍有许多历史文物永远地消失了，这给整个流域城市旅游产业造成了相当严重的损失。

6. 河床方面

尼罗河下游河床受到侵蚀，大坝建成后的 12 年中，从阿斯旺到开罗，河床每年平均被侵蚀掉 2cm，河水下游泥沙含量减少，导致尼罗河三角洲的海岸线不断后退，城市建设用地不断被侵蚀，城市基础设施建设跟不上需要，城市公共安全事件频发。

埃及和中国都属于发展中国家，在提到三峡工程库区问题时，也经常谈到阿斯旺大坝，尽管后期出现了许多不利的问题（尤其在城市公共安全方面），但总体来说阿斯旺工程是一个成功的工程，它对埃及发挥的巨大的影响和积极作用是有目共睹的。虽然从地域、气候、文化及地质等方面三峡工程与阿斯旺高坝有很大的区别，但阿斯旺工程运行近 30 年，在库区城市公共安全建设方面积累了丰富的经验和教训，其大坝引发的各类灾害链问题值得我们借鉴，尤其是在“产业、水文、地质、移民、文物、河床”等问题方面，对三峡工程库区城市公共安全建设具有直接的借鉴和参考价值。

2.3.2　伊泰普水电站

伊泰普水电站位于巴西与巴拉圭之间的界河——巴拉那河（世界第五大河），年径流量 7250 亿 m^3 上，伊瓜苏市北 12km 处，是目前世界第二大水电站，由巴西与巴拉圭共建，发电机组和发电量由两国均分。目前共有 20 台发电机组（每台 70 万 kW），总装机容量 1400 万 kW，年发电量 900 亿 kWh，其中 2008 年发电 948.6 亿 kWh。是当今世界装机容量第二大，发电量最大的水电站（图 2-21）。

图 2-21　伊泰普水电站
（资料来源：网络）

伊泰普水电站修建至今，在流域的生态保护和库区城市公共安全建设方面有诸多可借鉴的措施。

1. 普及安全教育

伊泰普水电站库区城市内部设有生态保护公园、环保博物馆，用生动活泼的方式向游客展示生态安全及环保工作的重要性。在坝区的环保部门、旅游参观场所，都设有专门从事环境教育的教室，有幻灯、放映、投影等器材，以寓教于乐的形式进行安全及环保教育，取得了良好的效果。

2. 设置安全部门

伊泰普水电站设有环境保护及生态安全部门，负责制定库区城市环境保护和生态安全规划，其下设三个工作站。安全部门从工程预研开始就负责编写环境和生态保护安全可行性论证报告，制定实施计划负责组织库区动、植物救援，库区考古发掘和研究负责坝区防护林带、保护区的设立和管理。为加强环境监督，除设有专门机构对环境的污染、植被的破坏进行科学监测外，还在库区城市沿岸配备了专门巡视队伍，及时发现并制止库区城市环境受人为的损害和污染，在库区沿岸城市地区、农场、河滩建立安全环保设施。

3. 建立防护绿化

伊泰普水电站在库区城市沿岸 240 ～ 270m 范围内建立了安全防护绿化带，绿化带的征地规划由环境工作站组织实施。绿化带的种植则由工作站提供树苗，委托库区农庄实施。绿化带内禁止种植农作物、放牧和修建个人设施，但可留出通往水库的道路供农民取水。

4. 阻止水土流失

伊泰普水电站库区城市及周边区域大面积推行防止水土流失的工程，在平丘、坡地上按等高线筑起防冲土埂。采取贷款鼓励，不修防冲埂者得不到银行贷款和倾斜政策，对库区城市公共安全起到了非常好的实施效果。

5. 防治水质污染

为了避免伊泰普水电站库区周围城市地区农业机械、农具及耕牛等到河边冲洗造成库区污染，电站出资为库区每一城镇及村庄都建了一个冲洗站，冲洗水通过沙石过滤沉淀后再排入库内，有效地防治了水质污染。

6. 保护文化遗产

伊泰普水电站库区经考古发掘出的古石器、古陶器达几万件之多，有 4000 余年的历史。在库区城市，对挖掘出的文物建立陈列展览馆，并组织专班人马负责整理、分析、研究。对建坝前库区的地貌进行全面录像保存，派有关人员到民间采访，对有纪念意义的人物、故事采访后，逐一寻找、记录、整理成文。如在电站上游有一上百户的历史名镇，后来选址复原重建，取到了很好的效果。

7. 建设旅游设施

伊泰普水电站以电站本身为依托，大力开发库区城市的旅游资源，兴建旅游设施，发展旅游事业。如在库区的依瓜苏城内，设置博物馆、动植物园，并根据地处内陆、远离海滩，人们夏季无去处的特点，修了三个人造沙滩浴场，与闻名世界的依瓜苏大瀑布、水电站一起形成一个得天独厚的旅游网，使依瓜苏城成了名副其实的旅游名胜，重构了城市产业安全格局，推动了当地经济的发展。

2.3.3 制约因素分析

通过以上典型库区城市公共安全问题的分析可以看出，无论是阿斯旺大坝还是伊泰普水电站，其后续库区城市公共安全建设问题都是一个长期的、综合的、复杂的问题，三峡库区城市公共安全建设的后续问题会随着时间的推移，逐步地显现出来，对研究有以下两方面启示：

其一，“水文、地质、产业、舆情”四方面因素共同影响和制约着库区的城市公共安全问题：水文因素会影响到库区城市生态环境系统，是库区城市公共安全建设的最初诱因；地质因素会影响到库区城市用地布局结构，是库区城市公共安全建设的基本载体；产业因素会影响到库区城市建设、经济发展，是库区城市公共安全建设的内在关键；舆情因素会影响到库区城市人文社会稳定，是库区城市公共安全建设的精神保障。

其二，四方面因素共同制约着灾害链类型及地域分布，综合分析如表 2-8 所示。

灾害链制约因素分析　　表 2-8

序号	制约因素	产生根源	灾害链类型	地域分布	举例
1	水文	“水位及流速”变化	水系统污染相关灾害链	滨水生态环境脆弱区	污水排放—水污染—消落带污染—生态破坏—城市饮用水污染
2	地质	“地质稳定性”变化	地质灾害相关灾害链	城市地质环境脆弱区	地震—崩塌—滑坡—泥石流—水土流失—洪涝—道路交通事故
3	产业	“库区产业”重构	产业空间相关灾害链	移民安置新区	产业空心化—生命线工程灾害—泄漏爆炸—火灾—大气污染—公共卫生事故
4	舆情	“库区文化”断层	文化断层相关灾害链	移民安置新区	文化断层—移民安置安全—群体性暴力事件

2.4　问题出路

2.4.1　典型灾害链研究

威胁三峡库区城市公共安全问题的灾害范围广、类型多，公共安全复杂多变且与灾害链关系紧密，为了研究的明确性，本书拟遴选典型灾害链进行实例研究，其遴选标准如下：

（1）具有代表性。特指与三峡库区城市公共安全关系最为紧密，能代表三峡库区城市当前最为突出的灾害问题，如：与地质灾害相关的灾害链问题。

（2）具有领域性。特指在城乡规划领域，能与现行的城乡规划体系契合，包括管控方式、管理体制，都应回归到城乡规划体系，如：现行控制性详细规划体系。

（3）具有可控性。特指借助适当的规划技术方法或管理体系可以进行有效干预，包括规划策略的制定、规划成果的编制，如：各类层级规划的技术指标管控体系。

基于上述标准，本书梳理出“崩裂滑移链（自然灾害链）、蔓延侵蚀链（社会灾害链）、枝干流域链（复合灾害链）”三条典型灾害链进行深入研究，具体如下：

（1）崩裂滑移链：属于自然灾害链，根源于三峡库区城市的特殊地理环境，加之后期蓄水诱发因素，常常链发地震、暴雨、滑坡、崩塌、泥石流等一系列的灾害。基于历史数据统计和现状调研分析，这类灾害链主要分布于夷陵区（宜昌）、秭归县、巴东县、巫山县、奉节县、万州区、石柱县、开县、涪陵区、武隆县等区县。

（2）蔓延侵蚀链：属于社会灾害链，受限于三峡库区特殊的产业结构、发展水平及突出的人地矛盾，大量高危易燃易爆化工危险源（工厂、仓储、运输）与人口聚居区域防护距离明显不足，加之大量老城基础设施已到使用年限，极易诱发爆炸、火灾、基础设施破坏等一系列灾害。基于历史数据统计和现状调研分析，这类灾害链主要分布于夷陵区（宜昌）、巫溪县、奉节县、万州区、忠县、开县、丰都县、长寿区、重庆主城区、江津区等区县。

（3）枝干流域链：属于复合灾害链，由于三峡库区城市大多临水而建（包括三峡移民搬迁中的安置区建设也大多临水），与水关系密切，人为活动极易引发水体的污染（生活污水排放、生活垃圾堆放、工业污水排放等），加之三峡蓄水导致水流变缓（水体自净能力下降），容易链发污水排放、水污染、消落带污染、生态破坏、城市饮用水污染等灾害。基于历史数据统计和现状调研分析，这类灾害链主要分布于巫山县、巫溪县、云阳县、涪陵区、重庆主城区等区县。

进而，本书将灾害链构成要素概括为“致灾因子”和“受灾因子”，如表 2-9 所示。

典型灾害链构成要素因子　　表 2-9

灾害链	致灾因子	受灾因子
崩裂滑移链	地震、崩塌、滑坡、洪涝、泥石流等灾害	人口密集区域、重要公共设施区域
蔓延侵蚀链	危化品工厂、危化品仓储物流集散区、加油（气）站等危险源	人口密集区域、重要公共设施区域
枝干流域链	生产、生活污水（垃圾）处理设施	河流水体、消落带、滨水区

基于调研分析及梳理，三条典型灾害链在三峡库区城市分布如表 2-10 所示。

三峡库区城市“灾害链空间单元”分布一览表　　表 2-10

城市、区、县	规模（km^2）	主要灾害链类型	次要灾害链类型
夷陵区（宜昌）	3424	崩裂滑移链、蔓延侵蚀链	枝干流域链
秭归县	2427	崩裂滑移链	蔓延侵蚀链、枝干流域链
兴山县	2327	枝干流域链	崩裂滑移链、蔓延侵蚀链
巴东县	3354	崩裂滑移链	蔓延侵蚀链、枝干流域链
巫山县	2957	崩裂滑移链、枝干流域链	蔓延侵蚀链
巫溪县	4023	蔓延侵蚀链、枝干流域链	崩裂滑移链
奉节县	3634	蔓延侵蚀链、崩裂滑移链	枝干流域链
云阳县	3634	枝干流域链	崩裂滑移链、蔓延侵蚀链
万州区	3457	崩裂滑移链、蔓延侵蚀链	枝干流域链
石柱县	3012	崩裂滑移链	蔓延侵蚀链

续表

城市、区、县	规模（km^2）	主要灾害链类型	次要灾害链类型
忠县	2187	蔓延侵蚀链	崩裂滑移链、枝干流域链
开县	3959	崩裂滑移链、蔓延侵蚀链	枝干流域链
丰都县	2900	蔓延侵蚀链	崩裂滑移链、枝干流域链
涪陵区	2941	枝干流域链、崩裂滑移链	蔓延侵蚀链
武隆县	2901	崩裂滑移链	蔓延侵蚀链、枝干流域链
长寿区	1423	蔓延侵蚀链	枝干流域链
重庆主城区	1027	枝干流域链、蔓延侵蚀链	崩裂滑移链
江津区	219	蔓延侵蚀链	崩裂滑移链、枝干流域链

需要说明的是，鉴于本书的研究领域（城乡规划领域），本书并未对与恐怖袭击及社会安全事件等相关的社会性灾害进行具体研究。

2.4.2　精细化单元管控

基于三峡库区城市公共安全外在特征的复杂性（威胁三峡库区城市公共安全的灾害分布广、数量多，且单一城市涵盖的灾害种类也繁多），本书提出“精细化单元管控”的思路。相对于平原城市和非库区城市，三峡库区城市“十里不同天、百里不同文”，灾害链地域性特征明显，常规的公共安全规划方法（以北方平原城市或非库区城市为蓝本的“宽泛式”管控）已显现不足（详见 3.2 节），因地制宜的管控思路势在必行。基于公共安全相关基础性研究，借鉴日本防灾生活圈、美国防灾单元等管控思路，本书拟构建“公共安全空间单元”概念（详见 3.1 节），旨在为复杂多变的三峡库区城市公共安全问题探寻新的解决途径。

2.4.3　多学科交叉融合

基于三峡库区城市公共安全内在机制的复杂性（威胁三峡库区城市公共安全的灾害很少孤立出现，大多呈现出群发、链发特征），本书提出“多学科交叉融合”的思路。相对于平原城市和非库区城市，威胁城市公共安全的灾害链具有一定的随机性和突变性，是一种典型的复杂系统（详见 1.2.3 节），常规的公共安全规划方法（以北方平原城市或非库区城市为蓝本的“单灾性”管控）对于系统性调配城市公共安全救助设施已显力不从心（详见 3.2 节），突破现有学科体系进行研究势在必行。基于复杂性科学的相关基础性研究，借鉴复杂性系统理论中计算机网络系统的“容错性”思路，本书拟提“容灾性”核心研究思路，旨在为解决三峡库区城市公共安全的现实问题提供理论依据。

2.5 本章小结

基于实地调研和分析可知，威胁三峡库区城市公共安全的灾害突出体现在以下两个方面：

（1）灾害分布广、类型多。威胁三峡库区城市公共安全的灾害分布广、类型多，且单一城市涵盖的灾害种类也繁多，大多城市的公共安全主要灾害类型在3个以上，次要灾害类型在6个以上。

（2）灾害链地域性频发且救助能力不足。威胁三峡库区城市公共安全的灾害很少孤立出现，大多都以灾害链的形式发生，且地域性特征明显，加之库区人地矛盾突出（用地不足），建设用地零散，城市救助设施不足且效率低下。

总体来说，三峡库区城市公共安全的直接威胁和间接威胁都十分突出。

针对核心问题进行历史性和地域性辨析，在借鉴其他库区城市公共安全问题的基础上，本书提出如下三条解决问题的思路。

1. 典型灾害链研究

威胁三峡库区城市公共安全问题的灾害范围广、类型多，公共安全构成类型复杂多变且与灾害链关系紧密，为了研究的明确性，本书遴选出崩裂滑移链（自然灾害链）、蔓延侵蚀链（社会灾害链）、枝干流域链（复合灾害链）等三条典型灾害链进行代表性研究。

2. 精细化单元管控

相对于平原城市和非库区城市，三峡库区城市“十里不同天、百里不同文”，灾害链地域性特征明显，常规的公共安全规划方法（“宽泛式”管控）已显现不足。借鉴日本防灾生活圈、美国防灾单元等管控思路，本书提出“精细化单元管控”的思路，旨在为复杂多变的三峡库区城市公共安全问题探寻新的解决途径。

3. 多学科交叉融合

相对于平原城市和非库区城市，威胁城市公共安全的灾害链具有一定的随机性和突变性，是一种典型的复杂系统，常规的公共安全规划方法（“单灾性”管控）对于系统性调配城市公共安全救助设施已显力不从心。借鉴复杂性系统理论中计算机网络系统的“容错性”思路，本书提出“多学科交叉融合”的核心研究思路，旨在为解决三峡库区城市公共安全的现实问题提供理论依据。

第3章 三峡库区城市“公共安全空间单元”适应性研究

3.1 “公共安全空间单元”内涵解析

3.1.1 基本概念

借鉴国外相关单元管控思路，基于三峡库区城市灾害链频发的客观事实，本书提出“公共安全空间单元”的基本概念，并定义为：以适度“精细化”管控思路为指导思想，在特定灾害链威胁评估的基础上，综合“致灾、受灾、救灾”三阶段管控要素所划定的用地空间单元。提出“公共安全空间单元”概念的现实意义在于，以灾害链视角将城市公共安全威胁化整为零进行单元管控。针对定义，有以下几点需要说明。

1. 适度“精细化”

区别于现行城市“公共安全总体规划”的空间尺度（宏观尺度），“公共安全空间单元”尺度介于宏观和微观之间，以中观片区尺度为主（如控制性详细规划尺度）。

2. 特定灾害链

区别于现行“城市公共安全规划”的管控方式（主要针对单灾规划），“公共安全空间单元”针对特定灾害链进行划定，这也是由三峡库区城市灾害链频发的客观事实所决定的。

3. 三阶段管控要素

区别于“城市公共安全规划”的管控要素（主要针对救灾），“公共安全空间单元”的管控要素综合了灾害链对城市公共安全威胁的三个阶段：致灾（对灾害的预防）、受灾（对灾害的适应）、救灾（对灾害的救助）（详见 3.2.3 节）。

除此之外，“公共安全空间单元”还有以下几点特征。

其一，管控边界的突破性

区别于“城市规划”的管控边界（一般以城市规划红线为边界，即建设用地边界），“公共安全空间单元”的管控边界以灾害链影响范围为依据，可以突破现有规划红线和行政区界（包含了非建设用地）。

其二，资源配置的系统性

区别于“公共安全规划”的资源配置（单灾、单向配置），“公共安全空间单元”基于灾害链视角进行系统性资源配置，可以提高公共安全资源配置的有效性（尤其对于三峡库区城市大量的存量规划更适合）。

其三，内在机制的复杂性

区别于平原城市或非库区城市的公共安全特征（简单性），基于灾害链视角的三峡库区城市“公共安全空间单元”内在机制更为复杂，体现在两个方面：

（1）空间上，致灾要素关联性强、受灾要素相互叠加、救灾要素支离破碎；

（2）时间上，库区城镇化进程处于高速期，各种公共安全问题复杂易变。

3.1.2 构成要素

基于“公共安全空间单元”定义中的三阶段（致灾、受灾、救灾）内容，本书将“公共安全空间单元”

的基本要素解构为:“致灾空间、受灾空间、救灾空间”，具体界定如下:

（1）致灾空间:特指承载灾害（危险源）发生的城市用地空间，如:地质灾害易发区、高危化工生产、存储等用地空间。

（2）受灾空间: 特指承受灾害威胁的城市人口密集区或重要基础设施用地空间,如:人口密集的居住区、商业核心区、文化娱乐区等。

（3）救灾空间: 承载救助设施的城市用地空间，如: 城市公共开敞空间、道路及其他急救设施的用地空间。

需要说明的是，三类空间在实践中存在相互叠加的情况，并且随着公共安全外界制约条件的变化，三类空间的范围和性质也会变化。针对三峡库区城市公共安全核心问题，“公共安全空间单元”构成要素解构如图 3-1 所示，呈现出以下三方面特点:

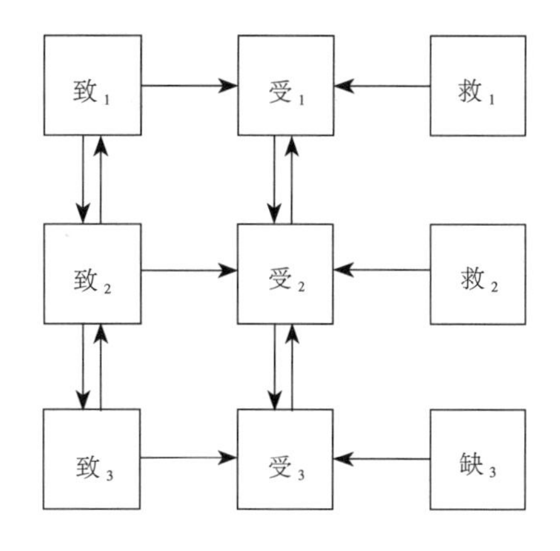

图 3-1　基本要素空间解析

其一，致灾空间相互叠加，极易引发灾害链发。

山地空间制约下的地质灾害因子相互叠加、水域空间制约下的流域灾害因子相互联结、产业结构制约下的产业灾害因子相互影响、人文结构制约下的人文灾害因子相互蔓延。

其二，受灾空间相互关联，极易导致灾害蔓延。

三峡库区山地特征明显，建设用地极为有限，大多地区人口密度高于一般的平原城市，加之人口密集区（或重要基础设施）很难在空间上与致灾因子保持相对的安全距离，极易引发大规模的公共安全问题。

其三，救灾空间支离破损，极易造成救灾低效。

三峡库区位于我国西南部，发展水平低于全国平均值，加之建设用地资源的限制，无论从经济上还是用地上，救灾空间相对于全国其他大部分城市来说都相对不足。

本书以三条典型灾害链为例进行构成要素的列举，如表 3-1 所示。

“公共安全空间单元”构成要素　　表 3-1

灾害链	“致灾空间”	“受灾空间”	“救灾空间”
崩裂滑移链	地震、崩塌、滑坡、洪涝、泥石流等易发区	人口密集区域和重要公共设施区域	避难场所、道路网络、物资场所、医疗机构用地空间
蔓延侵蚀链	危化品工厂、危化品仓储、物流集散区	人口密集区域和重要公共设施区域	消防机构、道路网络、物资场所、医疗机构用地空间
枝干流域链	生产、生活污染（污水、垃圾）排放区	河流水体、消落带、滨水区	污水处理、生态基础设施、废弃物处理设施用地空间

3.2 现行公共安全规划适应性分析

3.2.1 体系构成

本书所研究的城市公共安全规划隶属于我国现行的城乡规划体系。我国法定的城乡规划体系包括总体规划和详细规划，详细规划又分为控制性详细规划和修建性详细规划。当前我国现行的城市公共安全规划有：城市公共安全总体规划、专项规划（详见 1.3.1 节）和建筑及工程设施防灾规划，需要说明两点：

其一，专项规划是在总体规划的基础上，为解决城市公共安全中的某一类问题而编制的规划，应当属于总体规划层面。

其二，建筑及工程设施防灾规划主要是为指导下一层面具体建筑工程设计进行的，应当属于修建性详细规划层面。

将现行的城乡规划体系与公共安全规划进行列表对比，如表 3-2 所示。

现行城乡规划体系与现行公共安全规划体系对比　　表 3-2

类别	现行城乡规划体系	现行公共安全规划体系
宏观	城市总体规划（含专项规划）	城市公共安全总体规划（含专项规划）
中观	控制性详细规划	（缺失）
微观	修建性详细规划	建筑及工程设施防灾规划

从表 3-2 可以看出，现行城市公共安全规划体系包括了宏观层面（城市公共安全总体规划）和微观层面（建筑及工程设施防灾规划），缺失中观层面部分，对于一般城市（平原城市或非库区城市）来说，公共安全问题相对简单，中观层面一般无须单独编制，但对于三峡库区城市灾害链复杂多变的客观情况来说，作为调配片区层面上公共安全资源的中观规划不可或缺。

3.2.2 管控内容

一般来说，城市公共安全规划（一般指总体层面）管控的内容涵盖以下八个方面：城市工业危险源带来的风险、城市人口密集的公共场所、城市公共设施安全、城市自然灾害、城市道路交通安全、城市公共卫生安全、恐怖袭击及社会安全事件、城市生态环境安全（图 3-2）。

3.2.3 管控要素

现行城市公共安全规划管控的具体要素包括：避难场所、道路网络、消防机构、医疗机构、物资场所、治安机构、废弃物设施等七大类[①]，具体如表 3-3 所示。

① 庄智雄 . 救灾圈域划设决策支持系统之研究 [D]. 台中：朝阳科技大学，2002.

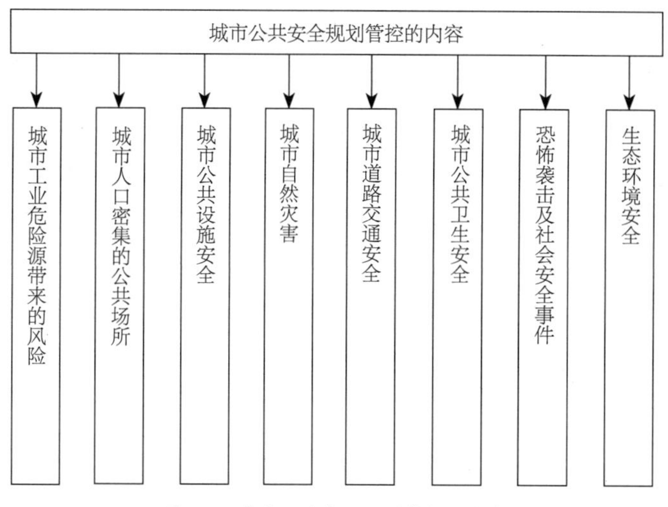

图 3-2　城市公共安全规划管控的内容

城市公共安全规划管控要素　　表 3-3

管控要素	具体类别	具体内容	简要规划设置标准
避难场所	紧急型	邻近道路、公园等	距离居民区 500m 左右，面积 $0.7m^2$/ 人
	过渡型	学校、公园、广场、体育设施、停车场、绿地	有防火隔离带，不小于 $5000m^2$
道路网络	救灾型	紧急救灾及消防通道	道路两旁不应有危险源
	避难型	避难辅助性道路	桥涵具有足够的抗震能力
消防机构	高层指挥	市政府、消防局	服务范围涵盖市区，5min 的消防时间
	基层执行	消防支队、消防站	1000 ~ 2000 居民 /1 名消防队员
医疗机构	高级	卫生局、防疫站、急救中心	服务范围涵盖市区，5min 的急救时间
	低级	社区医院、诊所	1000 ~ 2000 居民 /1 名医生
物资场所	发放	指定的过渡型避难场所	设置于避难场所附近
	接受	区域性物流中心如车站、码头、车场等	通往发放地点的交通便利
治安机构	高层指挥	市政府、公安局	服务范围涵盖市区，5min 的急救时间
	基层执行	派出所、武警	1000 ~ 2000 居民 /1 名警察
废弃物设施	收集	垃圾桶、中转站	服务范围涵盖市区
	处理	填埋场、污水处理场	满足灾时紧急清除障碍物的要求

可以看得出来，区别于“公共安全空间单元”的管控要素（综合了致灾、受灾、救灾三阶段），现行城市公共安全规划主要是针对救灾阶段要素的管控。

3.2.4　基本特征

结合三峡库区城市公共安全的现实问题，现行城市公共安全规划有以下两点特征。

1. 宽泛式管控

现行城市公共安全规划以北方平原城市或非库区城市为蓝本，主要针对城市总体规划层面上的灾害进行“宽泛式”管控，面对三峡库区城市公共安全灾害分布广、种类多的现实问题，现行城市公共安全规划缺乏中观层面（控制性详细规划层面）的单元管控内容，管控方式针对性和适应性不足。

2. 单灾性管控

现行城市公共安全规划以北方平原城市或非库区城市为蓝本，主要针对单一灾害进行纵向专项管控，面对三峡库区城市公共安全灾害链频发的现实问题，缺乏灾害之间的关联性分析，管控方式综合性和系统性不足（图 3-3）。

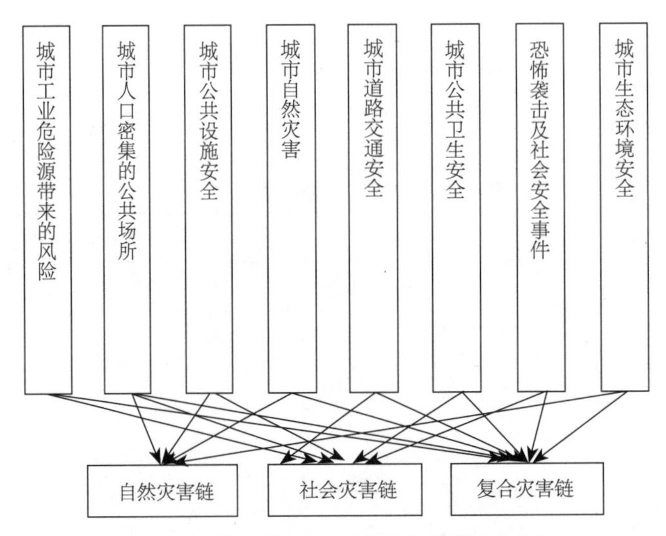

图 3-3 城市公共安全规划管控与灾害链的关系

3.2.5 适用对象

现行城市公共安全规划根源于“还原论”思想，即将城市公共安全问题进行纵向划分，按照单灾、单威胁进行管控，其适应于平原城市、非库区城市、灾害链问题不突出的城市。

3.3 复杂系统适应性分析

3.3.1 基本概念

复杂系统相对于简单系统，是系统科学发展的新阶段的概念，也是“非还原论”思想的体现。“非还原论”认为世界的本质是复杂的，构成世界的要素之间存在着复杂的关联，不能简单地将要素进行分解后孤立研究（这样会丢失掉要素之间的关联信息），必须以系统的视角来看待。研究复杂系统的科学称之为复杂性科学。复杂性科学带来的首先是一场方法论或者思维方式的变革。尽管国内外学者已经认识到研究复杂性科学的重要意义，然而要想找出一个能够符合各方研究的复杂性科学的概念还有困难。复杂性科学流派纷呈、观点多样，但是复杂性科学却具有一些共同的特点可循：

（1）它只能通过研究方法来界定，其度量标尺和框架是非还原的研究方法论。

（2）它不是一门具体的学科，而是分散在许多学科中，是学科互涉的。

（3）它力图打破传统学科之间互不来往的界限，寻找各学科之间的相互联系、相互合作的统一机制。

（4）它力图打破从牛顿力学以来一直统治和主宰世界的线性理论，抛弃还原论适用于所用学科的梦想。

事实上，对复杂系统的定义也是“复杂”的，至今尚无统一的公认定义。但对复杂系统的研究越为深入，则越能感受到这是对现有科学理论，甚至哲学思想的一大冲击。与复杂系统表现出来的非还原性、突变性、鲁棒性、非线性等特点相比，长期以来占统治地位的经典科学方法显得过于确定，过于简化。可以说，对复杂系统的研究将实现人类在了解自然和自身的过程中在认知上的飞跃。

3.3.2 典型特征

基于复杂系统特殊的系统结构（图 3-4），复杂系统具有以下五个典型特征。

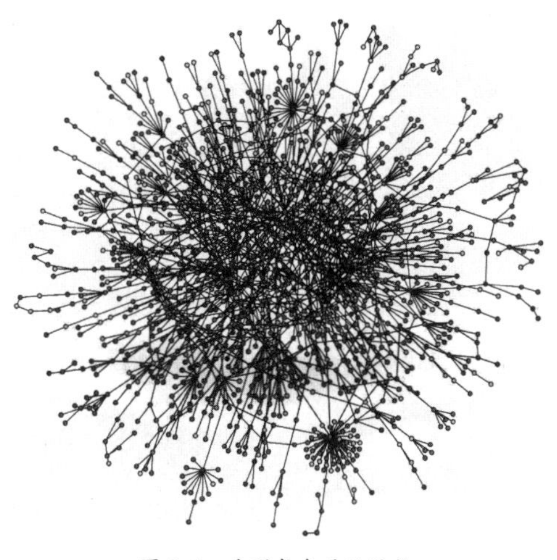

图 3-4　典型复杂系统结构

1.“突变性”

“突变性”是复杂系统最为显著的特征，是在特定的条件下，当复杂系统离开平衡态的参数达到一定阈值时，系统将会出现“行为临界点”，在越过这种临界点后系统将离开原来的热力学无序分支，发生“突变”而进入到一个全新的稳定有序状态。

2.“鲁棒性”

“鲁棒性”的英文是 robustness，是稳健性或稳定性的意思，“鲁棒性”一般用来描述某个系统的稳定性，即当系统受到某种干扰时，系统对抗外界干扰的能力的大小，是系统在异常和危险情况下生存的关键，而复杂系统正是这种“鲁棒性”特征的内在根源。如：计算机网络系统在受到随机攻击的情况下，能够保持系统的稳定而不崩溃。

3.“非线性”

“非线性”是复杂性系统内部相互作用的一种“智能现象”，它更加接近自然，它允许小的输入产生大的输出，这也是系统促进协同性进化的内在关键。对于简单系统来说，要素之间的作用是线性的，这样简单系统就可以分解成许多小的与之相当的系统。而对于复杂系统则不然，非线性保证了小的原因可能导致大的结果，反之亦然，这是复杂系统的一个先决条件。

4.“进化性”

在复杂系统中，任何特定的构成要素所处环境的主要部分，都由其他要素组成，所以任何要素在适应上所作的努力，就是要去适应别的要素，这种“动态进化”的特征是复杂系统生成复杂动态模式的主要根源。

5. “层次性”

对于复杂系统来说，要素可以进行更高一级的聚集，形成高一级系统，系统还可以再进一步聚集，形成更高一级的系统……这个过程重复几次后，就形成了复杂系统非常典型的分层结构，需要进一步说明的是，尽管不同尺度下系统大小不一，但其结构却都具有惊人的相似性，在数学上被称之为“分形”[①]。

3.3.3 适用对象

基于突变性、鲁棒性、非线性、进化性、层次性五个特征，复杂系统特征适用于不能被简化了的复杂系统研究，即适应于不能用“还原论[②]”思想解析的复杂系统，通过以下两个方面理解：

第一，对于简单系统，系统要素之间的关联性弱，为了研究方便，可将要素之间的关联性忽略，将系统“还原”为单个要素进行分析。如：对汽车发动机的研究，可以将之解构为若干个零部件进行。

第二，对于复杂系统，系统要素之间的关联度强，不能简单地将要素之间的关联略去，必须以“非还原”的思想系统性地进行研究。如：对大脑思想的研究，不可单一地将之解构为神经元研究，神经元之间构筑的复杂的网络关系才是大脑思想的本质。

需要说明的是，复杂系统与简单系统的区别也并非绝对，它们之间的界线的划定往往与观察者同系统之间的“距离”有关，这里所指的“距离”并非实际的空间距离，而是我们进行研究时的“目的和方法”[③]，具体来说包含两层意思：

其一，对复杂系统的认识与我们的目的相关联。拿太阳系来说，探讨太阳系的运动学问题属于简单性，探讨太阳系的动力学稳定性问题则属于复杂性。对于城市来说也是一样，如果仅仅是想了解城市中某类企业的个数，通过统计的方法就可以解决，但是，如果要了解各类企业之间如何协作，那就不再是一个简单问题了，这时候就需要用复杂系统的思想去分析解决。

其二，不同方法的选择既蕴含了复杂性的产生，又蕴含了复杂性的消解。以巴甫洛夫为例，他在研究动物食欲和消化之间的关系时，通过“假饲”，以绝对明确的方式揭示了神经系统对消化过程的主导作用，这个方法的建立使对动物消化生理的研究简单化了。这对于研究城市公共安全系统非常有用，以复杂系统的思想对公共安全因素进行删减，刚性控制关键要素，将复杂问题简单化。

现行城市公共安全规划将城市公共安全问题进行纵向划分，以单项公共安全问题的研究之和代替总体公共安全问题的研究，究其根源是一种“还原论”的思想，“还原论”在处理平原城市、非库区城市或

---

① 分形是一个数学术语，也是一套以分形特征为研究主题的数学理论，分形理论既是非线性科学的前沿和重要分支，又是一门新兴的横断学科，是研究一类现象特征的新的数学分科，相对于其几何形态，它与微分方程与动力系统理论的联系更为显著，分形的自相似特征可以是统计自相似。

② “还原论”相对于“非还原论”，其认为某一给定实体是由更为简单或更为基础的实体所构成的集合或组合；或认为这些实体的表述可依据更为基础的实体的表述来定义。还原论方法是经典科学方法的内核，将高层的、复杂的对象分解为较低层的、简单的对象来处理。

③ 列举一个简单的例子：远远地看（距离远），养鱼缸作为一件装饰品是相当简单的，属于简单系统；但是当我们靠近看时（距离近），就会发现里面存在着一个微生态系统，这却是相当复杂的，应该属于复杂系统。这并不意味着复杂性只是一种语言现象，或者只不过是我们描述系统的函数。

灾害链问题不突出的城市时较为适应，但在面对基于灾害链（具有复杂突变性）的“公共安全空间单元”时，便很难系统性地协调“致灾、受灾、救灾”三方面要素之间的关系。因此，借鉴以“非还原论”为核心思想的复杂系统理论是解决三峡库区城市公共安全现实的关键。

3.3.4 “容错性”机制借鉴

本书借鉴复杂系统中典型的“计算机网络系统”进行说明，之所以借鉴计算机网络系统进行说明，源于计算机网络系统属于“非还原”的复杂系统。具体来说，计算机网络系统在面对故障时，能够及时、有效地排除故障（降低直接损失），且能够对已发生的损失（数据破损）进行有效的备份和修复（降低间接损失），这一点与城市公共安全研究的目标（削弱直接威胁和间接威胁）十分吻合。“计算机网络系统”强大的稳定性源于自身的“容错性”，即对故障具有强大的容纳性，具体来说计算机网络系统的“容错性”有以下四方面的特征。

1. 识别故障

当计算机网络系统在受到攻击出现故障时，系统能根据以往的故障数据库进行对比分析，第一时间识别故障的类型。

2. 限定故障

计算机网络系统具有分形特征，一般可以划分为“因特网、全域网、城域网、局域网”等四个单元层级。当故障发生时，系统在识别具体故障类型后，能够将故障引发的错误限定在一定单元层级内，使其不再蔓延。

3. 消除故障

计算机网络系统能够通过关键节点排除故障，也能通过关键节点对由故障引发的错误（数据破损）进行及时备份，将系统损失降到最低。

4. 系统升级

计算机网络系统能够对以往发生的故障进行选择性记忆，确保系统故障数据库不断升级，不断提升系统对故障类型的识别能力。

综上所述，基于同为复杂系统的内在根源，“计算机网络系统”与“公共安全空间单元”具有十分相似的内在特征，据此本书借鉴“容错性”提出“容灾性”的概念。

3.4 “容灾性”决定适应性

3.4.1 “容灾性”的基本内涵

基于对“容错性”的理解，本书这样理解“容灾性”：通过优化调整公共安全空间单元内“致灾因子、受灾因子、救灾因子”之间的关系，降低灾害的直接威胁和间接威胁，通过提高“公共安全空间单元”的“容灾性”来提升整个城市公共安全系统的稳定性。对比借鉴计算机网络系统的“容错性”特征，本书提出公共安全空间单元“容灾性”的四方面内涵。

1. 识别灾害

能够对发生的灾害进行有效识别，即“容什么灾”。通过分析历史上已发生灾害的类型，结合现状问题特征进行灾害种类的识别。

2. 限定灾害

能够对发生的灾害进行有效限定，即“容多少灾”。通过对灾害威胁范围的评估，结合灾害威胁的方式，对灾害进行有效的空间范围限定。

3. 消减灾害

能够对灾害带来的威胁进行有效消减，即“如何容灾”。通过对致灾、救灾等核心节点的重点管控，有效地消减灾害带来的直接威胁和间接威胁。

4. 系统升级

能够根据外界环境的变化，调整对应措施，即“如何可持续容灾”。通过对以往灾害的梳理，优化系统，实现对容灾性能的提升。

3.4.2 “容灾性”是提升“公共安全空间单元”适应性的关键

“公共安全空间单元”的适应性决定了城市公共安全管控的有效性。不同灾害链类型的“公共安全空间单元”，其划分标准及管控方式不尽相同，但公共遵循着“容灾性”的机制。从容灾性的内涵可以看出，如何有效地“识别灾害、限定灾害、排除灾害”并能不断适应新的灾害，是“公共安全空间单元”的研究重点，也是提升城市公共安全研究的有效性的关键。

3.5 本章小结

基于“精细化单元管控、多学科交叉融合”的思路，本书对“公共安全空间单元”的内涵解析为：以适度“精细化”管控思路为指导思想，在特定灾害链威胁评估的基础上，综合“致灾、受灾、救灾”三阶段管控要素所划定的用地空间单元。

通过对比分析现行城市公共安全规划体系适应性，得出借鉴复杂系统理论（非还原论）来研究“公共安全空间单元”的研究思路。进而，基于典型计算机网络系统的“容错性”提出“容灾性”概念，并进一步提出：通过提升“公共安全空间单元”的容灾性来提升整个城市公共安全系统的稳定性。

借鉴“容错性”对“容灾性”的基本内涵解析如下。

1. 识别灾害

能够对发生的灾害进行有效识别，即“容什么灾”。通过分析历史上已发生灾害的类型，结合现状问题特征进行灾害种类的识别。

2. 限定灾害

能够对发生的灾害进行有效限定，即“容多少灾”。通过对灾害威胁范围的评估，结合灾害威胁的方式，对灾害进行有效的空间范围限定。

3. 排除灾害

能够对灾害带来的威胁进行有效排除，即“如何容灾”。通过对致灾、救灾等核心节点的重点管控，有效地排除灾害带来的直接威胁和间接威胁。

4. 系统升级

能够根据外界环境的变化，调整对应措施，即“如何可持续容灾”。通过对以往灾害的梳理，优化系统，实现对容灾性能的提升。

第4章 三峡库区城市“公共安全空间单元”容灾机制研究

结合三峡库区城市公共安全现实问题的特殊性，基于“容灾性”基本内涵，提出三峡库区城市“公共安全空间单元”四个方面的容灾机制：其一，环境约束机制（容什么灾）；其二，系统嵌套机制（容多少灾）；其三，结构鲁棒机制（如何容灾）；其四，动态演化机制（如何可持续容灾），本书的“容灾性”研究框架体系如图 4-1 所示。

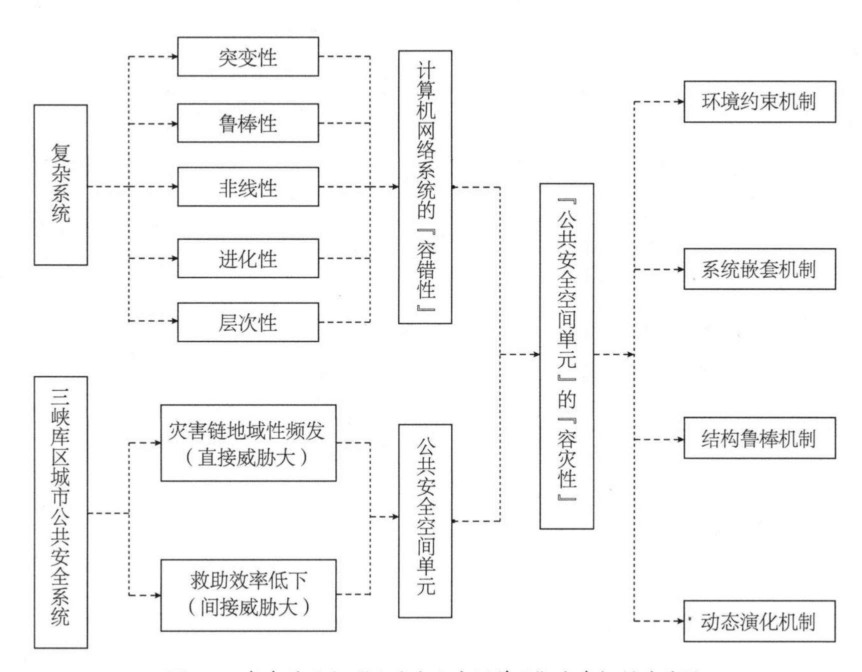

图 4-1　复杂系统与“公共安全空间单元”内在机制关系图

4.1　环境约束机制

环境约束机制用于“公共安全空间单元”灾害链威胁类型的识别，即研究“容什么灾”。具体来说，三峡库区城市“公共安全空间单元”处于三峡库区各种复杂环境中，受制于各种灾害链影响，不同的灾害链给城市公共安全带来的威胁不同，识别灾害链是“公共安全空间单元”容灾性研究的基础，环境约束机制包括以下两个方面。

4.1.1　“3+4”环境约束

灾害链是三峡库区城市公共安全最显著的特征，受制于三峡库区特殊的环境，有如下表征：

$$S=(G, R, E)$$

S：灾害链；G：灾害；R：关联；E：环境

环境是制约灾害链的主要因素之一，也是制约三峡库区城市“公共安全空间单元”的核心要素。三峡库区城市的灾害链受制于四方面因素的环境约束：“水文”变化引起的环境约束、“地质”变化引起的环境约束、“产业”迁移引起的环境约束、“舆情”变动引起的环境约束，且每一类环境约束都与其相关的用地和空间有关，由此构成三个圈层，总体上形成“3+4”环境约束机制（三圈层、四因素），如图 4-2 所示，三圈层具体包括内核圈层、中间圈层和外围圈层，具体来说：

（1）内核圈层：是指三峡库区城市具体灾害链类型，内核圈层是制约三峡库区城市“公共安全空间单元”的核心要素。

（2）中间圈层：是指约束灾害链的四个方面环境因素，包括“水文”变化引起的环境约束、“地质”变化引起的环境约束、“产业”迁移引起的环境约束、“舆情”变动引起的环境约束，中间圈层是制约灾害链的基础。

（3）外围圈层：是指灾害链空间成因和规划干预的途径，通过对用地和空间的相应规划管控可以对灾害链的发生、破坏和救助进行干预，外围圈层是实现灾害链视角下三峡库区城市“公共安全空间单元”规划干预的关键。

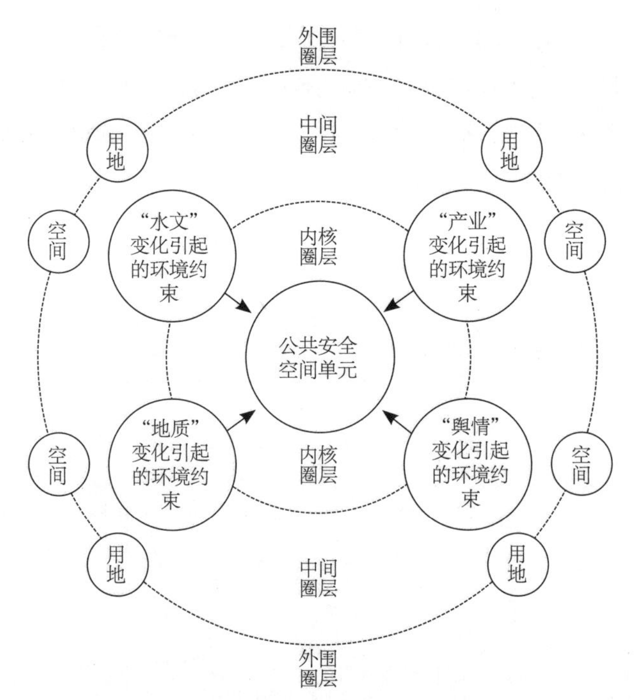

图 4-2 “3+4”环境约束机制

由“3+4”环境约束机制分析可知，特定灾害链的识别和判断是三峡库区城市“公共安全空间单元”规划研究的基础，具体来说：“水文”变化引起的环境约束度高地区，容易存在“枝干流域链”等安全威胁；“地质”变化引起的环境约束度高地区，容易存在“崩裂滑移链”等安全威胁；“产业”变化引起的环境约束度高地区，容易存在“蔓延侵蚀链”等安全威胁；“舆情”变化引起的环境约束度高地区，容易存在“产文空心链”①（不在本书重点研究范围内）等安全威胁。

4.1.2 “三要素”环境约束

基于 3.1 节的分析，“公共安全空间单元”由“致灾空间、受灾空间、救灾空间”三要素构成，三要素之间互为环境、互为约束。

从三峡库区城市“公共安全空间单元”规划管控角度来看，每一类空间都受到其他空间的影响和制约。对于致灾空间来说，在受到相关联的其他致灾空间约束的同时，也受到相关联的受灾空间约束；对于受灾空间来说，在受到相关联的其他受灾空间约束的同时，也受到相关联的致灾和救灾空间约束；对于救灾空间来说，在受到相关联的其他救灾空间约束的同时，也受到相关联的受灾空间约束（图 4-3）。三峡

① 属于社会灾害链，根源于三峡库区被动移民安置特征，大量安置新区产业结构不完整，文化等基础设施配置不全，加之后期城市建设面临的各种不确定性，容易链发文化断裂—移民安置安全—群体性暴力事件等灾害。基于历史数据统计和现状调研分析，这类灾害链主要分布于秭归县、兴山县、云阳县、石柱县、忠县、丰都县、武隆县、长寿区、江津区等区县。

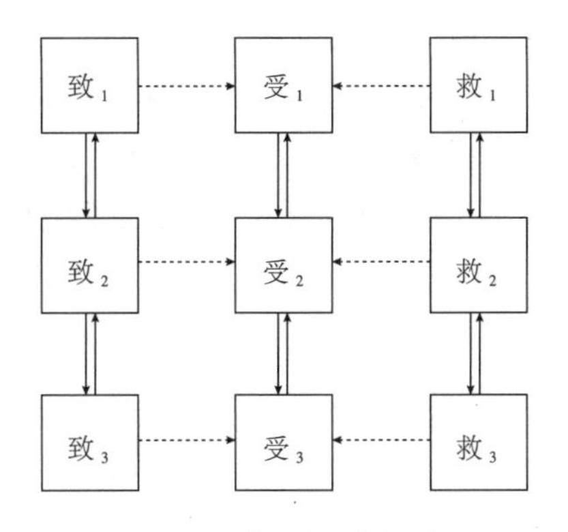

图 4-3　三要素环境约束机制

库区城市“公共安全空间单元”要素之间形成纵横交错的复杂性结构网络，共同决定了三峡库区城市公共安全的状态，之间的关联性成为制约三峡库区城市“公共安全空间单元”规划管控的核心。

不同类型灾害链所构成的“公共安全空间单元”其具体构成要素也不尽相同，对其进行“容灾性”调控的具体内容也不同，但都受到与环境之间的相互的制约影响，要素之间形成的空间结构是研究的重点。

“3+4”环境约束机制主要用于灾害链潜在区域的初步判断，即结合三峡库区城市特殊的复杂性现状，综合考虑“水文、地质、产业、舆情”四方面制约因素，对灾害链潜在区域进行初步判断。“三要素”环境约束机制主要用于三峡库区城市“公共安全空间单元”具体管控，以灾害链为视角，重点分析致灾空间、受灾空间及救灾空间之间的关联，以三者之间构成的复杂性结构网络为基础，进行城市“公共安全空间单元”系统“容灾性”的研究。

4.2　系统嵌套机制

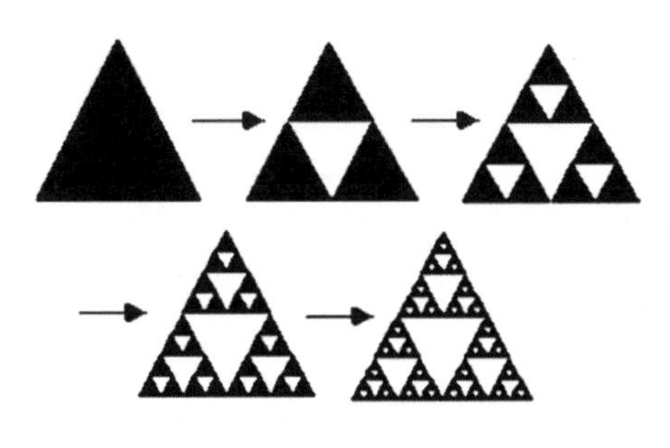
图 4-4　分形“自相似”特征

系统嵌套机制用于“公共安全空间单元”容灾性空间尺度的选择，即研究“容多少灾”。复杂适应性系统具有多尺度的层次性，相对微观的系统可以聚集成相对中观的系统，相对中观的系统又可聚集成相对宏观的系统，且不同尺度的系统之间存在分形“自相似”特征（图 4-4），这一点对于三峡库区城市“公共安全空间单元”来说十分重要，主要体现在以下两个方面。

4.2.1　灾害链多尺度嵌套

不同的尺度下灾害链有不同的形式，一般来说可以分为四级：一级“全球级别”、二级“国家级别”、三级“区域级别”、四级“城市级别”，不同尺度下灾害链相互嵌套，形成典型的层级结构，且不同尺度下的灾害链其空间影响范围不相同，却具有相似的破坏机制。

对三峡库区城市来说，城市公共安全呈现出灾害链频发的复杂性，一个城市中不同的区域公共安全威胁类型不尽相同，可以以灾害链影响的空间范围为依据进行“化链为段”的分区域研究，将整个城市公共安全系统稳定性研究转化为若干个不同区域的“公共安全空间单元”的“容灾性”研究。

4.2.2 空间单元多尺度管控

基于灾害链的多尺度嵌套，城市“公共安全空间单元”也具有多尺度嵌套特征，“化链为段”进行公共安全空间单元的分区域研究，是实现公共安全有效管控的重要思路，以适当尺度进行的选择是研究的重点，具体来说：

（1）不同尺度的空间单元对应不同层次的管控目标。

具体来说，宏观层面上的空间单元对应城市总体规划管控目标；中观层面上的空间单元对应控制性详细规划管控目标；微观层面上的空间单元对应修建性详细规划管控目标。

（2）大尺度的空间单元可以进行次一级尺度的划分。

基于研究对象和研究目标的不同，将大尺度的空间单元进行次一级划分十分必要，且划分的标准十分关键，一般来说遵循“整体性、系统性、有机性和可控性”等四个原则。

（3）不同尺度的空间单元具备内部结构的自相似性。

“分形”是复杂系统十分突出的内在特征，这种特征在不同尺度的空间单元中体现得更为明显，对不同尺度下结构的自相似性对于研究系统的内在机制有着十分重要的意义。

由于三峡库区城市灾害链复杂易变，“公共安全空间单元”始终处于动态的演化过程之中，结合现行城乡规划编制体系，对比宏观尺度（总体规划）、中观尺度（控制性详细规划）和微观尺度（修建性详细规划）不同规划类型的修编周期和调控内容，本书选定中观尺度的“公共安全空间单元”划定最为适合（表4-1）。

“公共安全空间单元”多尺度选择对比　　表 4-1

类型	宏观尺度（总体规划）	中观尺度（控制性详细规划）	微观尺度（修建性详细规划）
修编周期	周期长、机动性弱	周期短、机动性强	周期短、机动性强
调控内容	城市整体用地类型及指标的管控	片区用地类型及指标的管控	具体地块指标的管控

三峡库区城市灾害链复杂易变，以灾害链影响的空间范围为依据进行“化链为段”分区域研究，将整个城市公共安全系统（宏观尺度）的稳定性研究转化为“公共安全空间单元”（中观尺度）的“容灾性”研究是关键。

4.3 结构鲁棒机制

结构鲁棒机制用于“公共安全空间单元”容灾性空间结构的构建，即研究在空间结构上“如何容灾”。城市公共安全系统是一个开放性的耗散系统，系统结构是在外部环境“自上而下”的制约下，由内部要素“自下而上”而生成的，对“公共安全空间单元”来说，结构的“鲁棒性”决定了系统的“容灾性”，具体包

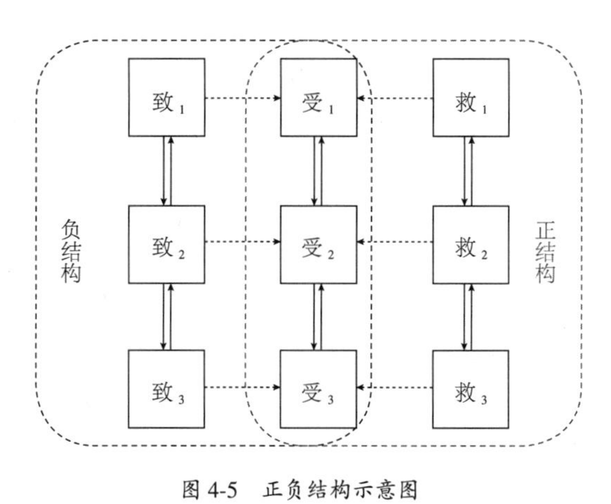

图 4-5　正负结构示意图

含两个方面内容。

4.3.1 “正负结构”双向制约

城市公共安全结构不是“自上而下”设计的，而是在适当的规划干预下“自下而上”生成的，其过程即城市复杂系统动态适应的过程。对于三峡库区城市“公共安全空间单元”来说，这种结构主要包括:致灾空间与受灾空间之间的“负结构”（针对直接威胁），救灾空间与救灾空间之间的“正结构”（针对间接威胁）（图 4-5）。

1. 负结构

在“公共安全空间单元”内，由致灾空间与受灾空间形成的用地空间结构（也是由“致灾链”与“受灾链”形成），对城市公共安全产生消极的影响，因此称之为“负结构”，其直接决定城市公共安全的直接威胁。

2. 正结构

在“公共安全空间单元”内，由救灾空间与受灾空间形成的用地空间结构（也是由“救灾链”与“受灾链”形成），对城市公共安全产生积极的影响，因此称之为“正结构”，其直接决定城市公共安全的间接威胁。

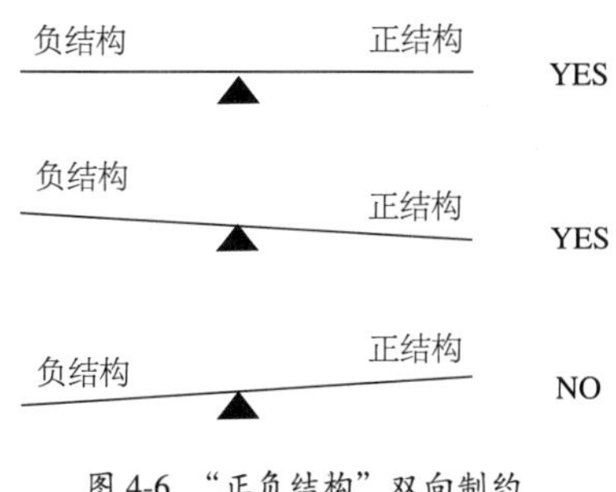

图 4-6　“正负结构”双向制约

“正结构”和“负结构”共同制约三峡库区城市“公共安全空间单元”的“容灾性”，城市的公共安全状态取决于两者之间的关系。当“正结构”与“负结构”保持平衡或“正结构”强于“负结构”时，“公共安全空间单元”的“容灾性”强，公共安全处于稳定状态；当“正结构”弱于“负结构”时，“公共安全空间单元”的“容灾性”弱，公共安全处于失稳状态（图 4-6）。

4.3.2 “鲁棒性”结构特征

“鲁棒性”是复杂系统结构的显著特征，也是进行三峡库区城市“公共安全空间单元”系统“容灾性”研究的关键。本书用一个“简化了”的例子来阐明，所谓“简化了”，就是假定“简单”结构和“鲁棒性”结构的要素数目相同，作用方式相似，只比较这两种结构在受到攻击时的协调性，并不论及结构的自我修复特性（需要说明的是，以下所描述的网络，也属于“无标度网络”）。

第一组图片（图 4-7）表示了一个“简单”结构在受到随机攻击时，结构瘫痪的情况。其中，实心黑点表示系统中的一般要素，空心黑点表示结构受到攻击时失效的要素，之间的连线表示要素之间的相互作用。

第二组图片（图 4-8）表示了一个“鲁棒性”结构在受到随机攻击时，仍然能够保持协调运作的情况。其中，实心点表示结构中的一般要素，实心红点表示结构中的集散要素，空心黑点表示结构受到攻击时失效的要素，之间的连线表示要素之间的相互作用。从这里我们就可以看出，“鲁棒性”结构在受到随机攻击时，不会立刻瘫痪，而是可以由那些集散要素承担其失去的功能，给结构的自我修复赢得了时间。

同时，需要指出的是，“鲁棒性”结构也有“软肋”：面对蓄意攻击时，“鲁棒性”结构可能不堪一击，由第三组图片（图 4-9）来表示。正因如此，集散节点的安全性制约着这个系统的稳定性。

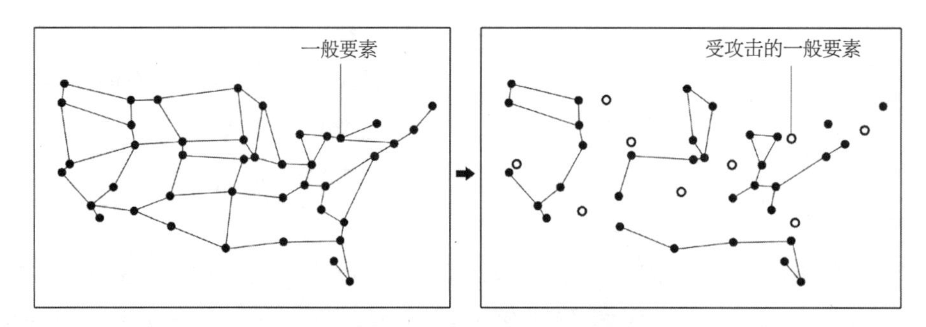

图 4-7 “简单”结构受到随机攻击前后图示比较
（资料来源：参照美国交通网络绘制）

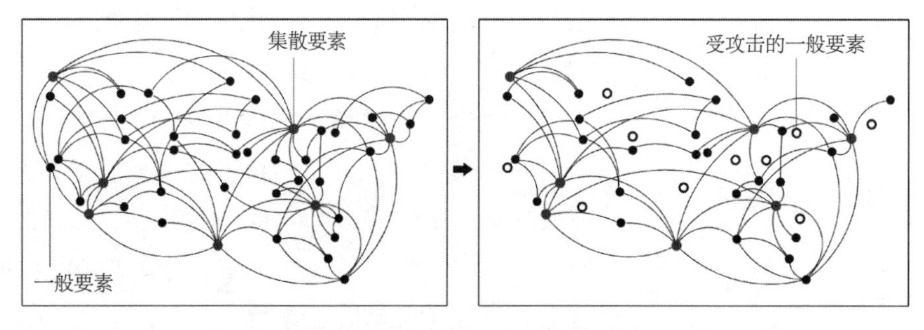

图 4-8 “鲁棒性”结构受到随机攻击前后图示比较
（资料来源：参照美国互联网络绘制）

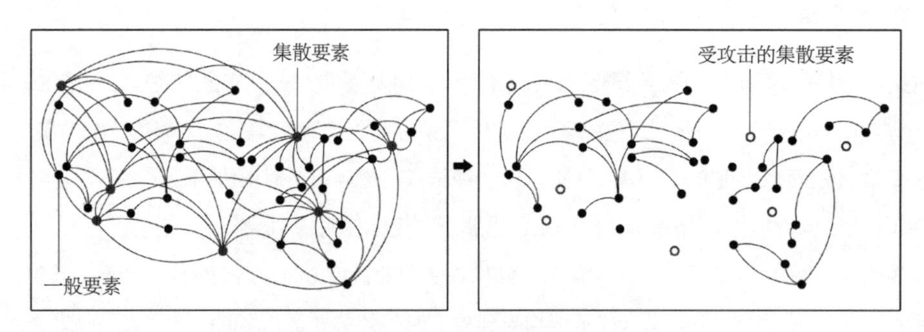

图 4-9 “鲁棒性”结构受到蓄意攻击前后图示比较
（资料来源：参照美国互联网络绘制）

为了更好地阐明“鲁棒性”结构的特点，通过表 4-2 来说明。

三峡库区城市公共安全“鲁棒性”解析　表 4-2

类型 / 特点	1	2	3	4	5
“鲁棒性”结构	复合性	有机性、生长性	随机、无软肋	蓄意、有软肋	树状 + 网状
“简单”结构	单一性	机械性、静态性	随机、有软肋	蓄意、无软肋	网状

“鲁棒性”结构的特点可以概括为：既有稳定性、也有脆弱性，节点分布一般符合 Zipf 定律①，即“集散节点”（小部分）与大部分节点有联系，“一般节点”（大部分）只与临近节点有联系。对比三峡库区城市“公共安全空间单元”系统的“容灾性”研究，如何利用“鲁棒性”结构特征对“正结构”（直接威胁）进行稳定性构建，对“负结构”（间接威胁）进行脆弱性干预，是提高“公共安全空间单元”系统“容灾性”的关键路径。

综上所述，“正结构”和“负结构”共同制约三峡库区城市“公共安全空间单元”的“容灾性”，城市的公共安全状态取决于两者之间的关系。利用“鲁棒性”结构特征对“正结构”进行稳定性构建，对“负结构”进行脆弱性干预，是提高“公共安全空间单元”系统“容灾性”的关键路径。

4.4　动态演化机制

动态演化机制用于“公共安全空间单元”容灾性可持续的维系，即研究在时间维度上“如何可持续容灾”。在外部环境的复杂性约束下，三峡库区城市“公共安全空间单元”始终处于动态演化之中，这种动态的演化特征反过来又增加了整体环境的复杂性。由此可见三峡库区城市“公共安全空间单元”的“正负结构”始终处于一种动态博弈过程之中，空间上的“鲁棒性”结构也并非一成不变，及时对“致灾空间、受灾空间、救灾空间”进行结构性调整，是确保“公共安全空间单元”系统可持续“容灾性”的关键，具体包括以下两个方面。

4.4.1　“3A”共轭演化

三峡库区城市正处于高速城市化进程阶段，公共安全威胁因素复杂易变，本书以单次城市公共安全灾害链的“生命周期”为对象进行解构，以公共安全灾害链发生的“前—中—后”为一个周期单元进行研究（图 4-10），提出“3A”共轭演化机制（图 4-11）。

（1）“A”——Assess（评估）：以“公共安全空间单元”为对象，在公共安全灾害（威胁）发生前，对“公共安全隐患”的评估。

（2）“A”——Adjust（调整）：以“公共安全空间单元”为对象，在公共安全灾害（威胁）发生中，对“公共安全机能”的调整。

① Zipf 定律是美国学者 G・K・齐普夫提出的。可以表述为：在自然语言的语料库里，一个单词出现的频率与它在频率表里的排名成反比。

图 4-10 灾害链周期单元

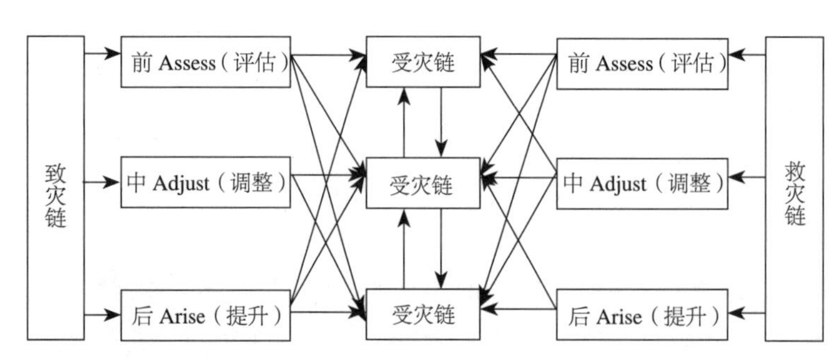

图 4-11 “3A”共轭演化机制

（3）“A”——Arise（提升）: 以“公共安全空间单元”为对象，在公共安全灾害（威胁）发生后，对“公共安全指数”的提升。

可以看出，“致灾链”和“救灾链”共同构成了 DNA 的两条主螺旋链，“受灾链”构成了主链之间的链桥，每一次公共安全事件经历一个“生命周期”,DNA 螺旋链就会上升到一个新的层级（图 4-12）。

“致灾链”与“受灾链”构成了“公共安全空间单元”的“负结构”，“救灾链”与“受灾链”构成了“公共安全空间单元”的“正结构”，随着外面环境的变化，特定“公共安全空间单元”管控要素（致灾空间、受灾空间、救灾空间）的具体内容也会发生变化，利用“3A”共轭演化机制，对管控要素进行动态评估和调整是保持“公共安全空间单元”系统“容灾性”的关键。

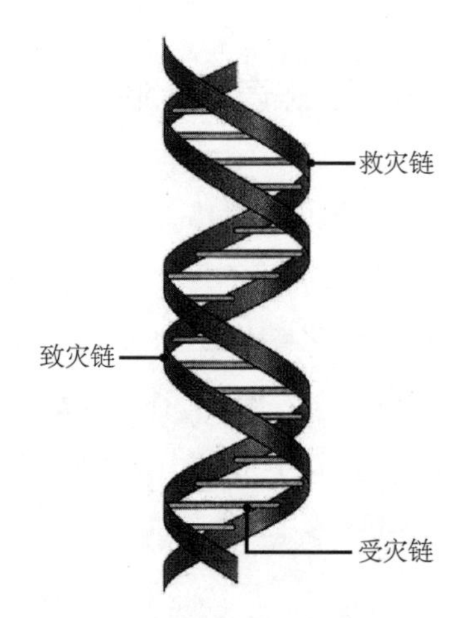

图 4-12 “公共安全空间单元”DNA 螺旋解构

4.4.2 动态调控

针对“公共安全空间单元”管控要素（致灾空间、受灾空间、救灾空间）进行动态调控是保证“公共安全空间单元”系统可持续“容灾性”的关键，具体来说包括三个阶段。

1. “公共安全隐患”的 Assess（评估）（灾前）

首先，确定评估的两个原则。

1）整体性原则

评估内容应从“单一性”向“整体性”进行转变。结合三峡库区城市特殊地理环境和时代背景，对特定“公共安全空间单元”进行“致灾链、受灾链、救灾链”的整体性评估，综合权衡。

2）社会性原则

评估内容应从“地理性”向“社会性”进行转变。避免单纯地理性的评估，忽略城市公共安全的社会联动性影响。结合三峡移民的社会复杂性、灾害链性特征，对“公共安全空间单元”进行社会性评估。

其次，界定评估的四种类型。

1）隐患评估

评估致灾空间的安全隐患。三峡库区城市建设落后，基础设施本身薄弱，在特定灾害链视角下，各类基础设施（包括生态环境）的最大承载力需要重新核算评估，确保在极端情况下，各类基础设施始终处于良好的运行状态，基础设施的生产和服务不中断、灾害不链发。

2）能力评估

评估救灾空间的救助能力。应急预案是突发公共安全各方面反应和救助活动的总体设计，是紧急情况下的行动纲领。根据三峡库区特定城市的具体情况，针对“公共安全空间单元”，因地制宜地制定可行的预案，对不同预案的应急能力进行综合评估，切实做到科学合理、技术可行。

3）沟通评估

评估信息的沟通协调能力。从某种意义上说信息是把双刃剑，它既有助于安全隐患的消除，也可能加速灾害的蔓延。三峡库区处于社会急速发展期，信息开放度小，协调难度大，应针对这种实际情况，强化沟通评估，加强信息的沟通协调，坚持去伪存真，切实实现公共安全的紧迫、客观要求。

4）制度评估

评估制度的保障能力。制度评估是城市公共安全规划落实的保障。全国性的法律法规具有普适意义，在三峡库区急速开发时期，并不能完全满足需要，须根据实际情况，深入并完善有针对性的法律保障制度，完善灾害危机管理的相关法律法规，规范灾害处理过程中社会各方的行为，明确社会各方的义务与责任。

2.“公共安全机能”的 Adjust（调整）（灾中）

首先，确定调整的两个原则。

1）奇点性原则

调整内容应从“平行防御”向“奇点防御”进行转变。避免进行无重点的平行防御，应整合现有资源，对影响灾害蔓延奇点（灾害拐点）敏感区域，进行重点防御。结合三峡库区灾害链的显著特点，进行灾害断链管控，拟定出“刚性＋弹性”的公共安全救灾对策。

2）拓扑性原则

调整内容应从“单点救助”向“拓扑救助”进行转变。避免进行无系统的单灾救助，应对灾害链进行拓扑性关联研究，结合三峡库区灾害链的特殊类型，提出“救助成链”的安全网络体系。

其次，界定调整的四种类型。

1）人防调整

充分利用人防工程。人防调整是通过调整人防工程，在灾害链发生中进行快速疏散和掩蔽。尤其在三峡库区多山地区，人防工程具有极大的天然防护能力，是防灾物质体系的重要组成部分，但也极易成为受灾体的核心点。既要利用人防工程（地下步行交通、地下机动车交通、地下轨道交通、地铁轨道交通设施、地下车库等设施），灾害时可将之迅速转为防灾避难设施，同时也要调整出足够的防御空间，进行重点防御设施补给，控制并防御灾源。

2）交通调整

制定可行交通预案。交通调整特指通过调整现有地面交通，针对不同的灾害类型，在灾害发生中起到疏散、隔离及避难功能。三峡库区地区交通多呈自由布局，交通的可达性及方向性不及平原地区，其复杂性远远超过平原地区，次生灾害也因此显得更为复杂。因此，在灾害发生过程中，交通既可能是天然的疏散、隔离及避难场所，也可能成为救灾的障碍，需制定可行交通变更预案，才能确保对应各种紧急次生灾害。

3）功能调整

弹性调整用地功能。功能调整，包括商业用地、学校用地、公园用地等的调整。对空间的需求量多，供给量紧张的三峡库区城市来说，多种功能空间相互重叠，错综复杂，功能的多元化决定了其空间的多元化，针对库区灾害链的实际情况，多元化地调整疏散及避难场所，以适应公共安全的客观需要。

4）机制调整

强化灾害应变机制。机制调整特指在灾害发生过程中，为应对不确定的偶发次生灾害，应该强化应对灾害的应变机制。尤其三峡库区特征明显的山地地形，各种环境复杂多变，次生灾害相互关联，应该强化各种公共安全物质空间的管理机制，建立一种立体的、可变的、有针对性的应变机制，把灾害控制在最小的时空界限内。

3.“公共安全指数”的 Arise（提升）（灾后）

首先，确定提升的两个原则。

1）复合性原则

提升内容应从“平面单一”向“立体复合”进行转变。针对三峡库区城市建设用地稀缺的现实情况，借助山地防灾新技术，遵循山地自然特质，转变平面单一布局的思路，在防灾区划的基础上，进行用地及空间的分散聚落布局（要注意避免基础设施过于分散，导致的社会资源浪费），要做到“优地优用，立体复合”。需要指出的是，这种复合不单指空间上的复合，也包括时间上的复合，同一用地在不同的时空内，可以变更其使用功能，真正实现在用地空间全生命周期的提升。

2）精神性原则

提升内容应从“物质领域”向“精神领域”进行转变。在完成基本物质空间品质提升后，更要重视灾后重建中对人本精神的关怀与心灵的重建。三峡库区城市化率低，现存大量独特的原始资源保存尚好，在重建过程中要注重对这些独特资源的挖掘，结合重建规划，丰富心灵重建的含义，从而进行精神层面的提升。

其次，界定提升的四种类型。

1）重建提升

提升重建规划品质。重建提升从总结经验、吸取教训，从再评估、再规划开始。针对三峡库区城市用地紧张的现实情况，从地形、地质、危险源场所、防洪、抗震、防风等因素出发进行重新评估，深入分析灾前的项目选址及安全管理设施，及对系统运行安全的冲突影响与公共危害，分析项目运行中的安全薄弱环节，重新建立安全事故预防规划，合理安排城市用地功能布局，优化生命救援系统布局，完善安全应急设施布局，使主要功能区完全避开自然和安全环境敏感地带，实现基础设施总体布局的合理化。对于旧城区，通过全面评估、逐步改造、合理布局，降低人口密度，提升整个人居环境品质。

2）管理提升

构建主动管理机制。管理提升是构建主动、高效、统一和强有力的公共安全管理机制，决定公共安全管理成败的关键。针对三峡库区城市的特殊情况，构建多维主动管理机制，包括六个维度：第一，提高管理者的安全认识观，正视山地灾害的特殊问题。第二，强化居民防范意识，化被动为主动，自下而上地强化管理机制。第三，加强日常管理机制，对库区突发灾害进行预测，对灾源进行事先处理，制定突发灾害应急预案。第四，针对山地特征，构建适应性的城市公共安全管理体制，设置协调管理机构，搭建统一管理平台。第五，落实“以人为本”、“预防为主”的理念防灾思路，从三峡库区城市防灾技术层面落实到位。第六，结合重建规划，制定和完善公共安全法规文件，确保安全对策的综合性、计划性以及法制性。

3）预警提升

建立常备预警机制。建立预警机制是在全民意识行动的基础上，加强信息渠道顺畅的建设，提供可靠的防范知识，消除不安定因素，降低灾害带来的危害。三峡库区灾害多属“模糊事件”，库区灾害具有不确定性的特性（包括自然的不确定性和人为的不确定性）。突发性强，因此应该建立权威的信息发布和报告机制，积极引导社会公众的理性行为，安定民心。加大人力、物力的投入，积极推进科技减灾，鼓励开展预防和减灾的基础研究和应用研究，提高灾害的预测和预报能力。

4）意识提升

强化灾后风险意识。公民的公共安全意识高低是衡量一个国家或一座城市公共安全管理水平的重要参数[①]。三峡库区地少人多、思想封闭，在灾害平息后，着重强化灾后风险意识，是减少突发公共危机的发生概率及其造成损失的最有效、最经济、最安全的办法。比如日本在灾后注重强化政府官员的危机管理意识的同时，不惜花费巨资对国民进行经常性的危机意识教育和自救互救技能培训，使日本民众在面对灾害时能冷静应对，最大限度地减轻灾害损失。借鉴发达国家的成功经验，强化官民风险意识，注重安全教育和危机救助培训，尽量减少和避免类似灾害的再次发生。

综上所述，三峡库区城市“公共安全空间单元”始终处于动态演化之中，“3A”共轭演化机制从“灾前—灾中—灾后”三个环节揭示了系统“容灾性”可持续的机理，对“致灾空间、受灾空间、救灾空间”进行结构性的及时调整管控，是确保“公共安全空间单元”系统“容灾性”可持续的关键，具体来说包括：灾害前对“公共安全隐患”进行评估；灾害中对“公共安全机能”进行调整；灾害后对“公共安全指数”进行提升。

① 赵秀雯 . 公共安全管理在社会和谐发展中的作用 [J]. 安全与环境学报，2006（7）.

4.5 本章小结

“公共安全空间单元”容灾机制是具体规划干预研究的基础，增加“公共安全空间单元”的“容灾性”是容灾机制研究的目的，具体包含四个方面：

其一，环境约束机制——用于“公共安全空间单元”灾害链威胁类型的识别。

“3+4”环境约束机制主要用于灾害链潜在区域的初步判断，即结合三峡库区城市特殊的复杂性现状，综合考虑“水文、地质、产业、舆情”四方面制约因素，对灾害链潜在区域进行初步判断。“三要素”环境约束机制主要用于三峡库区城市“公共安全空间单元”具体管控，以灾害链为视角，重点分析致灾空间、受灾空间及救灾空间之间的关联，以三者之间构成的复杂性结构网络为基础，进行城市“公共安全空间单元”系统“容灾性”的研究。

其二，系统嵌套机制——用于“公共安全空间单元”容灾性空间尺度的确定。

三峡库区城市灾害链复杂易变，以灾害链影响的空间范围为依据进行“化链为段”分区域研究，将整个城市公共安全系统（宏观尺度）的稳定性研究转化为“公共安全空间单元”（中观尺度）的“容灾性”研究是关键。

其三，结构鲁棒机制——用于“公共安全空间单元”容灾性空间结构的构建。

“正结构”和“负结构”共同制约三峡库区城市“公共安全空间单元”的“容灾性”，城市的公共安全状态取决于两者之间的关系。利用“鲁棒性”结构特征对“正结构”进行稳定性构建，对“负结构”进行脆弱性干预，是提高“公共安全空间单元”系统“容灾性”的关键路径。

其四，动态演化机制——用于“公共安全空间单元”容灾性可持续性的维系。

三峡库区城市“公共安全空间单元”始终处于动态演化之中，“3A”共轭演化机制从“灾前—灾中—灾后”三个环节揭示了系统“容灾性”可持续的机理，对“致灾空间、受灾空间、救灾空间”进行结构性的及时调整管控，是确保“公共安全空间单元”系统“容灾性”可持续的关键，具体来说包括：灾害前对“公共安全隐患”进行评估；灾害中对“公共安全机能”进行调整；灾害后对“公共安全指数”进行提升。

第5章 三峡库区城市“公共安全空间单元”规划干预研究

5.1 规划干预的基本内涵

5.1.1 规划干预的定义

以提高“公共安全空间单元”容灾性为目标,通过“自上而下”的规划管控,对“公共安全空间单元”要素(致灾空间、受灾空间、救灾空间)进行干预。

5.1.2 规划干预与现行规划体系的关系

“公共安全空间单元”规划干预属于中观层级,与现行规划体系的控制性详细规划属同一层级。区别于现行的以宏观和微观导控为主的城市公共安全规划,“公共安全空间单元”规划是专项规划与控制性详细规划的交集(图 5-1)。

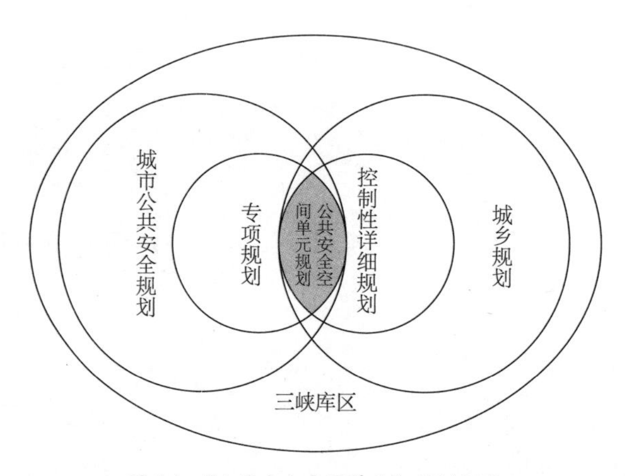

图 5-1 “公共安全空间单元”规划领域

“公共安全空间单元”规划与控制性详细规划属同一层级,属于中观层面的专项规划(表 5-1)。

“公共安全空间单元”规划层级 表 5-1

规划类型	规划层级	空间尺度	对其他规划的关系
“公共安全空间单元”规划	中观层面	1∶2000	支撑“公共安全总体规划”、指导“修建性详细规划”

“公共安全空间单元”规划与现行城乡规划及公共安全规划之间的关系如表 5-2 所示。

“公共安全空间单元”规划与现行规划之间的关系 表 5-2

类别	城乡规划体系	公共安全规划体系
宏观	城市总体规划(含专项规划)	城市公共安全总体规划(含专项规划)

续表

类别	城乡规划体系	公共安全规划体系
中观	控制性详细规划	公共安全空间单元规划
微观	修建性详细规划	建筑及工程设施防灾规划

“公共安全空间单元”规划干预的成果既可单独编制，又可作为其他规划的辅助和支撑，具体如下。

1. 单独编制

隶属于控制性详细规划层面上的“公共安全空间单元”专项规划，具体内容可以概括为“1 图 +1 表”，即“公共安全空间单元”用地编码图和指标控制一览表（详见 5.2.3 节）。

2. 作为其他规划的辅助和支撑

在一般城乡规划编制体系内，可以作为控制性详细规划的优化策略，也可作为修建性详细规划的具体指导；在城市公共安全规划编制体系内，可以作为城市公共安全总体规划的基础性研究，也可作为建筑及工程设施防灾规划的指导。

5.1.3　规划干预的基本内容

区别于现行的城市公共安全规划的管控内容（以单灾为对象的威胁城市公共安全的八个方面），“公共安全空间单元”规划以威胁城市公共安全的特定灾害链为对象，具体来说本书将“崩裂滑移链”、“蔓延侵蚀链”及“枝干流域链”作为重点研究及管控内容（图 5-2）。

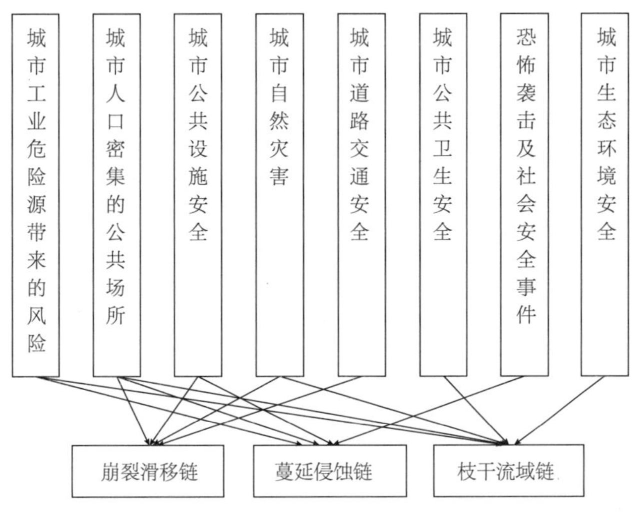

图 5-2　“公共安全空间单元”管控内容

区别于现行城市公共安全规划的管控要素（仅针对救灾要素：避难场所、道路网络、消防机构、医疗机构、物资场所、治安机构、废弃物设施），“公共安全空间单元”规划管控要素包括了致灾要素、受灾要素和救灾要素三个方面，具体融合了“建筑、规划、园林及工程设计”等多领域的内容

（包括各类要素的用地范围、用地性质、用地指标、建筑防灾等级及工程技术措施等，这也是人居环境科学的核心思想的体现）。落实到三峡库区三条具体典型的灾害链层面，管控要素的内容如表5-3所示。

“公共安全空间单元”规划管控要素 表5-3

灾害链	“致灾空间”管控要素	“受灾空间”管控要素	“救灾空间”管控要素
崩裂滑移链	“地震、崩塌、滑坡、洪涝、泥石流”等易发区的设计标准和防护距离	“人口密集区域、重要公共设施区域”的容积率、建筑密度、公共开敞空间、场地标高等规划指标	“避难场所、道路网络、物资场所及医疗机构”的相应规划指标
蔓延侵蚀链	“危化品工厂、危化品仓储物流集散区”的设计标准和防护距离	“人口密集区域、重要公共设施区域”的容积率、建筑密度及公共开敞空间等规划指标	“消防机构、道路网络、物资场所、医疗机构”的相应规划指标
枝干流域链	“生产、生活污染（污水、垃圾）排放区”的设计标准和防护距离	“河流水体、消落带、滨水区”的设计标准和设施布点	“污水处理、废弃物设施”的相应规划指标；生态基础设施的规模和结构

5.1.4 规划干预的基本特征

区别于现行的城市公共安全规划，“公共安全空间单元”规划在研究三峡库区城市公共问题时有以下三方面的特征。

1. 特定灾害链的专项管控

区别于现行城市公共安全专项规划（在总体规划层面，以城市单一灾害类型威胁为对象进行“纵向”管控），“公共安全空间单元”规划以三峡库区城市特定灾害链威胁为对象进行“横向 + 纵向”的专项管控（控制性详细规划层面），从内在机制上研究城市公共安全系统的“容灾性”。

2. 单元区划的精细化管控

区别于现行城市公共安全规划体系宏观（总体规划层面）和微观（修建性详细规划层面）管控，“公共安全空间单元”规划结合三峡库区城市的特殊情况，按照灾害链威胁种类进行空间单元的区划，进行分区精细化导控，优化城市公共安全资源的空间配置，在客观条件的制约下，结构性地增加其“容灾性”。

3. 关联要素的动态管控

区别于现行城市公共安全规划对救灾要素的静态单一管控，“公共安全空间单元”规划综合致灾、受灾、救灾三方面要素进行动态综合管控，这也是确保城市公共安全系统“容灾性”可持续的关键。需要进一步说明的是，不同灾害链类型的“公共安全空间单元”其管控的要素也不尽相同，在进行三峡库区城市“公共安全空间单元”规划管控前，需要进行关联要素的监测和评估。

现行城市公共安全规划与“公共安全空间单元”规划的区别如表5-4所示。

现行城市公共安全规划与“公共安全空间单元”规划对比　　表 5-4

特征	现行城市公共安全规划	“公共安全空间单元”规划
1	单一灾害的专项管控	特定灾害链的专项管控
2	统一标准的普适管控	单元区划的精细化管控
3	片段要素的静态管控	关联要素的动态管控

针对三条典型灾害链，监测和管控要素如下。

1.“崩裂滑移链空间单元”动态监测和管控要素

“崩裂滑移链空间单元”动态监测和管控要素包括：“致灾空间”中与“地震、崩塌、滑坡、泥石流、洪涝”等相关的要素；“受灾空间”中与“人口密集区、重要公共设施区、主要市政基础设施”等相关的要素；“救灾空间”中与“避难场所、道路网络、物资场所、医疗机构”等相关的要素。具体如表 5-5 所示。

“崩裂滑移链空间单元”动态监测和管控要素　　表 5-5

类型	“致灾空间”监测及管控要素	“受灾空间”监测及管控要素	“救灾空间”监测及管控要素
“崩裂滑移链空间单元”	（1）地震区：地震强度、烈度； （2）崩塌区：地质稳定度； （3）滑坡区：地质稳定度； （4）泥石流易发区：地表径流系数、地表冲刷指数； （5）洪涝区：水库标高、场地坡度、坡向； （6）各类致灾空间相应的设计标准和安全防护距离	（1）人口密集区：建筑密度、容积率、公共开敞空间面积及标高； （2）重要公共设施区：人口容量、建筑密度、容积率、场地标高； （3）主要市政基础设施：抗震强度和可靠性分析	（1）避难场所：服务半径、最大容纳人口、标高； （2）道路网络：道路性质、宽度、标高、通行能力、结构形态； （3）物资场所：储备总量、类型、救助半径； （4）医疗机构：规模、救助半径

2.“蔓延侵蚀链空间单元”动态监测和管控要素

“蔓延侵蚀链空间单元”动态监测和管控要素包括：“致灾空间”中与“危化品工厂、危化品仓储物流、加油（气）站”等爆炸火灾隐患相关的要素；“受灾空间”中与“人口密集区、重要公共设施区、主要市政基础设施”等相关的要素；“救灾空间”中与“消防机构、道路网络、物资场所、医疗机构”等相关的要素。具体如表 5-6 所示。

“蔓延侵蚀链空间单元”动态监测和管控要素　　表 5-6

类型	“致灾空间”监测及管控要素	“受灾空间”监测及管控要素	“救灾空间”监测及管控要素
“蔓延侵蚀链空间单元”	（1）危化品工厂：易燃易爆种类、危险指数、最大影响范围；（2）危化品仓储物流：易燃易爆种类、危险指数、最大影响范围；（3）加油（气）站：危险指数、最大影响范围；（4）各类致灾空间相应的安全防护距离	（1）人口密集区：建筑密度、容积率、公共开敞空间结构及规模；（2）重要公共设施区：人口容量、建筑密度、容积率；（3）主要市政基础设施：防火性能和可靠性分析	（1）消防机构：服务半径、最大消防能力；（2）道路网络：道路性质、宽度、标高、通行能力、结构形态；（3）物资场所：储备总量、类型、救助半径；（4）医疗机构：规模、救助半径

3.“枝干流域链空间单元”动态监测和管控要素

“枝干流域链空间单元”动态监测和管控要素包括：“致灾空间”中与“污水排放、垃圾堆放”等水体污染灾害相关的要素；“受灾空间”中与“水体情况、消落带、滨水区”等相关的要素；“救灾空间”中与“污水处理、垃圾处理、生态基础设施”等相关的要素。具体如表 5-7 所示。

“枝干流域链空间单元”动态监测和管控要素　　表 5-7

类型	“致灾空间”监测及管控要素	“受灾空间”监测及管控要素	“救灾空间”监测及管控要素
“枝干流域链空间单元”	（1）污水排放：类型、位置、规模；（2）垃圾堆放：类型、位置、规模	（1）水体情况：流速、水质情况；（2）消落带：类型、位置规模；（3）滨水区：功能、布局、人口规模	（1）污水处理：类型、位置、能力；（2）垃圾处理：类型、位置、能力；（3）生态基础设施：位置、规模、结构

需要说明的是，动态监测和管控要素包含了“监测要素”和“管控要素”两种类型，监测要素涵盖了与特定灾害链视角下“公共安全空间单元”相关的所有内容，是管理决策的基础；管控要素主要在建筑、规划、园林及工程技术领域，是管理决策的方法。

5.1.5　规划干预的技术路线

“公共安全空间单元”规划干预的现实意义在于：将城市公共安全系统化整为零，以灾害链为视角进行公共安全威胁的空间单元划分，将对城市公共安全整体系统稳定性的研究转化为对“公共安全空间单元”（针对特定灾害链）“容灾性”的研究。对比现行单灾“纵向”的规划管控，“公共安全空间单元”则强调多灾“多维”的规划管控，即以“致灾空间、受灾空间、救灾空间”为管控要素，贯通融合“建筑、规划、园林及工程技术”等多学科，可持续地引导城市公共安全规划及建设（表 5-8）。

“公共安全空间单元”规划与现行规划管控方法对比　　表 5-8

现实问题	现行规划体系特征	“公共安全空间单元”规划体系特征
灾害链频发	单灾纵向	多灾多维

以“公共安全空间单元”容灾机制为基础,以提高城市“公共安全空间单元”系统“容灾性”为目标，规划技术路径主要包括表 5-9 所示四个阶段。

“公共安全空间单元”规划技术路径　　表 5-9

步骤	阶段	内容	容灾机制	容灾性解析
1	风险评估	在灾害链的视角下，对三峡库区特定城市（区、县）的现实问题进行调研，评估灾害链潜在区域的公共安全风险	环境约束机制：进行“公共安全空间单元”初步灾害链威胁类型的评估	“容什么灾”
2	目标确定	依据风险评估结果，根据城市社会经济发展需要，预测城市公共安全的合理安全水平（理想与现实的平衡），确定合理的规划目标（高、中、低）	环境约束机制：进行“公共安全空间单元”具体灾害链类型的确定	“容什么灾”
3	单元划定	在合理规划目标的导引下，针对特定灾害链类型进行“多尺度”遴选，划定“公共安全空间单元”范围	系统嵌套机制：进行“公共安全空间单元”容灾性空间范围的划定	“容多少灾”
4	规划管控	通过对特定灾害链的“多预案”评估和“多角度”辨析，针对致灾空间、受灾空间和救灾空间进行“断链”和“成链”管控研究,促使“正结构”强于（等于）“负结构”，提升“公共安全空间单元”的“容灾性”，实现公共安全的有效管控	结构鲁棒机制：进行“公共安全空间单元”容灾性空间结构的构建。 动态演化机制：进行“公共安全空间单元”可持续性容错的维系	“如何容灾”、“如何可持续容灾”

概括来说，“公共安全空间单元”规划的技术策略包括空间单元的“范围划定、断链减灾、成链救助”三个部分。“公共安全空间单元”内在机制与关键技术之间的关系如图 5-3 所示。

需要说明的是，本书研究的灾害链基本类型包含“崩裂滑移链、蔓延侵蚀链、枝干流域链”，不同城市、不同地段包含的灾害链类型不尽相同，同一地段也可能包含不止一条灾害链类型（存在复合灾害链的情况），本书提出的规划技术策略是针对灾害链管控的通则，面对现实问题需要具体分析。

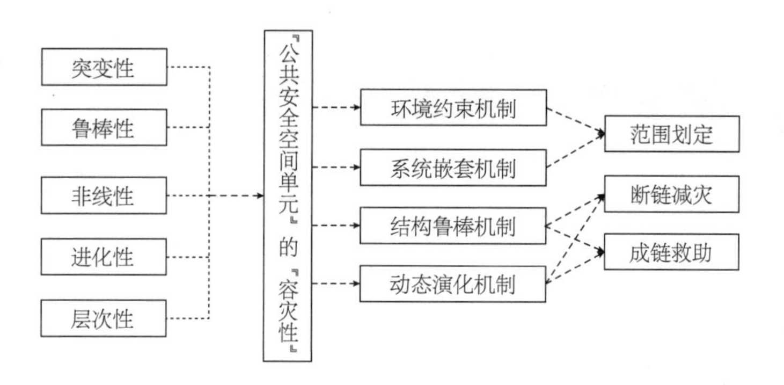

图 5-3 基于复杂性系统的“公共安全空间单元”内在机制与技术策略关系图

5.2 规划干预的关键技术

5.2.1 “公共安全空间单元”范围划定

1.“多尺度”遴选

依据“系统嵌套机制”(4.2 节),不同的尺度下灾害链有不同的形式[①],不同尺度下灾害链相互嵌套,形成典型的层级结构,且不同尺度下的灾害链其空间影响范围不相同、研究的重心不同,管控方法也不尽相同。大尺度的空间单元可以进行次一级尺度的划分,“化链为段”进行分区域研究是解决问题的关键,将整个城市公共安全系统的稳定性研究转化为若干个不同区域的“公共安全空间单元”系统“容灾性”研究。选择合适的尺度就成为“灾害链空间单元”识别提取的关键,据此本书提出以下选择标准:

(1)可控性标准。尺度不能太大,也不能太小,要满足城乡规划技术体系可控制的空间范围,其实践性和落地性要强。

(2)体系性标准。要与现行城乡规划体系有机匹配,不仅能弥补现行城乡规划体系的不足,又能融入现行规划体系。

结合 4.2 节研究的结论,本书提出以“1∶2000”的比例尺度进行研究,即现行城乡规划体系中的“控制性详细规划”尺度。这种尺度既可以满足“可控性”的要求,又可以起到承上(总体规划)和启下(修建性详细规划)的作用,如表 5-10 所示。

“公共安全空间单元”规划尺度特征 表 5-10

尺度	规划层级	公共安全规划体系	规划思路
1∶10000	城市总体规划	公共安全总体规划	自上而下
1∶2000	控制性详细规划	“公共安全空间单元”规划	自下而上 + 自上而下
1∶500	修建性详细规划	建筑、景观等安全设计	自下而上

① 一般来说可以分为四级:一级“全球级别”、二级“国家级别”、三级“区域级别”、四级“城市级别”。

2. 空间单元的范围划定

“灾害链空间单元”识别提取包含三方面内容：确定规划管控目标、预判灾害管控类型、划定灾害链空间单元，具体来说：

首先，确定规划管控目标。

“公共安全空间单元”规划是通过对特定灾害链的管控来实现城市公共安全资源的优化配置，以达到对城市公共安全管控的目的。需要说明的是，公共安全状态是一个相对的概念，没有绝对的安全或不安全，其一定是与城市可承受的现实情况相关，因此规划目标也分不同等级，一般分为“基本目标、中级目标、最高目标”。

（1）基本目标：指规划的下限目标，一般对应近期规划（一般为 3 ～ 5 年），是“公共安全空间单元”管控的现实基础；

（2）中级目标：指规划的中级目标，一般对应中期规划（一般为 5 ～ 20 年），是“公共安全空间单元”管控的适度标准；

（3）最高目标：指规划的上限目标，一般对应远期规划（一般为 20 ～ 50 年），是“公共安全空间单元”管控的理想状态。

对于不同的“公共安全空间单元”其管控目标也不尽相同，但其风险水平可以通过历史数据统计得到，一般来讲风险水平（个人风险水平）和规划目标有表 5-11 所示对应关系（此处参考了日本个人风险水平的标准）。

风险水平与规划目标的对应关系　　表 5-11

风险值（死亡 / 年）	风险水平举例	规划目标
10^{-3} 数量级	相当于人的自然死亡	不可接受
10^{-4} 数量级	相当于交通事故	基本目标（规划年限：3 ～ 5 年）
10^{-5} 数量级	相当于游泳事故和煤气中毒	中级目标（规划年限：5 ～ 20 年）
10^{-6} 数量级	相当于地震和天灾	最高目标（规划年限：20 ～ 50 年）
10^{-7} 到 10^{-8} 数量级	相当于陨石坠落伤人	可以忽略

三级目标的确定一般要通过对三峡库区城市现状问题的调研分析，了解城市目前公共安全的现状风险水平，对比城市可接受的风险（不一定是理想风险水平[①]）水平完成，如下所示：

现状风险值≥可接受的风险值≥理想风险值

理想风险值作为规划目标的上限值，可接受风险值作为规划目标的下限值，如图 5-4 所示。

需要说明的是，灰色区域表示可接受风险水平、规划实施后的现状风险水平及理想风险水平。

① 是规划的上限目标，一般根据城市社会经济发展趋势所制定。

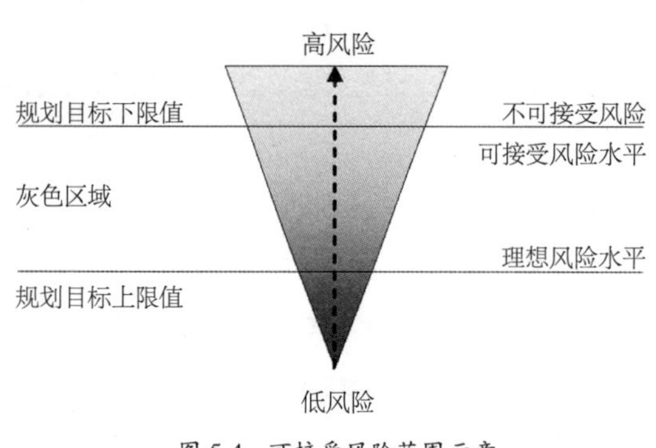

图 5-4 可接受风险范围示意

规划管控目标是进行“灾害链空间单元”识别提取的基础，可分为“基本目标、中级目标、最高目标”，其分别对应规划年限为“3 ～ 5 年、5 ～ 20 年、20 ～ 50 年”，对应的安全级别为“基本安全级别、中级安全级别、高级安全级别”，其最终对应的“灾害链空间单元”范围为“下限范围、中间范围、上限范围”。三者的关系如表 5-12 所示。

管控目标、规划年限与空间范围之间的关系 表 5-12

规划管控目标	规划年限	安全级别	“灾害链空间单元”范围
基本目标	3 ～ 5 年	基本	下限范围
中级目标	5 ～ 20 年	中级	中间范围
最高目标	20 ～ 50 年	高级	上限范围

其次，预判灾害管控类型。

依据确定的规划目标，基于“环境约束机制”①，参考历年数据统计资料，结合现实情况进行构成潜在灾害链的灾害类型预判，一般来说遵循以下三条原则。

1）历史再现原则

在灾害链潜在区域内，以历史数据及记录为基础，分析各类灾害的再现率，依据规划目标（规划年限）初步判断灾害的类型。

2）空间聚集原则

分析初步判断的灾害类型在空间上是否具有聚集性，即致灾空间是否具有空间上的叠加性。

3）因果关联原则

各类灾害发生的触发因素和造成的后果是否具有因果关联性，即灾害之间是否存在“多米诺”效应。

最后，划定灾害链空间单元。

灾害链空间单元范围的划定是进行规划管控的基础，一般分为八个步骤：

（1）以基本数据为依据，对灾害类型进行“致灾空间影响范围”的评估；

（2）以“致灾空间影响范围”为依据，进行“致灾空间关联性”分析（是否存在“强关联”，即相互触发可能性大小）；

（3）以“致灾空间关联性”为依据，进行“致灾空间系统结构”特征识别；

① “水文”变化引起的环境约束度度高地区，容易存在“枝干流域链”等安全威胁；“地质”变化引起的环境约束度高地区，容易存在“崩裂滑移链”等安全威胁；“产业”变化引起的环境约束度高地区，容易存在“蔓延侵蚀链”等安全威胁；“舆情”变化引起的环境约束度高地区，容易存在“产文空心链”等安全威胁。

（4）分析“致灾空间影响范围内”是否存在“受灾空间”（人口密集区或重要基础设施区）；

（5）针对“救灾空间”进行相应的救助范围评估；

（6）以“救灾空间救助范围”为依据，进行“救灾空间关联性”分析（是否存在“强关联”，即替代可能性的大小）；

（7）以“救灾空间关联性”为依据，进行“救灾空间系统结构”特征识别；

（8）进行“致灾空间”、“受灾空间”和“救灾空间”整合叠加，划定灾害链空间单元。

以上八个步骤可以用图 5-5 表示。

3. 案例分析

本书以万州区赵家山水库 Q 分区控制性详细规划为例[①]（图 5-6），在原控规基础上进行“公共安全空间单元”规划研究，期望能给原规划提供具体借鉴[②]。

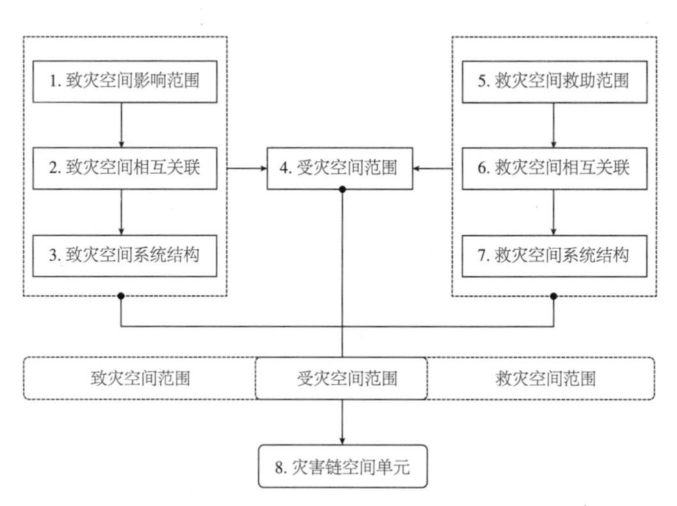

图 5-5　灾害链空间单元范围的划定流程图

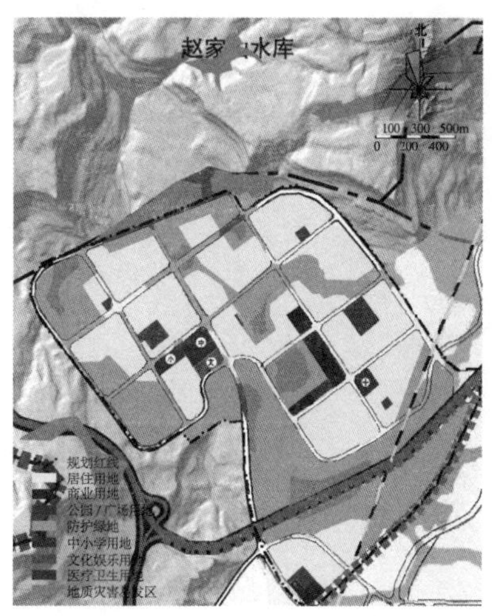

图 5-6　赵家山水库 Q 分区控制性详细规划（资料来源《万州区赵家山水库片区控制性详细规划》）

赵家山水库片区位于万州区西部，是三峡移民迁建的新区，中部有过境道路穿越，总规划红线面积约 323hm^2，整个场地呈现谷地状，中间低、两侧高，最大高差约 50m，平均坡度 25%（图 5-7、图 5-8）。整个场地地质灾害隐患比较突出，北部距离规划区红线边界约 1km 处有赵家山水库，历史上存在洪涝、崩塌、滑坡、泥石流等灾害（图 5-9），本书以“崩裂滑移链空间单元”为例进行说明[③]：

首先，确定规划管控目标。

① 此处借鉴了《万州区赵家山水库片区控制性详细规划》的相关成果。

② 鉴于原控规中道路网络和医疗机构受到城市整体功能的制约，论文在此略去了对道路网络和医疗机构的分析，仅对防灾避难场所进行分析和优化。

③ 此部分基础资料来源于《重庆市万州城市总体规划（2003—2020 年）》（2011 年修改）。

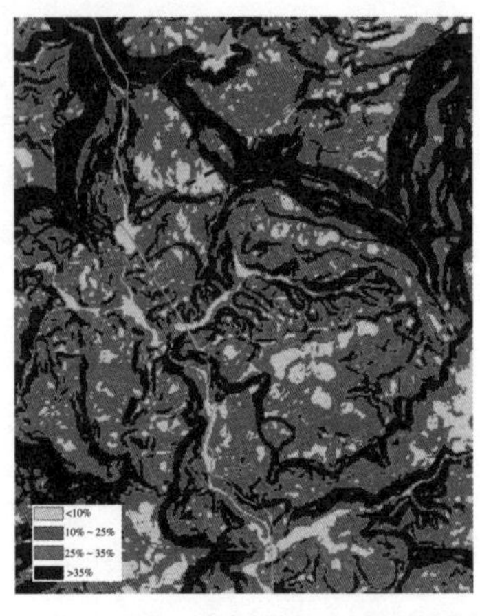

图 5-7 赵家山水库 Q 分区坡度分析

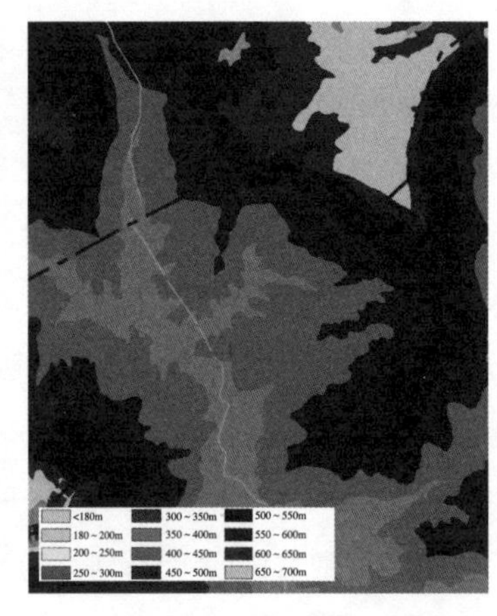

图 5-8 赵家山水库 Q 分区高程分析

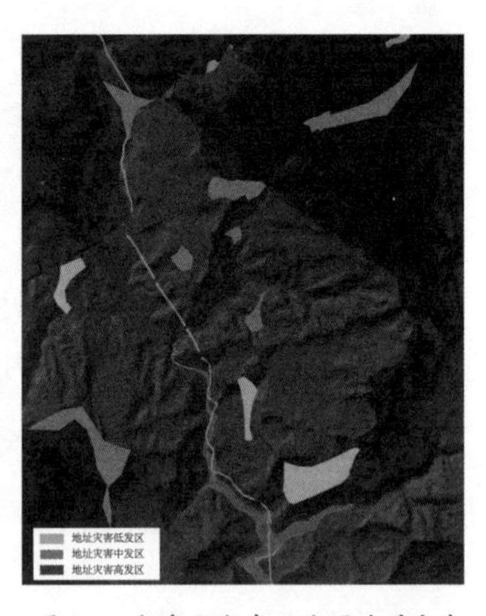

图 5-9 赵家山水库 Q 分区地质灾害评估图

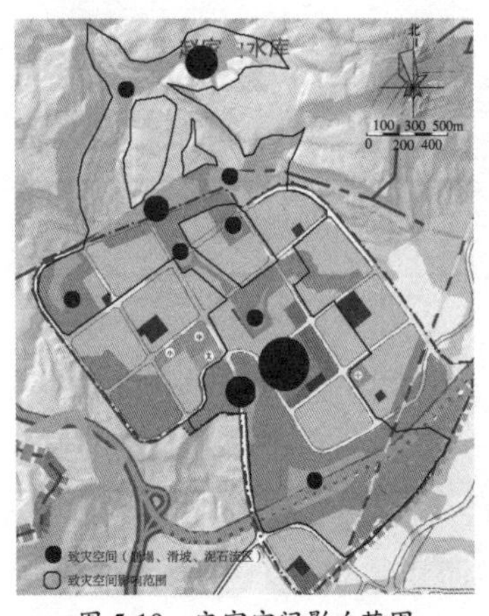

图 5-10 灾害空间影响范围

基于城市建设总体目标，此处按照中级目标（20 年）进行管控。

其次，预判灾害管控类型。

基于基础数据，参考历年数据统计资料（以 20 年灾害再现率为标准，洪涝 4 处、崩塌 3 处、滑坡 2 处、泥石流 2 处），初步判断存在“崩裂滑移链”的灾害隐患。

最后，划定灾害链空间单元。

（1）针对赵家山水库片区的“致灾空间”包括洪涝（4 处）、崩塌（3 处）、滑坡（2 处）、泥石流（2 处）易发区，按照中期目标控制，对各类灾害单独的空间影响范围进行评估（图 5-10），其灾害空间影响范围依据：规划红线外按照 425m 的原始等高线标高划定，规划红线内按照控制性详细规划 425m 的设计等高线标高划定；

（2）分析“致灾空间”（洪涝、崩塌、滑坡、泥石流易发区）在空间上是否存在“强关联”（相互触发可能性大）；

（3）按照“鲁棒性”特征结构对“致灾空间”进行系统结构识别，存在“崩裂滑移链”威胁，即灾害存在非线性放大的可能（图 5-11）；

（4）发现“致灾空间”影响的范围内存在人口密集的“受灾空间”（7 处）（图 5-12）；

（5）对相应的“救灾空间”（广场 3 处、微公园 5 处）救助范围进行评估（图 5-13）；

（6）分析“救灾空间”内是否存在“强关联”，可以看出之间的联系比较弱；

（7）按照“鲁棒性”特征结构对“救灾空间”进行系统结构的分析（图 5-14）；

（8）对“致灾空间”、“受灾空间”和“救灾空间”作整合，进行“灾害链空间单元”的提取（黑线范围）。需要说明的是，最后的边界结合了控制性详细规划的用地红线（图 5-15）。

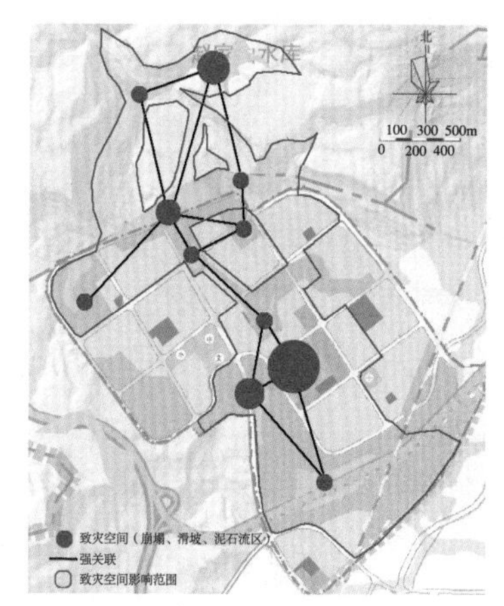

图 5-11　鲁棒性结构分析

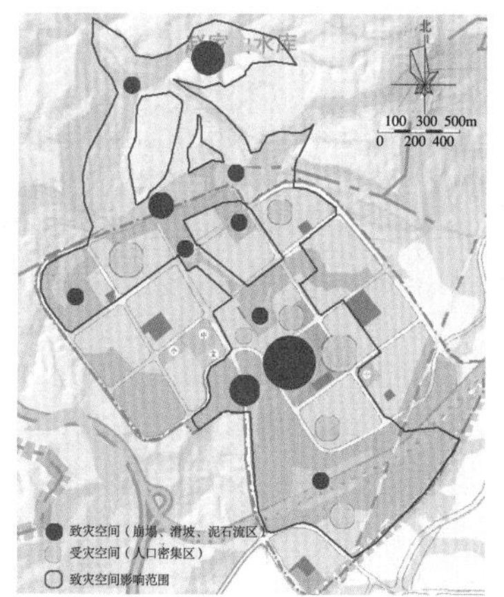

图 5-12　“受灾空间”分析

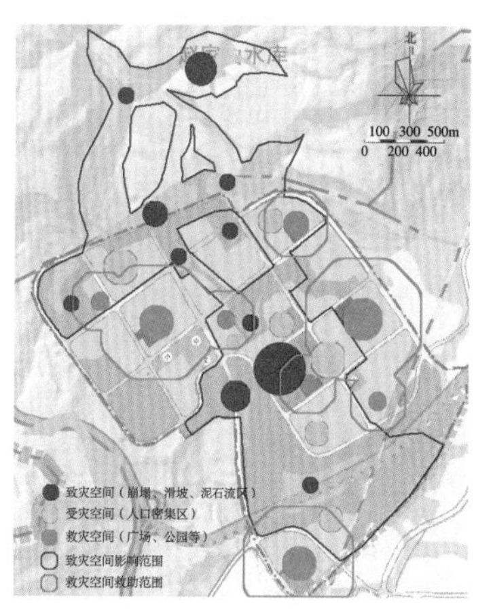

图 5-13　“救灾空间”救助范围评估

5.2.2 “公共安全空间单元”断链减灾

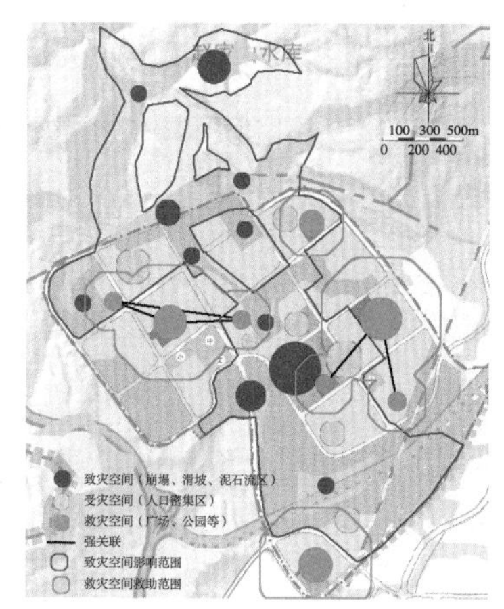

图 5-14　“救灾空间”结构分析

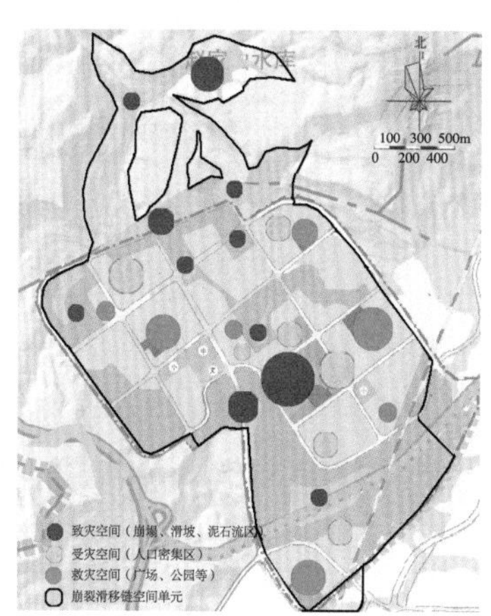

图 5-15　“灾害链空间单元”范围划定

1.“多预案”评估

“多预案”评估基于“动态演化机制”，同样的灾害在不同的环境条件下会诱发不同的灾变链接形式，灾害链发生的类型和破坏力是不能被完全预测的，但这并不意味着所有分析都失效，尽可能使公共安全系统处于可控状态，这也是“容灾性”研究的意义所在。

目前“多预案”评估已经在区域发展规划、景观生态规划等领域有所运用，主要是用于对未来各种可能性进行探索并寻求实现途径，其目的不是回答“将会发生什么”，而是考虑“如果这样、将会怎样”，在面临复杂性、不确定性问题时，“多预案”评估既能拓展思考的范围，又能收敛以抓住问题的关键。

“多预案”研究可以在不同的场景中模拟最可能发生的灾害链情景，将之进行破坏力的评估分析对比，选取风险（破坏力）最大的灾害链，对此进行有重点的管控。

假设“灾害链空间单元”中有 n 个灾害（$n \geqslant 1$），且之间存在强关联，考虑时间先后的因素，它们之间链发的可能性的穷举量为：

$$\text{穷举量：} P_n^1 + P_n^2 + P_n^3 + \cdots + P_n^{n-1} + P_n^n$$

在所有穷举量中，依据现实基本情况选取若干条灾害链进行风险评估，并对此进行灾害破坏力的对比，如当 n=15 时，灾害链的最大风险链接形式如图 5-16 所示。

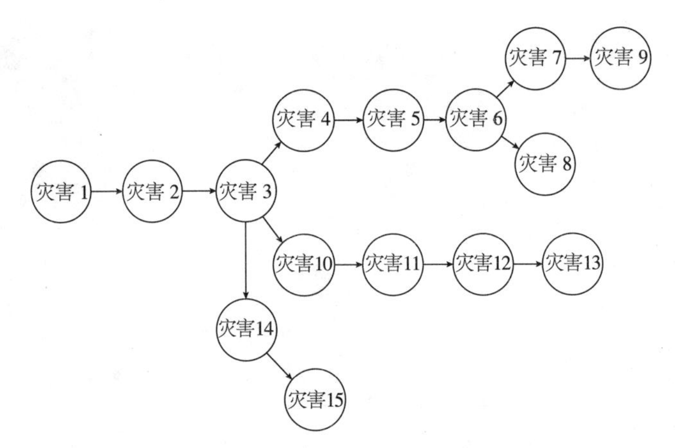

图 5-16　灾害链最大风险链接形式图

2. 空间单元的断链减灾

基于“结构鲁棒机制”，当“负结构”弱于“正结构”时，“公共安全空间单元”系统的“容灾性”强，公共安全处于有效管控状态。据此，“断链减灾”即利用鲁棒结构的脆弱性破坏“负结构”实现断链，具体包含三方面内容：选定管控要点、分析链接模式、确定断链策略、提取关键技术，具体来说：

首先，选定管控要点。

管控要点可以分为两个方面：对灾害自身的管控、对灾害之间的链接的管控。

对灾害自身的管控主要是指对“灾源”和“拐点”的管控。其中，“灾源”是指灾害链源头灾害，它是整个灾害链发的最根本的源头；“拐点”是指灾害链结构中的主要集散节点，它是整个灾害链破坏力扩大的主要因素。如图 5-17 所示，“灾害 1”为“灾源”；“灾害 3”和“灾害 6”为“拐点”。

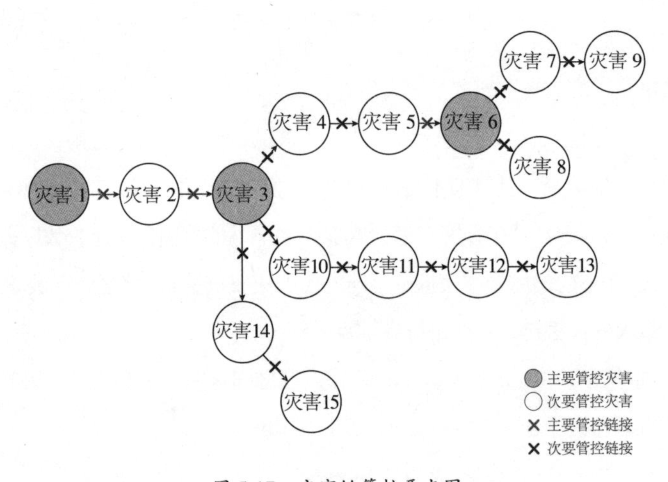

图 5-17　灾害链管控要点图

对灾害之间的链接的管控主要是指对于“灾源”和“拐点”之间的关联的管控。如图 5-17 所示，“灾害 1 →灾害 2”、“灾害 2 →灾害 3”、“灾害 5 →灾害 6”，是最主要的管控连接。

据此，对灾害链进行分级管控，即包括主要管控（刚性管控）和次要管控（弹性管控），如表 5-13 所示。

灾害链分级管控要点　　表 5-13

管控级别	管控对象	类型	举例
主要管控	灾害自身	主要灾害	灾害 1（灾源）、3（拐点）、6（拐点）
		次要灾害	灾害 2、4、5、7、8、9、10、11、12、13、14、15、16
次要管控	灾害之间的关联	强风险	灾害 1→2、2→3、5→6
		弱风险	灾害 3→4、4→5、6→7、7→9、6→8、3→10、10→11、11→12、12→13、3→14、14→15

其次，分析链接模式。

将最大风险灾害链进行“公共安全空间单元”要素解构，得出“a、b、c”三种类型（图 5-18）。

a：“致灾空间→受灾空间”链；

b：“致灾空间→致灾空间（*n*）→受灾空间”链；

c：“致灾空间→受灾空间（*n*）→受灾空间”链。

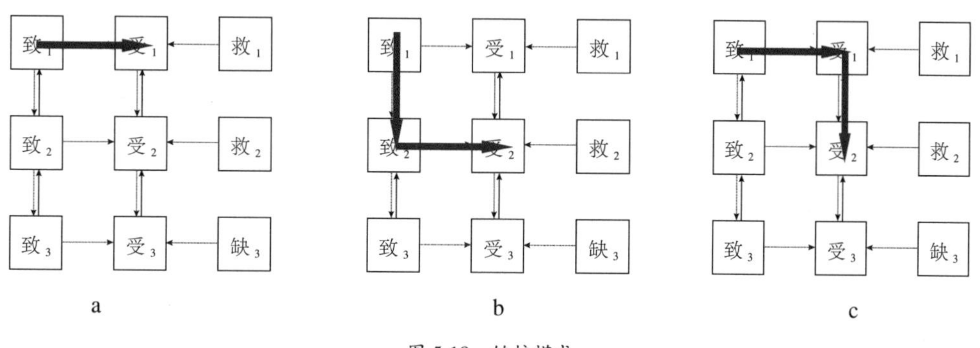

图 5-18　链接模式

需要说明的是，“*n*”代表链接的次数，且 $n \geqslant 1$。

进行链接模式的分析是实现灾害链管控的空间技术途径，是确定具体断链管控策略的基础。

再次，确定断链策略。

以链接模式的分析为基础，进行针对性的断链策略研究（图 5-19），主要包括：

a：“致灾空间→受灾空间”的断链；

b：“致灾空间→致灾空间（*n*）→受灾空间”的断链；

c：“致灾空间→受灾空间（*n*）→受灾空间”的断链。

需要说明的是，针对不同的“灾害链空间单元”其断链策略也不尽相同，本书梳理总结如下：

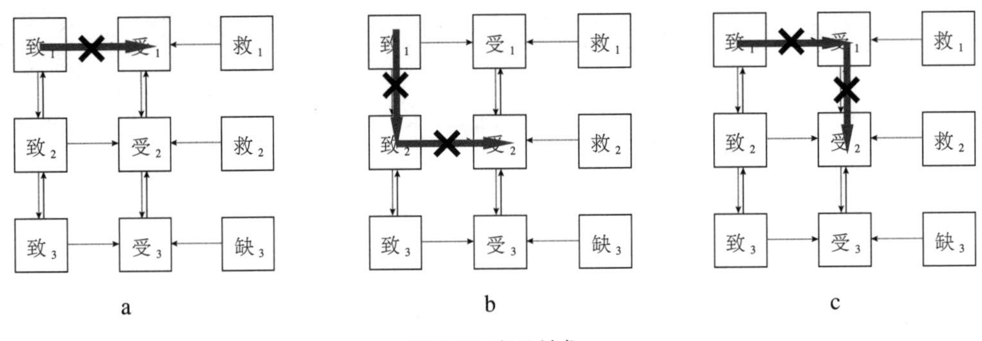

图 5-19 断链模式

（1）“崩裂滑移链空间单元”主要包含的灾害类型有：地震、崩塌、滑坡、洪涝、泥石流等，主要采用“a+b”断链策略，其对应的致灾空间、受灾空间及主要策略如表 5-14 所示。

“崩裂滑移链空间单元”断链管控策略 表 5-14

类别	致灾空间	受灾空间	典型灾害链
崩裂滑移链	地震、崩塌、滑坡、洪涝及泥石流易发区	人口密集区域或重要基础设施区域	地震—崩塌—滑坡—洪涝—泥石流
主要策略	监测、提高、分割	降低、提高、调整	

a：“致灾空间→受灾空间”的断链

对于“致灾空间”来说：包括“监测、提高”；

对于“受灾空间”来说：包括“降低、提高、调整”。

b：“致灾空间→致灾空间（n）→受灾空间”的断链

对于“致灾空间”来说：包括“监测、提高、分割”；

对于“受灾空间”来说：包括“降低、提高、调整”。

其中：

监测——对无法消除的灾害，只有通过监督和测定（如：地震）。

提高——对致灾空间来说，提高灾害易发区的工程设计及防护标准（如：崩塌、滑坡、洪涝、泥石流区）；对受灾空间来说，提高受灾区的规划设计标准（如：提高公共开敞空间数量、场地设计标高）。

分割——以适当的工程技术措施对致灾空间进行分割，减小相互的链发可能（如：在崩塌和滑坡区域之间增加隔离防护墙）。

降低——降低受灾空间规划指标（如：降低人口密集区、重要公共基础设施区的容积率、建筑密度）。

调整——调整受灾区域防护绿带的宽度（如：增加灾害隔离功能）。

（2）“蔓延侵蚀链空间单元”主要包含的灾害类型有：泄漏、爆炸、火灾、生命线工程灾害等，主要采用“a+b+c”断链策略，其对应的致灾空间、受灾空间及主要策略如表 5-15 所示。

“蔓延侵蚀链空间单元”断链管控策略 表 5-15

类别	致灾空间	受灾空间	典型灾害链
蔓延侵蚀链	危化工厂或仓储物流集散区	人口密集区域或重要基础设施区域	泄漏—爆炸—火灾—生命线工程灾害
主要策略	监测、提高、分割	降低、调整、分割	

a:“致灾空间→受灾空间”的断链

对于“致灾空间”来说:包括“监测、提高”;

对于“受灾空间”来说:包括“降低、调整”。

b:“致灾空间→致灾空间（n）→受灾空间”的断链

对于“致灾空间”来说:包括“监测、提高、分割”;

对于“受灾空间”来说:包括“降低、调整”。

c:“致灾空间→受灾空间（n）→受灾空间”的断链

对于“致灾空间”来说:包括“监测、提高”;

对于“受灾空间”来说:包括“降低、调整、分割”。

其中:

监测——对于无法消除的灾害，只有通过监督和测定（如:危化工生产和仓储）。

提高——提高致灾空间危险源的设计标准（如:危化品生产、仓储物流的设计标准）。

分割——对致灾空间来说，在不同的危险源之间增加隔离设施、进行分割，减小相互关联（如:危化品生产、仓储物流之间）;对受灾空间来说，在受灾区增加公共开敞空间、植入防火隔离空间（如:在人口密集区增加绿地、街巷等，化整为零进行单元分割）。

降低——降低受灾空间规划指标（如:降低人口密集区、重要公共基础设施区的容积率、建筑密度）。

调整——调整受灾区域防护绿带的宽度（如:增加灾害隔离功能）。

（3）“枝干流域链空间单元”要包含的灾害类型有:水系统污染、消落带污染、生态环境破坏等，主要采用“a +c”断链策略，其对应的致灾空间、受灾空间及主要策略如表 5-16 所示。

“枝干流域链空间单元”断链管控策略 表 5-16

类别	致灾空间	受灾空间	典型灾害链
枝干流域链	生产、生活污染（污水、垃圾）排放区	河流水体、消落带、滨水区	生产（生活）污水排放—水体污染—消落带污染—滨水区环境恶化—生态环境破坏
主要策略	监测、提高、转移	调整、增加、改变	

a:“致灾空间→受灾空间”的断链

对于“致灾空间”来说:包括“监测、提高、转移”;

对于“受灾空间”来说：包括“调整、增加”。

b：“致灾空间→受灾空间（n）→受灾空间”的断链

对于“致灾空间”来说：包括“监测、提高、转移”；

对于“受灾空间”来说：包括“调整、增加、改变”。

其中：

监测——对于无法消除的灾害，只有通过监督和测定（如：生活、生产污水）；

提高——提高灾害源的设计标准（如污水、垃圾处理设计标准）；

转移——在空间距离上避开影响范围（如：将不在流域单元内的污水点源排放转移到其他流域单元）；

调整——调整受灾区域功能及规划指标（如：调整滨水区土地开发位置的功能及规划指标）；

增加——增加受灾区生态防护功能（如：增加各类生态湿地系统）；

改变——在受灾区域改变灾害的属性，降低灾害的关联性（如：降低污染源之间二次污染的可能）。

最后，提取关键技术。

核心灾害（灾源＋拐点）在“致灾链”中起到至关重要的作用，其直接决定灾害系统对城市的威胁程度。针对核心灾害进行关键技术的提取，其意义不单单在于阻断核心灾害对受灾区的威胁（传统公共安全规划也注重），更重要的是阻断核心灾害对其他灾害的诱发，控制灾害蔓延。据此，以削弱“致灾链”对城市公共安全带来的直接威胁为目的，本书提出“断链减灾”的三条关键技术。

1）减小核心灾害（灾源＋拐点）的发生概率

任何灾害都有发生的概率，且很多灾害只能消减不能消除，针对灾害区别对待、分级管控是实现“断链减灾”的关键，在当前技术条件和经济水平制约下，着重减小核心灾害发生的概率对“致灾链”的控制十分关键。如：集中有限的资源，重点提高核心灾害的设计标准及防护措施来降低其发生的概率。

2）减小核心灾害（灾源＋拐点）与其他灾害的强度关联

核心灾害是制约“致灾链”长度、威胁广度的关键因素，当核心灾害不可避免地发生时，减小其外在的空间影响范围、降低与其他灾害的关联强度，是“断链减灾”的关键。如：在核心灾害与其他灾害之间增加隔离设施或空间距离。

3）减小核心灾害（灾源＋拐点）与其他灾害的因果关联

灾害之间必须有明确的因果诱导关系才能形成链发，通过“致灾链”系统分级结构性调整，减小核心灾害与其他灾害类型之间的因果诱发关系，可以起到“断链减灾”的效果。如：通过调整不同灾害之间的诱发条件，实现断链。

3. 案例分析

本书以万州区赵家山水库片区的“崩裂滑移链空间单元”断链管控为例进行说明①：

在进行断链管控之前，进行“多预案”评估是前提和基础。本书通过对洪涝（4处）、崩塌（3处）、滑坡（2处）、泥石流（2处）易发区的“多预案”情景穷举：

① 此部分基础资料来源于《重庆市万州城市总体规划（2003—2020年）》（2011年修改）。

$$穷举量: P_{11}^{\ 1} + P_{11}^{\ 2} + P_{11}^{\ 3} + \cdots + P_{11}^{\ 10} + P_{11}^{\ 11}$$

选出最大风险的 5 条灾害链进行受灾范围（强度）的对比分析（此处主要参考近 5 年灾害发生损坏范围估算，如表 5-17 所示）。

最大风险灾害链遴选对比分析　　**表 5-17**

类别	灾害链接方式	受灾范围（容积率相同）
灾害链一	灾害 1→2、2→3、3→5、5→6、1→10、10→11	20hm^2
灾害链二	灾害 1→2、2→3、3→4、3→5、5→6、1→10、10→11	25hm^2
灾害链三	灾害 1→2、2→3、3→4、3→5、5→6、6→7、7→8、7→9	30hm^2
灾害链四	灾害 1→2、2→3、3→5、5→6、6→7、7→8、1→10、10→11	40hm^2
灾害链五	灾害 1→2、2→3、3→4、3→5、5→6、6→7、7→8、7→9、1→10、10→11	45hm^2

评估出灾害链五即：“灾害 1→2、2→3、3→4、3→5、5→6、6→7、7→8、7→9、1→10、10→11”为受灾范围最大、破坏力最强的灾害链（图 5-20），在此基础上，进行断链管控：

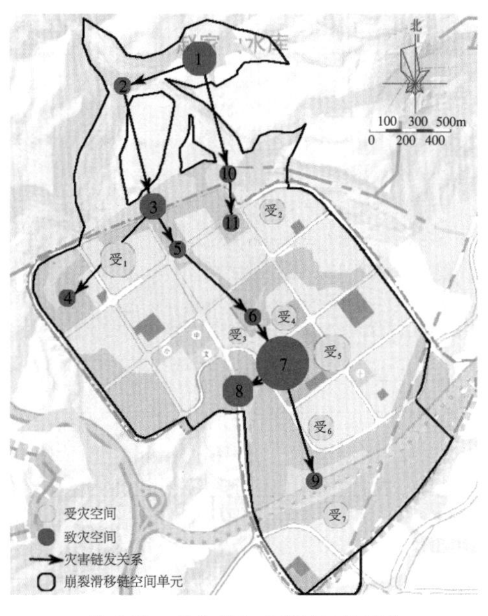

图 5-20　最大风险灾害链链接模式

首先，选定管控要点。

通过对管控要点的分析，分为主要管控（刚性管控）和次要管控（弹性管控），如表 5-18 所示。

管控要点分析 **表 5-18**

<table>
<tr><th>管控级别</th><th>管控对象</th><th>类型</th><th>举例</th></tr>
<tr><td rowspan="2">主要管控</td><td rowspan="2">灾害自身</td><td>主要灾害</td><td>灾害 1（灾源）、3（拐点）、7（拐点）</td></tr>
<tr><td>次要灾害</td><td>灾害 2、4、5、6、8、9、10、11</td></tr>
<tr><td rowspan="2">次要管控</td><td rowspan="2">灾害之间的关联</td><td>强风险</td><td>灾害 1→2、1→10、2→3、6→7</td></tr>
<tr><td>弱风险</td><td>灾害 3→4、3→5、5→6、7→8、7→9、10→11</td></tr>
</table>

其次，分析链接模式。

依据“a、b、c”链接三种类型的链接模式即：

a:“致灾空间→受灾空间”链；

b:“致灾空间→致灾空间（*n*）→受灾空间”链；

c:“致灾空间→受灾空间（*n*）→受灾空间”链。

分析出每一种链接模式对应的具体链接方式及重点管控类型，如表 5-19 所示：

链接方式及重点管控类型 **表 5-19**

<table>
<tr><th>连接模式</th><th>具体链接方式</th><th>重点管控链接（断链）</th></tr>
<tr><td>a</td><td>无</td><td rowspan="3">1→2
2→3
3→受$_1$
1→10
6→7
7→受$_5$
7→受$_6$</td></tr>
<tr><td>b</td><td>链：1→2→3→受$_1$
链：1→10→11→受$_2$
链：1→2→3→5→6→受$_3$
链：1→2→3→5→6→受$_4$
链：1→2→3→5→6→7→受$_5$
链：1→2→3→5→6→7→受$_6$
链：1→2→3→5→6→7→9→受$_7$</td></tr>
<tr><td>c</td><td>无</td></tr>
</table>

最后，确定断链策略。

以 b 类连接模式的分析为基础，进行断链策略研究，即：进行“致灾空间→致灾空间（*n*）→受灾空间”的断链研究。

主要包含的灾害类型有：洪涝、崩塌、滑坡、泥石流，其对应的致灾空间、受灾空间及主要策略如表 5-20、图 5-21 所示：

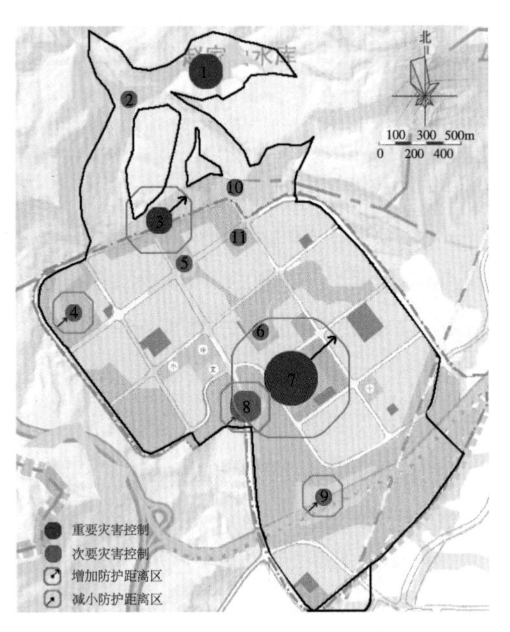

图 5-21 “致灾空间”防护距离调整示意

管控方法及具体断链策略　　表 5-20

<table>
<tr><th>重点管控链接（断链）</th><th>管控方法</th><th>灾害类型</th><th>具体规划策略</th></tr>
<tr><td>1→2</td><td>监测、提高</td><td>洪涝</td><td rowspan="4">（1）突破红线：突破城市规划区（规划用地红线）进行针对性、系统性的研究管控，如“灾害 1、2、3、10”都不在规划用地红线外；
（2）分级管控：对灾害类型分级管控（重要级别、次要级别），对“核心灾害 1、3、7”进行重要管控。强制性提高“灾害 1”（灾源）护岸设计标高、加固护堤，在雨季要加强监控；强制性提高“灾害 3”（拐点）设计标准、加固防护措施；强制性提高“灾害 7”（拐点）设计标准、加固防护措施；对“灾害 2、4、5、6、8、9、10、11”进行次要管控；
（3）调整防护距离：调整灾害易发区与城市建设用地的防护距离，如强制性增加“灾害 3、7”（拐点）与城市建设用地之间的防护距离，适当减少“灾害 4、8、9”与城市建设用地之间的防护距离</td></tr>
<tr><td>2→3
3→受$_{1}$</td><td>分割、降低、调整、提高</td><td>洪涝、崩塌、滑坡</td></tr>
<tr><td>1→10</td><td>提高、降低、调整</td><td>洪涝、滑坡、泥石流</td></tr>
<tr><td>6→7
7→受$_{5}$
7→受$_{6}$</td><td>改变、转移、防护</td><td>泥石流</td></tr>
</table>

最后，运用关键技术。

灾害 1、3、7 是核心管控要点，在崩裂滑移链中起到至关重要的作用，针对核心灾害具体关键技术包括：针对灾害链源头 1，强制性提高设计标准，调整原护岸设计标高至 450m，加固护堤，在雨季加强监控（安装视频监控设施）；针对灾害链拐点 3，强制性提高设计标准，加固防护措施，增加防护绿带宽度；针对灾害链拐点 7，强制性提高设计标准，加固防护措施，增加防护绿带宽度。

5.2.3 “公共安全空间单元”成链救助

1）“多角度”辨析

基于“动态演化机制”，灾害会不断地发生变化，“公共安全空间单元”应当具有足够对应各种灾害突变的能力，灾害不仅能对受灾点造成威胁，也可能对救助设施造成威胁。“多角度”辨析主要包含两层意思：（1）保证救灾设施对受灾点救助范围上的满覆盖；（2）当某些救灾点受损坏时，救灾系统能够及时启动备用功能，确保救灾体系不瘫痪，降低城市公共安全的间接损失。

2）空间单元的成链救助

基于“结构鲁棒机制”，当“正结构”强于（或等于）“负结构”时，“公共安全空间单元”处于有效管控状态。据此，“成链救助”即利鲁棒结构的容灾性构建“正结构”实现成链，具体包含以下几方面内容：选定救助要点、分析救助模式、确定成链策略、提炼关键技术，具体来说：

首先，选定救助要点。

救助要点可以分为“主要灾害类型”的救助和对“次要灾害类型”的救助。如图 5-22，表 5-21 所示。

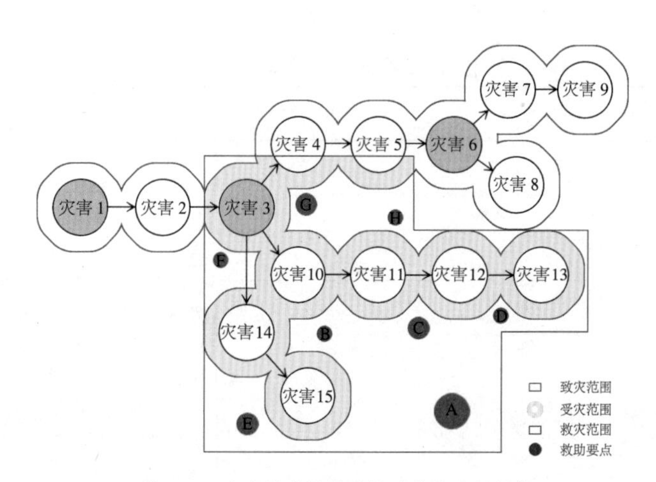

图 5-22　灾害链空间单元救助要点空间解析

灾害链空间单元救助具体类型　　表 5-21

救助级别	灾害类型	救助要点
主要	灾害 3	F、G、B
次要	灾害 10、11、12、13、14、15	A、C、D、E、F、H

其次，分析救助模式。

将最大风险灾害链进行“公共安全空间单元”要素解构，得出“a′、b′”两种类型（如图 5-23）。

a′：“救灾空间→受灾空间”的成链；

b′：“救灾空间→救灾空间（n）→受灾空间”的成链。

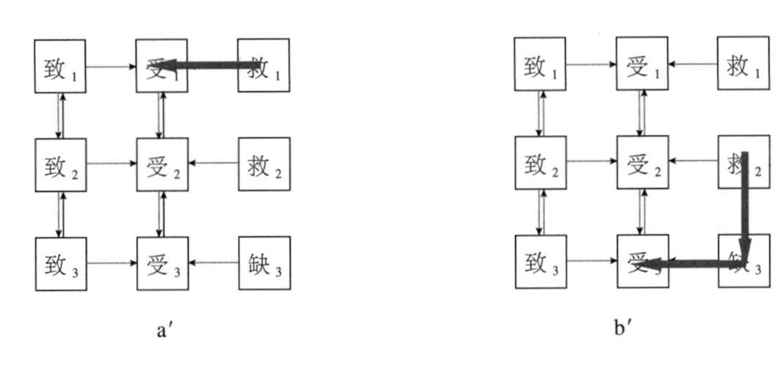

图 5-23　成链救助模式

需要说明的是，“n”代表链接的次数，且 $n \geqslant 1$。

进行连接模式的分析是实现救助管控的空间技术途径，是确定成链策略的基础。

再次，确定成链策略。

以连接模式的分析为基础，进行针对性的断链策略研究，主要包括：

a′：“救灾空间→受灾空间”的成链；

b′：“救灾空间→救灾空间（n）→受灾空间”的成链。

需要说明的是，针对不同的“灾害链空间单元”，其成链策略也不尽相同，本书梳理总结如下：

（1）“崩裂滑移链空间单元”主要包含的灾害类型有：地震、崩塌、洪涝、滑坡、水土流失、泥石流等，主要采用“a′+b′”成链策略，其对应的受灾空间、救灾空间及主要策略如表 5-22 所示：

“崩裂滑移链空间单元”成链救助策略　　表 5-22

类别	受灾空间	救灾空间	典型灾害链
崩裂滑移链	人口密集区域或重要基础设施区域	街道、公园、广场、绿地等避难场所、物资场所及医疗机构	地震—崩塌—滑坡—洪涝—泥石流
主要策略	降低、提高、调整	调整、补充、增加	

a′：“救灾空间→受灾空间”的成链。

对于“受灾空间”来说：包括“降低、提高、调整”；

对于“救灾空间”来说：包括“调整、补充”。

b′：“救灾空间→救灾空间（n）→受灾空间”的成链

对于“受灾空间”来说：包括“降低、提高、调整”；

对于“救灾空间”来说：包括“调整、补充、增加”。

其中：

降低——降低受灾空间规划指标（如：降低人口密集区和重要公共基础设施区的容积率、建筑密度）；

提高——提高受灾区的规划设计标准（如：提高公共开敞空间数量、场地设计标高）；

调整——对受灾空间来说，调整受灾区域防护绿带的宽度（如：增加灾害隔离功能），对救灾空间来说，调整各类救灾设施的规划布局（如：避难场所、物资场所、医疗机构的规模和数量）；

补充——补充缺失的救灾物资和功能空间（如：补充应急水源和防灾避难空间）；

增加——增加救助空间救助功能的复合性（如：增加道路网络的临时避难功能）。

（2）“蔓延侵蚀链空间单元”要包含的灾害类型有：火灾、泄漏、爆炸、生命线工程灾害等，主要采用“a′+b′”成链策略，其对应的受灾空间、救灾空间及主要策略如表 5-23 所示：

“蔓延侵蚀链空间单元”成链救助策略 表 5-23

类别	受灾空间	救灾空间	典型灾害链
蔓延侵蚀链	人口密集区域或重要基础设施区域	道路网络、物资场所及消防机构	泄漏—爆炸—火灾—生命线工程灾害
主要策略	降低、调整、分割	调整、补充、增加	

a′:“救灾空间→受灾空间”的成链

对于“受灾空间”来说：包括“降低、调整、分割”；

对于“救灾空间”来说：包括“调整、补充”。

b′:“救灾空间→救灾空间（n）→受灾空间”的成链

对于“受灾空间”来说：包括“降低、调整、分割”；

对于“救灾空间”来说：包括“调整、补充、增加”。

其中：

降低——降低受灾空间规划指标（如：降低人口密集区、重要公共基础设施区的容积率、建筑密度）；

调整——对受灾空间来说，调整受灾区域防护绿带的宽度（如：增加灾害隔离功能）；对救灾空间来说，调整救灾设施的规划布局（如：消防机构、物资场所、医疗机构的规模和数量）；

分割——在受灾区增加公共开敞空间、植入防火隔离空间（如：在人口密集区增加绿地、街巷等，化整为零进行单元分割）；

补充——补充缺失的救灾物资和功能空间（如：补充应急水源和防灾避难空间）；

增加——增加救助空间救助功能的复合性（如：增加道路网络的临时避难功能）。

（3）“枝干流域链空间单元”要包含的灾害类型有：水系统污染、消落带污染、生态环境破坏等，主要采用“a′+b′”成链策略，其对应的受灾空间、救灾空间及主要策略如表 5-24 所示：

“枝干流域链空间单元”成链救助策略 表 5-24

类别	受灾空间	救灾空间	典型灾害链
枝干流域链	河流水体、消落带、滨水区	污水处理、垃圾处理及生态绿地等基础设施用地	生产（生活）污水排放—水体污染—消落带污染—滨水区环境恶化—生态环境破坏
主要策略	调整、增加、改变	增加、打通	

a′:“救灾空间→受灾空间”的成链

对于“受灾空间”来说：包括“调整、增加、改变”；

对于“救灾空间”来说：包括“增加”。

b′:“救灾空间→救灾空间（*n*）→受灾空间”的成链

对于“受灾空间 ”来说：包括“调整、增加、改变”；

对于“救灾空间”来说：包括“增加、打通”。

其中：

调整——调整受灾区域功能及规划指标（如：调整滨水区土地开发位置的功能及规划指标）；

增加——对于受灾空间来说，增加受灾区生态防护功能（如：增加各类生态湿地系统），对于救灾空间来说，增加污水处理能力（如：减小点源排放污染），增加生态基础设施（如：减小径流排放污染）；

改变——在受灾区域改变灾害的属性，降低灾害的关联性（如：降低污染源之间二次污染可能）；

打通——打通生态廊道，提高区域生态涵养功能（如：打通大面积生态斑块之间的廊道）。

最后，提炼关键技术。

核心（枢纽）救灾设施在“救灾链”中起到至关重要的作用，其直接决定救助系统对城市的救助效率。针对核心救助设施进行关键技术的提取，其意义不单单在于强化核心救助设施对受灾区的直接救助（传统公共安全规划也注重），更重要的是当其他救助设施失效时，核心救助设施能第一时间启动备用设施及时救助，控制灾害蔓延。据此，以提升“救灾链”救助效率为目的（降低间接威胁），本书提出“成链救助”的三条关键技术：

（1）增加核心（枢纽）救助设施的功能复合性。

针对特定灾害链的威胁，在核心救助设施点增加多种救助功能，在其他救助设施失效时，即时紧急备用。如：在空间上增加多用途的救助设施用地，在时间上增加救助设施的弹性使用。

（2）增加核心（枢纽）救助设施备用功能的时效性。

将核心救助设施布局在主要交通干道体系内，在启动备用救助实施时实现救助功能的便捷性和时效性。如：某个救助设施受损时，核心救助设施能第一时间启动备用功能进行救助。

（3）增加核心（枢纽）救助设施的安全指数。

针对特定灾害链的威胁，绝对避免核心救助设施处于高风险的受灾区。如：发生严重的灾害时，确保核心救助设施免受灾害的破坏。

3）案例分析

本书以万州区赵家山水库片区的“崩裂滑移链空间单元”成链救助为例进行说明[①]：

首先，选定救助要点。

救助要点可以分为对“主要灾害类型”的救助和对“次要灾害类型”的救助（如图5-24、表5-25）。

① 此部分基础资料来源于《重庆市万州城市总体规划（2003—2020年）》（2011年修改）。

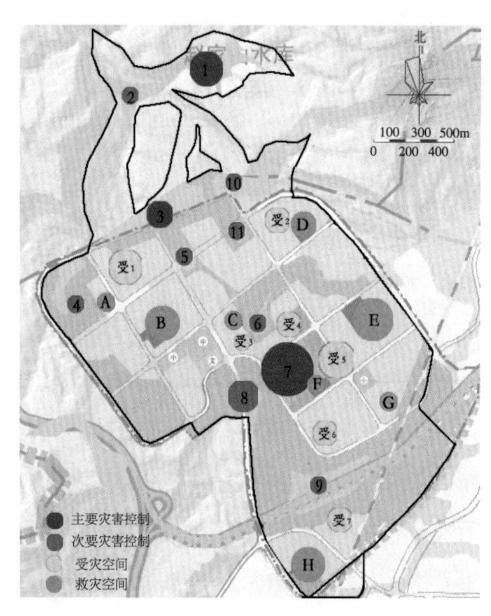

图 5-24 救助要点空间布局

救助要点基本类型 表 5-25

救助级别	灾害类型	救助要点
主要	灾害 1、3、7	B、E、H
次要	灾害 2、4、5、6、8、9、10、11	A、C、F、D、G

其次，分析救助模式。

依据“a′、b′”链接两种类型的连接模式即：

a′——“救灾空间→受灾空间”的成链；

b′——“救灾空间→救灾空间（n）→受灾空间”的成链。

分析出每一种链接模式对应的具体链接方式及重点管控类型，如表 5-26：

链接方式及管控类型 表 5-26

连接模式	已有链接方式	缺失链接方式
a′	链：A→受$_1$；链：B→受$_1$；链：C→受$_3$； 链：E→受$_5$；链：F→受$_5$；链：D→受$_2$； 链：H→受$_7$	缺失对受$_4$、受$_6$的救助
b′	链：C→B→A→受$_1$； 链：A→B→C→受$_3$； 链：G→E→受$_5$	

最后，确定成链策略。

以“a′、b′”两类链接模式的分析为基础，进行成链策略研究。

主要包含的灾害类型有：洪涝、崩塌、滑坡、泥石流，其对应的致灾空间、受灾空间及主要策略如表 5-27、图 5-25 所示：

管控方法及具体成链策略　　表 5-27

增加链接方式（鉴于篇幅限制，此处略去 b′ 链接模式）		管控方法	灾害类型	具体规划策略（鉴于控规道路系统的刚性功能需求，规划研究未涉及对其调整）
针对受$_4$的链接	链：C →受$_4$； 链：E →受$_4$； 链：E_2 →受$_4$； 链：F →受$_4$；	调整、补充、增加、提高	洪涝、崩塌、滑坡、泥石流	（1）化整为零：因形就势、避免大开大挖，将原有大面积单一救助空间转化为满足实际救助功能的小面积多样性救助空间。将救助 B（枢纽）划分为 B+B_1、将救助 E（枢纽）划分为 E+E_1+E_2、将救助 H（枢纽）划分为 H+H_1； （2）由内到外：借助城市主要交通应急通道，将原有住区内部公共空间转移到临近城市主干道位置，增加救助空间之间的关联度，增强互助功能，将救助 B、E、D（枢纽）转移至临近城市主干道位置； （3）功能复合：根据具体灾害类型，分时而异、因地而异，强化单一救助空间多功能复合性，加大空间的使用效率。增加救助 B（枢纽）防洪功能蓄水功能、物资储备功能，增加救助 E（枢纽）物资储备功能，增加救助 H（枢纽）物资储备功能。 （4）调整标高：调整救助 B、E、H（枢纽）的设计标高大于 425m，确保灾害发生时，救灾体系功能不瘫痪
针对受$_6$的链接	链：F →受$_6$； 链：F_1 →受$_6$；	调整、补充、增加	洪涝、崩塌、滑坡	

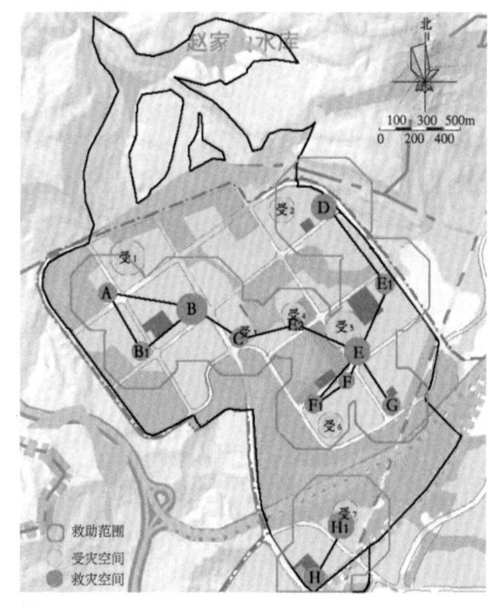

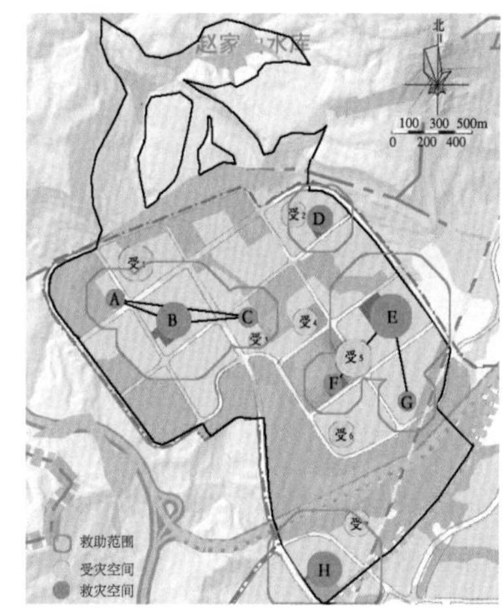

图 5-25　成链救助前后救灾空间结构对比（左为前、右为后）

最后，运用关键技术。

B、E、H 是核心救助枢纽，在救灾链中起到至关重要的作用，针对核心救助枢纽具体关键技术包括：

针对救灾链枢纽 B，将其划分为 B+B_1，强制性增设防洪蓄水功能、物资储备功能及临时避难物资储备设施，增加交通可达性，提高设计标高至 425m；针对救灾链枢纽 E，将其划分为 E+E1+E_2，增设临时避难物资储备设施，增加交通可达性，提高设计标准，设计标高提高到 425m；针对救灾链枢纽 H，将其划分为 H+H_1，强制性增加临时避难物资储备功能，增加交通可达性。

综合以上三部分的研究，本书对现有赵家山片区控规进行优化调整（鉴于道路功能的刚性需要，未涉及对道路系统的调整），主要内容包括五个方面（图 5-26）：

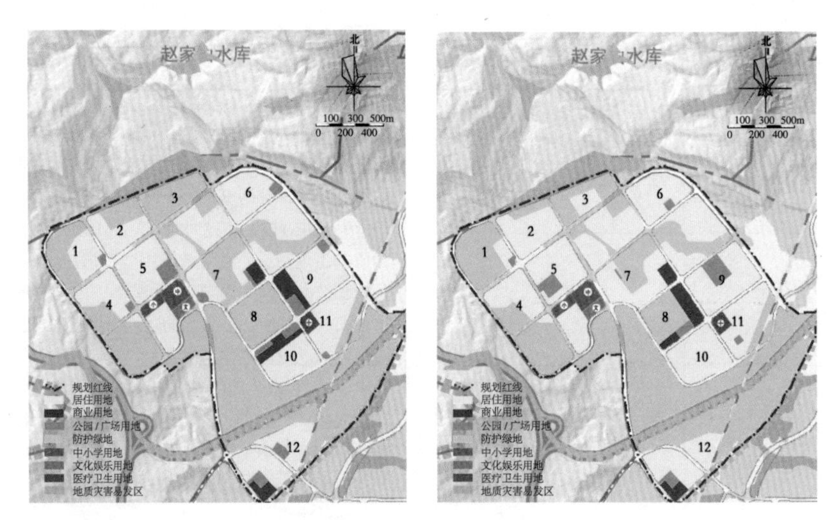

图 5-26 规划优化前后调整内容对比（左为前、右为后）

（1）防护绿地的宽度。

对灾害进行分级控制，调整防护绿带宽度，可最大限度地提高城市土地的使用效率。如：减小受次要灾害影响的 1、12 地块内部防护绿地的宽度；增加受主要灾害影响的 2、3、7、8 地块的防护绿地宽度。

（2）地块开发强度。

依据灾害破坏潜在力，调整开发地块容积率，可最大限度地减小灾害对城市的综合破坏。如：减小受主要灾害影响的 2、7 地块内部居住用地的容积率；增加受次要灾害影响的 1、12 地块内部居住用地的容积率。

（3）地块使用功能。

依据灾害破坏力的大小，调整开发地块的使用功能，可最大限度地减小灾害对城市的综合破坏。如：增加 4、12 地块广场及公共绿地；改变 3、8 地块居住用地、商业用地为防护绿地。

（4）防灾避难空间布局。

依据受灾空间的救助范围，调整广场、绿地等防灾避难空间的布局，最大限度地提高城市防灾应急避难能力。如：化整为零、因形就势，将原有大面积的救助空间转化为满足实际救助功能的小面积多样性救助空间（如 5、9 地块）；借助城市主要交通应急通道，将原有住区内部公共空间转移到临近城市主干道位置，增加救助空间之间的关联度，增强互助功能（如 5、6、9、2 地块）；分时而异、因地而异，强化单一救助空间多功能复合性，加大空间的使用效率（如增加 5、9 地块雨季的实际防洪功能以及旱季的蓄水功能）。

（5）场地的竖向标高。

依据不同灾害的致灾特点，适当调整优化场地的竖向标高，使城市更能应对灾害。如:增加 1、6、7、9、10、11、12 地块的竖向标高（包括广场、绿地、道路等用于防灾避难功能的区域），使其高于灾害破坏侵蚀的最大标高 425m。

具体调整细节见表 5-28 所示：

规划优化前后具体调整说明　　**表 5-28**

编号	原控规（性质）	优化控规（性质）	优化具体说明
1	G2+R2+G1	G2+R2+ G1	（1）减小 G2 规模，增加 R2 规模； （2）调整 G1 竖向设计标高高于 425m； （3）适当增加 R2 容积率
2	G2+R2	G2+R2	（1）增加 G2 规模，减小 R2 规模； （2）适当减小 R2 容积率
3	G2+R2	G2	增加 G2 规模，去掉 R2
4	G2+R2	G2+R2+ S2	（1）减小 R2 规模； （2）在临近主要道路岔口增加 S2
5	R2+ S2	R2+ S2	（1）减小 S2 规模； （2）调整 S2 位置至主临近要道路交叉口
6	R2+ S2	R2+ S2	（1）调整 S2 位置至主临近要道路交叉口； （2）调整 S2 竖向设计标高高于 425m
7	G2+R2+ G1+ B1	G2+R2+ G1+ B1	（1）增加 G2 规模，减小 R2 规模； （2）在临近主要道路叉口增加 G1； （3）调整 G1 竖向设计标高高于 425m； （4）适当减小 R2 容积率
8	G2+ G1+ B1	G2	（1）去掉 G1、B1； （2）增加 G2
9	R2+ S2	R2+ S2+ B1	（1）调整 S2 位置至主临近要道路交叉口； （2）增加 B1； （3）调整 S2 竖向设计标高高于 425m
10	R2	R2+ S2+ B1	（1）临近主要道路交叉口增加 S2； （2）增加 B1； （3）调整 S1 竖向设计标高高于 425m
11	R2+ S2	R2+ S2	（1）调整 S2 位置至主临近要道路交叉口； （2）调整 S2 竖向设计标高高于 425m
12	G2+R2	G2+R2+ G1	（1）增加 G2； （2）调整 G1 竖向设计标高高于 425m； （3）适当增加 R2 容积率

以上分析是将“公共安全空间单元”规划作为控制性详细规划的辅助研究进行，如果进行单独编制，则需要分类、分级进行管控。一般来说，对要素的管控分为“刚性管控”和“弹性管控”，“刚性管控”针对核心节点，“弹性管控”针对一般节点，具体依照以下三条原则：

（1）“致灾空间”的刚性管控对象为“灾害源和灾害链拐点”所在区域，弹性管控对象为“一般灾害”所在区域；

（2）“受灾空间”的刚性管控对象为“灾害源和灾害拐点”的影响区域，弹性管控的对象为“一般灾害”的影响区域；

（3）“救灾空间”的刚性管控对象为“核心救灾节点”区域，弹性管控对象为“一般救灾节点”区（需要说明的是，若救灾节点在灾害的影响区，则管控标准要适当提高）如表 5-29 所示。

“公共安全空间单元”三要素管控标准 **表 5-29**

<table>
<tr><th>管控类型</th><th>致灾空间</th><th>受灾空间</th><th>救灾空间</th></tr>
<tr><td rowspan="2">刚性管控</td><td rowspan="2">“灾害源∪灾害链拐点”所在区域</td><td rowspan="2">“灾害源∪灾害拐点”影响区域</td><td>“核心救灾节点∩受灾影响”区域（管控标准更高）</td></tr>
<tr><td>“核心救灾节点”区域</td></tr>
<tr><td rowspan="2">弹性管控</td><td rowspan="2">“一般灾害”所在区域</td><td rowspan="2">“一般灾害”影响区域</td><td>“一般救灾节点∩受灾影响”区域（管控标准更高）</td></tr>
<tr><td>“一般救灾节点域”区域</td></tr>
</table>

以赵家山水库片区为例，则成果可表达为“1 图 +1 表”（用地编码图 + 指标控制一览表）如图 5-27、表 5-30：

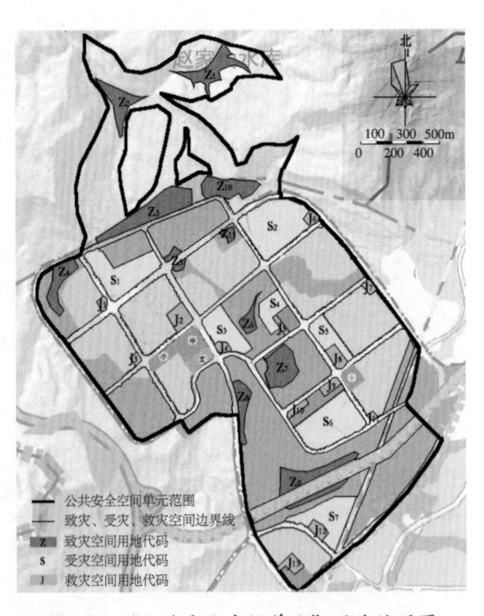

图 5-27 “公共安全空间单元”用地编码图

“公共安全空间单元”指标控制一览表　表 5-30

类别	用地代码	类型	用地面积	管控标准	具体措施
致灾空间	Z_1 灾源	洪涝	$3.6hm^2$	刚性管控	作为灾害链源头，强制性提高设计标准，调整原护岸设计标高至 450m，加固护堤，在雨季加强监控（安装视频监控设施），降低灾害发生的概率
	Z_2	洪涝	$2.3hm^2$	弹性管控	适当加固护堤，雨季要加强监控
	Z_3 拐点	滑坡	$4.4hm^2$	刚性管控	作为灾害链拐点，强制性提高设计标准，加固防护措施，增加防护绿带宽度，降低灾害发生的概率
	Z_4	洪涝	$2.6hm^2$	弹性管控	适当加固护堤、雨季要加强监控，适当减小防护绿带宽度
	Z_5	崩塌	$1.5hm^2$	弹性管控	适当加固防护措施
	Z_6	崩塌	$1.1hm^2$	弹性管控	适当加固防护措施、适当增加与 Z7 之间防护绿带宽度
	Z_7 拐点	滑坡	$4.1hm^2$	刚性管控	作为灾害链拐点，强制性提高设计标准，加固防护措施，增加防护绿带宽度，降低灾害发生的概率
	Z_8	泥石流	$2.2hm^2$	弹性管控	适当增加植被覆盖、采取人工加固
	Z_9	泥石流	$4.2hm^2$	弹性管控	适当增加植被覆盖、采取人工加固，适当减小防护绿带宽度
	Z_{10}	洪涝	$3.3hm^2$	弹性管控	适当加固护堤，在雨季要加强监控
	Z_{11}	崩塌	$0.91hm^2$	弹性管控	适当加固防护措施
受灾空间	S_1	居住	$8.5hm^2$	刚性管控	由于处在“Z_3”影响区，强制性增加防护绿带宽度，提高设防标准，降低建筑密度及容积率
	S_2	居住	$9.1hm^2$	弹性管控	由于处在“Z_{10}、Z_{11}”影响区，适当提高抗洪、抗震设防标准，适当控制建筑密度和容积率
	S_3	居住	$3.6hm^2$	弹性管控	由于处在“Z_6、Z_7”影响区，适当提高抗震设防标准，提高设防标准，适当控制建筑密度和容积率
	S_4	居住	$2.8hm^2$	刚性管控	由于处在“Z_7”影响区，强制性提高设防标准，降低建筑密度及容积率
	S_5	商业	$4.8hm^2$	刚性管控	由于处在“Z_7”影响区，强制性增加防护绿带宽度，提高设防标准，增加人口疏散通道，严格控制建筑密度及容积率
	S_6	居住	$8.2hm^2$	弹性管控	由于处在“Z_9”影响区，针对泥石流适当提高设防标准，适当控制建筑密度和容积率
	S_7	居住	$6.9hm^2$	弹性管控	由于处在“Z_9”影响区，针对泥石流适当提高设防标准，适当控制建筑密度和容积率
救灾空间	J_1	街头绿地	$0.78hm^2$	弹性管控	适当增加紧急使用时的救助功能，设计标高提高到 425m
	J_2 枢纽	市民广场	$1.45hm^2$	刚性管控	作为救灾链枢纽，强制性增设防洪蓄水功能、物资储备功能及临时避难物资储备设施，增加交通可达性，提高设计标高至 425m

续表

类别	用地代码	类型	用地面积	管控标准	具体措施
救灾空间	J_3	街头绿地	0.64hm²	弹性管控	适当增加紧急使用时的救助功能
	J_4	街头公园	0.77hm²	弹性管控	由于临近区域核心救助空间“J_2”，适当增加紧急使用时的救助功能，增加交通可达性
	J_5	休闲绿地	0.76hm²	弹性管控	由于临近区域核心救助空间“J_8”，并处在商业集聚区，适当增加交通可达性，增加紧急使用时的救助功能
	J_6	街头广场	0.80hm²	弹性管控	由于临近“Z_{10}”，适当增加洪涝灾害发生时的紧急救助功能
	J_7	街头广场	0.82hm²	弹性管控	适当增加紧急使用时的救助功能
	J_8 枢纽	市民公园	1.32hm²	刚性管控	作为救灾链枢纽，且临近“Z_{10}”，处在商业集聚区，增设临时避难物资储备设施，增加交通可达性，提高设计标准，设计标高提高到 425m
	J_9	街头公园	0.95hm²	弹性管控	由于临近区域核心救助空间“J_8”由于临近“Z_{10}”，并处在商业集聚区，适当增加交通可达性
	J_{10}	街头绿地	0.79hm²	弹性管控	由于临近“Z_7”，适当增加滑坡灾害发生时的紧急救助功能
	J_{11}	街头绿地	0.66hm²	弹性管控	由于临近“Z_9”，适当增加泥石流灾害发生时的紧急救助功能
	J_{12}	街头广场	0.12hm²	弹性管控	由于临近“Z_9”，适当增加泥石流灾害发生时的紧急救助功能
	J_{13} 枢纽	休闲绿地	1.45hm²	刚性管控	作为救灾链枢纽，由于临近商业空间，强制性增加临时避难物资储备功能，增加交通可达性

灾害链为视角的“公共安全空间单元”规划以“致灾空间、受灾空间、救灾空间”为管控要素，贯通融合建筑、规划、园林及工程技术等多学科管控方法，基于公共安全空间单元内在机制，通过对公共安全空间单元的“范围划定、断链减灾、成链救助”实现城市公共安全直接威胁和间接威胁的双向降低，提升“公共安全空间单元”的“容灾性”（如图 5-28）。

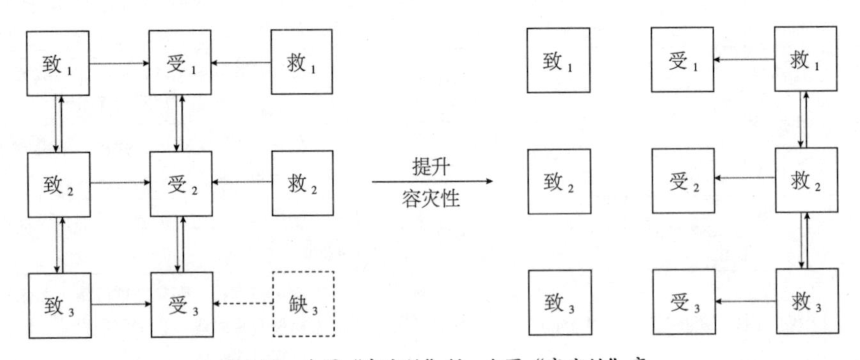

图 5-28 左图“容灾性”低；右图“容灾性”高

5.3　规划干预的差异性研究——基于典型灾害链

5.3.1　“崩裂滑移链”空间单元

“崩裂滑移链”主要发生在棚户区、滨水区和安置区等人地关系矛盾突出的地质情况复杂地区，其典型灾害链为：地震—崩塌—滑坡—洪涝—泥石流，差异性规划干预体系主要包括“基本要素、基本方法、差异性关键技术”等三个方面。

1. 基本要素和方法

1）致灾空间

（1）利用鲁棒结构的脆弱性，针对崩塌、滑坡、洪涝、泥石流等灾害易发区，选取重要“灾源 + 拐点”进行重点整治，阻断灾害之间“负结构”的形成，以达到断链减灾的目的；

（2）对于单个灾害整治难度大、成本高的问题，可以在单灾之间进行工程阻断（增加隔离设施），阻断灾害之间的关联，以达到断链减灾的目的。

2）受灾空间

（1）依据受灾区域威胁程度的评估，进行整体区域功能、容积率、建筑密度等规划指标的调整，在不影响整体功能情况下，最大限度地使人口密集区和重要基础设施区避开灾害影响的高风险区；

（2）依据灾害管控标准，进行防护绿带和公共开敞空间的调整，在保证整体指标绿化和公共空间之间不变的情况下，尽可能达到断链减灾的目的。

3）救灾空间

（1）强化避难场所、物资贮备及医疗机构的核心救助功能，适度化整为零，增强各个救助点之间的关联性，促使形成“正结构”，确保救助系统在受到灾害威胁时不瘫痪；

（2）尤其要增加处于受灾区域内避难场所的规划设计研究（标高设计和应急功能等），确保避难场所在受灾害威胁时救灾能力不受影响，实现成链救助管控目的。

2. 差异性关键技术

1）致灾链（削弱直接威胁）

（1）减小核心灾害（灾源 + 拐点）的发生概率——提高核心灾害（崩塌、滑坡、洪涝、泥石流）区的设计标准及防护措施；

（2）减小核心灾害（灾源 + 拐点）与其他灾害的强度关联——在核心灾害（崩塌、滑坡、洪涝、泥石流）与其他灾害之间增加隔离设施、防护绿带宽度；

（3）减小核心灾害（灾源 + 拐点）与其他灾害的因果关联——在核心灾害（崩塌、滑坡、洪涝、泥石流）与其他灾害区域之间提高工程设计的标准。

2）救灾链（削弱间接威胁）

（1）增加核心（枢纽）救助设施的功能复合性——在核心救助设施中增加物资救援、应急水源、电源、卫生等紧急避难设施；

（2）增加核心（枢纽）救助设施的备用时效性——增加核心救助设施对外的出入口，增加与其他救助设施之间的交通关联性，以实现在其他救助设施受损时，核心救助设施能第一时间启动备用功能进行相关救助；

（3）增加核心（枢纽）救助设施的安全指数——绝对避免核心设施（防灾避难场所、医疗机构）处于核心受灾区。

“崩裂滑移链”空间单元差异性规划干预体系如表 5-31 所示：

“崩裂滑移链”空间单元差异性规划干预体系 **表 5-31**

规划干预体系		“崩裂滑移链”空间单元
区域特征		（1）人地矛盾突出，城市用地局促，人口及建筑密度大； （2）地质情况复杂，山地特征明显，坡度及相对高程大； （3）建筑质量老旧，基础设施老化，防灾及抗灾能力弱
易发区域		棚户区、滨水区、安置区
典型灾链		地震—崩塌—滑坡—洪涝—泥石流
范围划定		（1）依据灾害历史再现率，结合现状地形、地貌、地质情况划定灾害波及范围（一般以等高线、地质灾害评估范围划定）； （2）依据城市规划用地及道路红线综合确定边界范围
基本要素	致灾空间	地震、崩塌、滑坡、洪涝、泥石流等灾害易发区的工程设计标准及防护距离
	受灾空间	人口密集区、重要公共基础设施区的容积率、建筑密度、公共开敞空间、场地标高等规划指标
	救灾空间	避难场所、道路网络、物资场所、医疗机构的相应规划指标
基本方法	致灾空间	（1）监测：地震； （2）提高：崩塌、滑坡、洪涝、泥石流区的工程设计及防护标准； （3）分割：在崩塌和滑坡区域之间增加隔离设施
	受灾空间	（1）降低：人口密集区、重要公共基础设施区的容积率、建筑密度； （2）提高：公共开敞空间数量、场地设计标高； （3）调整：防护绿带的宽度
	救灾空间	（1）调整：避难场所、物资场所、医疗机构的规模和数量； （2）补充：缺失的救灾物资储备； （3）增加：救助空间功能复合性，道路网络的临时避难功能
差异性关键技术	致灾链（消弱直接威胁）	（1）减小核心灾害（灾源 + 拐点）的发生概率——提高核心灾害（崩塌、滑坡、洪涝、泥石流）区的设计标准及防护措施； （2）减小核心灾害（灾源 + 拐点）与其他灾害的强度关联——在核心灾害（崩塌、滑坡、洪涝、泥石流）之间增加隔离设施、防护绿带宽度； （3）减小核心灾害（灾源 + 拐点）与其他灾害的因果关联——在核心灾害（崩塌、滑坡、洪涝、泥石流）与其他灾害区域之间提高工程设计的标准
	救灾链（削弱间接威胁）	（1）增加核心（枢纽）救助设施的功能复合性——在核心救助设施中增加物资救援、应急水源、电源、卫生等紧急避难设施； （2）增加核心（枢纽）救助设施的备用时效性——增加核心救助设施对外的出入口，增加与其他救助设施之间的交通关联性，以实现在其他救助设施受损时，核心救助设施能第一时间启动备用功能进行相关救助； （3）增加核心（枢纽）救助设施的安全指数——绝对避免核心设施（防灾避难场所、医疗机构）处于核心受灾区

5.3.2 “蔓延侵蚀链”空间单元

“蔓延侵蚀链”主要发生在棚户区和安置区等人地关系矛盾突出的城市功能复合地区，其典型灾害链为：泄漏—爆炸—火灾—生命线工程灾害，差异性规划干预体系主要包括“基本要素、基本方法、差异性关键技术”等三个方面。

1. 基本要素和方法

1）致灾空间

（1）减小化工厂、仓储区、物流区、加油（气）等易燃易爆等危险源在用地空间上的集中布置，避免之间相互链发使灾害蔓延，从源头上断链管控；

（2）对于客观现实上必须进行集中布置的，要适当增加之间的隔离设施，尤其对“灾源”和“灾害拐点”要进行重点考虑，减小灾害之间关联度，以达到断链管控的目的。

2）受灾空间

（1）依据火灾和爆炸威胁程度的分区域评估，进行整体区域功能、容积率、建筑密度等规划指标的调整，在不影响整体功能和开发量的情况下，最大限度地使人口密集区和重要基础设施区避开火灾和爆炸高风险区；

（2）针对建筑密度大、建筑质量低的老城区，在进行改造时要注重增加防火单元的划分和规划，尽量阻断灾害在受灾区的蔓延。

3）救灾空间

（1）强化消防机构、道路网络、医疗机构的核心救助功能，加强各个救助点之间的关联性，增加救助系统的“容灾性”，确保整个救助系统在受到灾害威胁时不瘫痪；

（2）尤其要增加对处于受灾区域内消防机构和医疗机构的研究，确保其在受灾灾害威胁时救灾能力不受影响，实现成链救助管控目的。

2. 差异性关键技术

1）致灾链（削弱直接威胁）

（1）减小核心灾害（灾源＋拐点）的发生概率——提高高危化工厂、危化品仓储物流集散区设计标准及防护措施；

（2）减小核心灾害（灾源＋拐点）与其他灾害的强度关联——在高危化工厂和危化品仓储物流集散区之间增加隔离设施、增加防护绿带的宽度；

（3）减小核心灾害（灾源＋拐点）与其他灾害的因果关联——在高危化工厂威胁区避免布置易燃易爆设施。

2）救灾链（削弱间接威胁）

（1）增加核心（枢纽）救助设施的功能复合性——在核心救助设施中增加物资救援、应急水源、电源、卫生、消防等紧急避难设施，充分利用景观水体、现状河流等进行应急救助；

（2）增加核心（枢纽）救助设施的备用时效性——增加公共开敞空间的分布密度，增加核心（枢纽）

救助设施与其他受灾区之间的交通关联性，以实现受灾人员的及时转移；

（3）增加核心（枢纽）救助设施的安全指数——增加核心救助设施对火灾的防护阻隔能力，绝对避免核心防灾避难场所、消防机构或医疗机构处于核心受灾区。

“蔓延侵蚀链”空间单元规划干预体系如表 5-32 所示：

“蔓延侵蚀链”空间单元规划干预体系 表 5-32

规划干预体系		“蔓延侵蚀链”空间单元
区域特征		（1）人地矛盾突出，城市用地局促，人口及建筑密度大； （2）城市功能杂糅，产业结构不高，生产生活复合度大； （3）建筑质量老旧，基础设施老化，防火及隔离能力弱
易发区域		棚户区、安置区
典型灾链		泄漏—爆炸—火灾—生命线工程灾害
范围划定		（1）依据灾害历史再现率，结合现状危险源爆炸最大影响半径及最大火灾蔓延区划定范围（一般以城市主干道及公共开敞空间边界范围划定）； （2）依据城市规划用地及道路红线综合确定边界范围
基本要素	致灾空间	危化品工厂、危化品仓储物流集散区的规划设计标准及防护距离
	受灾空间	人口密集区、重要公共基础设施区的容积率、建筑密度及公共开敞空间等规划指标；重要市政基础设施设计标准
	救灾空间	消防机构、道路网络、物资场所、医疗机构的相应规划指标
基本方法	致灾空间	（1）监测：危化品生产、仓储安全； （2）提高：危化品生产、仓储物流的设计标准； （3）分割：在不同的危险源之间增加隔离设施、进行分割，减小相互关联
	受灾空间	（1）降低：人口密集区、重要公共基础设施区的容积率、建筑密度； （2）调整：防护绿带的宽度； （3）分割：提高公共开敞空间密度（街巷等），植入防火隔离空间，化整为零进行单元分割
	救灾空间	（1）调整：消防机构、物资场所、医疗机构的规模和数量； （2）补充：缺失的救灾物资储备； （3）增加：救助空间功能复合性，道路网络的临时避难功能
差异性关键技术	致灾链（削弱直接威胁）	（1）减小核心灾害（灾源＋拐点）的发生概率——提高高危化工厂、危化品仓储物流集散区设计标准及防护措施； （2）减小核心灾害（灾源＋拐点）与其他灾害的强度关联——在高危化工厂和危化品仓储物流集散区之间增加隔离设施、增加防护绿带的宽度； （3）减小核心灾害（灾源＋拐点）与其他灾害的因果关联——在高危化工厂威胁区避免布置易燃易爆设施
	救灾链（削弱间接威胁）	（1）增加核心（枢纽）救助设施的功能复合性——在核心救助设施中增加物资救援、应急水源、电源、卫生、消防等紧急避难设施，充分利用景观水体、现状河流等进行应急救助； （2）增加核心（枢纽）救助设施的备用时效性——增加公共开敞空间的分布密度，增加核心（枢纽）救助设施与其他受灾区之间的交通关联性，以实现受灾人员的及时转移； （3）增加核心（枢纽）救助设施的安全指数——增加核心救助设施对火灾的防护阻隔能力，绝对避免核心防灾避难场所、消防机构或医疗机构处于核心受灾区

5.3.3 “枝干流域链”空间单元

“枝干流域链”主要发生在安置区和滨水区等生态环境敏感的地区，其典型灾害链为：生产（生活）污水排放—水体污染—消落带污染—滨水区环境恶化—生态环境破坏，差异性规划干预体系主要包括“基本要素、基本方法、差异性关键技术”等三个方面。

1. 基本要素和方法

1）致灾空间

（1）以小（微）流域为单元进行点源排放评估核算，调整污水处理厂的位置和规模，确保点源排放对水环境的负面影响不会超过单元最大承载力；

（2）优化各个污染排放源之间的空间关系，分区排放尽量减小污染物之间的消极混合（化学反应），避免二次污染，实现断链管控。

2）受灾空间

（1）依据污染物对滨水区威胁程度进行区域划分，按照功能和开发强度与滨水区进行环境威胁度匹配，实现滨水区开发建设和生态安全的综合效益最大化；

（2）对消落带污染严重地区，要以生态恢复为修复手段，融入区域生态基础设施，实现生态基础设施的成链管控。

3）救灾空间

（1）最大限度保护原有水资源，通过“梳、分、阻、治”等理水措施优化原有枝干体系，改变流域内水体的流速和结构，最大限度提高水体自身净化能力；

（2）针对径流排放的污染物，结合现有地形进行生态基础设施的精细化布局，如增加库塘湿地、河流湿地、基田湿地和河塘湿地区域性研究，增加生态基础设施的自我成链救助能力。

2. 差异性关键技术

1）致灾链（削弱直接威胁）

（1）减小核心灾害（灾源 + 拐点）的发生概率——提高核心径流排放、点源排放区的设计标准；

（2）减小核心灾害（灾源 + 拐点）与其他灾害的强度关联——增加核心径流排放、点源排放区与下游其他排放区之间的距离，利用水体进行自净减小强度关联；

（3）减小核心灾害（灾源 + 拐点）与其他灾害的因果关联——改变核心径流排放、点源排放区与下游其他排放区之间排放物的化学属性，减小二次污染。

2）救灾链（削弱间接威胁）

（1）增加核心（枢纽）救助设施的功能复合性——增加核心生态基础设施的处理污染种类的能力，如增加针对特定污染的典型湿地净化能力；

（2）增加核心（枢纽）救助设施的备用时效性——加强核心生态基数设施与其他设施之间的廊道关联，其他生态基数设施受损时，核心生态基础设施能起到及时补救作用；

（3）增加核心（枢纽）救助设施的安全指数——绝对避免核心生态基础设施处于高污染的受灾区。

“蔓延侵蚀链”空间单元规划干预体系如表 5-33 所示：

“枝干流域链”空间单元规划干预体系　　表 5-33

规划干预体系		“枝干流域链”空间单元
区域特征		（1）人地矛盾突出，区域功能混杂，生态环境脆弱； （2）流域特征明显，点源排放超标，污染汇聚度高； （3）滨水过度开发，生态功能缺失，安全威胁险峻
易发区域		安置区、滨水区
典型灾链		生产（生活）污水排放—水体污染—消落带污染—滨水区环境恶化—生态环境破坏
范围划定		依据灾害历史再现率，结合小流域（微流域）的自然生态地理单元边界划定（一般以山脊分水线为边界划定）
基本要素	致灾空间	生产（生活）污水（垃圾）排放区的设计标准和保护距离
	受灾空间	河流水体、消落带、滨水区用地功能及设计标准
	救灾空间	污水、废弃物处理设施的布点、规模等规划指标；生态基础设施的规模和结构
基本方法	致灾空间	（1）监测：生产（生活）污水（垃圾）排量； （2）提高：污水（垃圾）处理设计标准； （3）转移：将不在流域单元内的污水点源排放转移到其他流域单元
	受灾空间	（1）调整：滨水区土地开发位置的功能（包括相应规划指标）； （2）增加：滨水区生态防护功能； （3）改变：污染物属性，降低污染物之间反应及产生二污染可能
	救灾空间	（1）增加：增加污水处理能力，减小点源排放污染；增加生态基础设施，减小径流排放污染； （2）打通：打通生态廊道，提高区域生态涵养功能
差异性关键技术	致灾链（削弱直接威胁）	（1）减小核心灾害（灾源 + 拐点）的发生概率——提高核心径流排放、点源排放区的设计标准； （2）减小核心灾害（灾源 + 拐点）与其他灾害的强度关联——增加核心径流排放、点源排放区与下游其他排放区之间的距离，利用水体进行自净减小强度关联； （3）减小核心灾害（灾源 + 拐点）与其他灾害的因果关联——改变核心径流排放、点源排放区与下游其他排放区之间排放物的化学属性，减小二次污染
	救灾链（削弱间接威胁）	（1）增加核心（枢纽）救助设施的功能复合性——增加核心生态基础设施的处理污染种类的能力，如增加针对特定污染的典型湿地净化能力； （2）增加核心（枢纽）救助设施的备用时效性——加强核心生态基础设施与其他设施之间的廊道关联，其他生态基数设施受损时，核心生态基础设施能起到及时补救作用； （3）增加核心（枢纽）救助设施的安全指数——绝对避免核心生态基础设施处于高污染的受灾区

5.4 本章小结

“公共安全空间单元”规划干预隶属于规划体系的中观层面，规划干预要素包括“致灾要素、受灾要素和救灾要素”三个方面，融合了“建筑、规划、园林及工程设计”等多领域的内容，其成果既可单独编制（1 图 +1 表），又可作为其他规划的辅助和支撑。

其中“范围划定、断链减灾、成链救助”是规划干预的三个关键技术。

（1）范围划定——公共安全空间单元“识别提取”。

基于“环境约束机制”，对“公共安全空间单元”进行灾害链威胁类型的评估和确定；基于“系统嵌套机制”，在特定规划目标的导引下，针对特定灾害链进行“多尺度”遴选，对公共安全空间单元进行“识别提取”，划定管控范围。

（2）断链减灾——公共安全空间单元“致灾链”阻断（削弱直接威胁）。

基于“系统嵌套机制”和“动态演化机制”，针对特定灾害链进行“多预案”评估，选定最大风险“致灾链”进行规划干预，提取核心灾害（灾源 + 拐点）进行重点管控：

a. 减小核心灾害（灾源 + 拐点）的发生概率。

b. 减小核心灾害（灾源 + 拐点）与其他灾害的强度关联。

c. 减小核心灾害（灾源 + 拐点）与其他灾害的因果关联。

（3）成链救助——公共安全空间单元“救灾链”构建（削弱间接威胁）。

基于“系统嵌套机制”和“动态演化机制”，针对特定灾害链进行“多角度”分析，选定最优效率“救灾链”进行规划干预，提取核心（枢纽）救助设施进行重点管控：

a. 增加核心（枢纽）救助设施的功能复合性。

b. 增加核心（枢纽）救助设施备用功能的时效性。

c. 增加核心（枢纽）救助设施的安全指数。

第6章 三峡库区城市“公共安全空间单元”差异性规划实践与启示

6.1　差异性规划实践

6.2　对现行城市公共安全规划的启示

6.3　本章小结

6.1　差异性规划实践

本书选取三峡库区公共安全问题最为突出的三个区域（棚户区、安置区、滨水区）进行差异性规划实践。

6.1.1　“棚户区”改造

1. 基本情况概述

本书所研究的棚户区是指三峡库区城市建成区范围内、平房密度大、使用年限久、房屋质量差、人均建筑面积小、基础设施配套不齐全、交通不便利、治安和消防隐患大、环境卫生脏乱差的区域，一般多位于没有搬迁的老城区内，建筑面积多在 3 万 m^2 以上，占地面积一般至少在 5 万 m^2 左右（图 6-1）。

图 6-1　万州区棚户区
（资料来源：作者自拍）

三峡库区城镇大多迁建前职能均较单一，多为全市（县）政治、经济、文化中心，全市（县）范围的物资集散地，同时多以发展旅游、商贸业为主，趋同性较强，分工不尽明确合理，且大多处于同一发展水平上。随着三峡蓄水和移民搬迁工程的开始，被淹没的区域大多被逐步搬迁（如表 6-1），而剩余的部分由于未被列为资金扶持对象，发展滞后缓慢，逐步形成现在的状况。

三峡库区主要淹没搬迁区类型　表 6-1

县城	城区用地高程（m）		20 年一遇		淹没比例	淹没类型
	最高	最低	回水位（m）	天然水位（m）		
秭归县归州镇	162	100	175.00	92.40	综合影响程度 >90%	全淹
巴东县信陵镇	180	95	175.00	102.20	综合影响程度 >90%	全淹
兴山县高阳镇	175	150	175.00	150.40	受淹人口比例 87.3% 受淹房屋比例 82.3%	基本全淹
巫山县巫峡镇	175	125	175.10	124.00	综合影响程度 >90%	基本全淹
奉节县永安镇	175	135	175.20	132.10	综合影响程度 95%	全淹
云阳县云阳镇	260	102	175.20	136.00	受淹人口比例 62% 受淹房屋比例 72%	基本全淹
万州区（原万县沙河镇）	276	99	175.20	139.80	受淹人口比例 46.7% 受淹房屋比例 47.6% 综合影响程度 46%	部分淹没

续表

县城	城区用地高程（m）		20年一遇		淹没比例	淹没类型
	最高	最低	回水位（m）	天然水位（m）		
开县汉丰镇	171	166	175.20	169.00	受淹人口比例 88.7% 受淹房屋比例 89.3%	全淹
忠县忠州镇	260	140	175.30	149.00	受淹人口比例 31.25% 受淹房屋比例 29%	部分淹没
丰都县名山镇	161	145	175.30	154.40	综合影响程度 >85%	全淹
涪陵区	380	144	175.60	165.50	受淹人口比例 29% 受淹房屋比例 32%	部分淹没
长寿区城关镇	370	165	175.60	176.60	受淹人口比例 3.7% 受淹房屋比例 1.2%	部分淹没

注：资料来源为作者根据收集各地迁建规划资料整理而成。

2. 主要存在的灾害链问题

基于调研和分析，三峡库区城市"棚户区"是在特定的历史条件下形成的，主要存在"蔓延侵蚀链"和"崩裂滑移链"问题。

1）蔓延侵蚀链

（1）人口密集、公共空间不足，防火、救灾功能欠缺。基于自然地域特征，三峡库区城市棚户区人均用地指标普遍偏小，用地条件宽松的城市、城镇人均用地也只有 70 ～ 80m²/ 人，而更多的人均用地只有 40 ～ 50m²/ 人，导致建筑密度大、公共空间不足，防火、救灾功能欠缺。（2）建筑质量差、安全隐患突出。基于三峡库区地形复杂多变的特征，棚户区大多建筑为穿斗木质结构，木结构建筑本身寿命相对较短，加之常年失修，大多建筑防火性能差，安全隐患突出。（3）基础设施老旧，存在极大的公共安全隐患。三峡库区城市棚户区基础设施（水、电、气、加油站）多为 20 世纪 80 年代修建，其设计标准相对于现在来说早已滞后，加之年久失修、老化严重，存在极大的公共安全隐患。基于以上三方面综合因素，三峡库区城市棚户区极易发生爆炸、火灾等"蔓延侵蚀链"安全事故。

2）崩裂滑移链

（1）部分地基因河水浸泡，变为滑体。三峡库区有相当一部分老城区（含棚户区）因未被全部淹没而部分搬迁，剩下的部分由原来的"非临水区"变成了现在的"临水区"，由于地质构造的复杂性，许多未被搬迁的老城区（含棚户区）地质基础长期处于河水浸泡之中，加之后期人为因素的叠加，逐步演变为地质隐患十分突出的地区（如图 6-2），导致滑坡及泥石流等地质灾害变得频繁。（2）整体地理环境因改变、诱发地质灾害。大多老城区（含棚户区）原来选址是经数百年实践所定，从自然地理环境上来看相对安全，但随着三峡蓄水，改变了大多老城（含棚户区）原来的自然地理环境，尤其对于选址在坡度比较大、周边地质情况比较复杂的区域，增加了地震引发的次生灾害风险①，如崩塌、滑坡等地质灾害。基于以上两方面综合因素，三峡库区城市棚户区极易发生地震、崩塌、滑坡等“崩裂滑移链”安全事故。

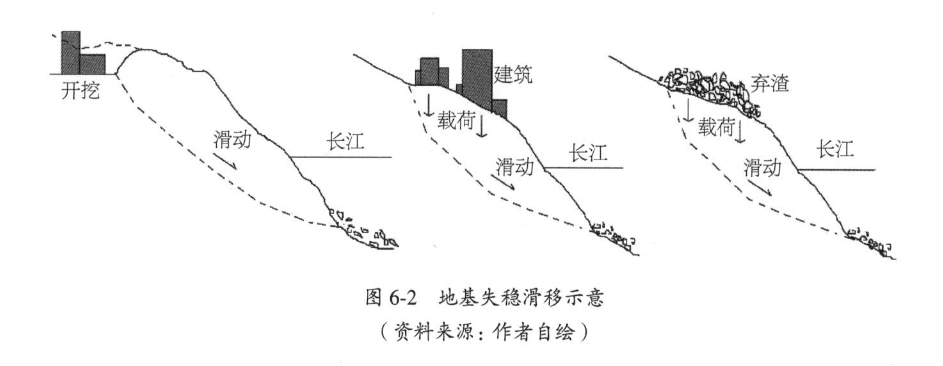

图 6-2 地基失稳滑移示意

（资料来源：作者自绘）

3. 典型案例研究——以万州区高笋塘山湾片区棚户区改造为例②

1）现状概述

万州城区内现有被列为改造计划的棚户区有：高笋塘望江片区、五桥变电站片区、长平厂片区、枇杷坪飞亚厂片区和高笋塘山湾片区（图 6-3），改造用地面积共 6.95hm²（表 6-2）。

图 6-3 万州城区棚户区现状分布

① 在老城区中，均有不同程度的地质问题：巴东有两个老滑坡体；巫山斜坡对城市有影响；奉节蓄水后老滑坡容易复活；云阳有小型崩塌、滑坡；万州有三处大型滑坡出现蠕滑迹象；涪陵有滑坡及崩塌等。

② 此处参考《万州城市棚户区（危旧房）改造规划（2013—2017 年）》相关成果。

万州城区棚户区改造规模 表 6-2

编号	片区名称	改造面积（hm^2）
1	高笋塘望江片区	0.17
2	五桥变电站片区	0.50
3	长平厂片区	1.33
4	枇杷坪飞亚厂片区	0.33
5	高笋塘山湾片区	4.62
合计		6.95

注：资料来源为《万州城市棚户区（危旧房）改造规划（2013—2017 年）》

本书选取规模最大、情况最复杂的高笋塘山湾片区为例进行详细研究说明。

高笋塘山湾片区为还房建设工程。因山湾公园建设，片区内存在大量低层高密度旧房以及部分危房，现状建筑破旧，存在安全隐患，对山湾公园景观影响较大，急需对该片区及周边房屋进行改造（图 6-4）。

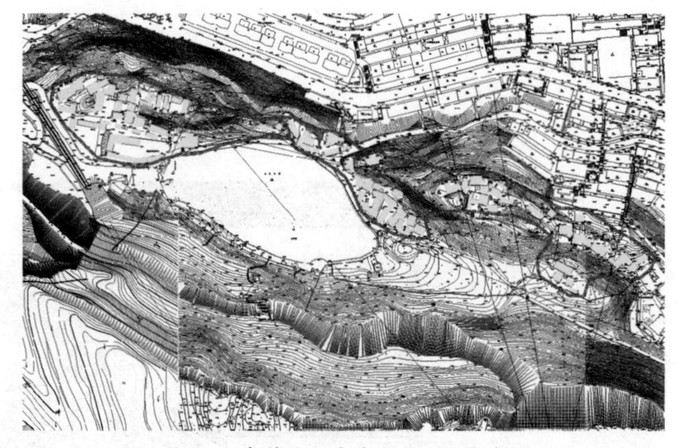

图 6-4 高笋塘山湾片区现状改造范围

2）原有规划

高笋塘山湾片区改造为采用“全拆新建”的办法予以解决，就地安置还房居民，增加建筑规模 2.93 万 m^2，250 户 800 人，户均建筑面积增加 8m^2（见表 6-3，图 6-5）。

高笋塘山湾片区规划改造规模前后对比表 表 6-3

类别	规划改造范围面积（hm^2）	规划改造建筑规模面积（万 m^2）	规划改造户数和人数	规划改造户均建筑面积（m^2/户）
改造前	4.62	3.00	300 户 940 人	100
规划改造后	3.91	5.93	550 户 1740 人	108
差值	-0.71	+2.93	+250 户 800 人	+8

注：资料来源为《万州城市棚户区（危旧房）改造规划（2013—2017 年）》

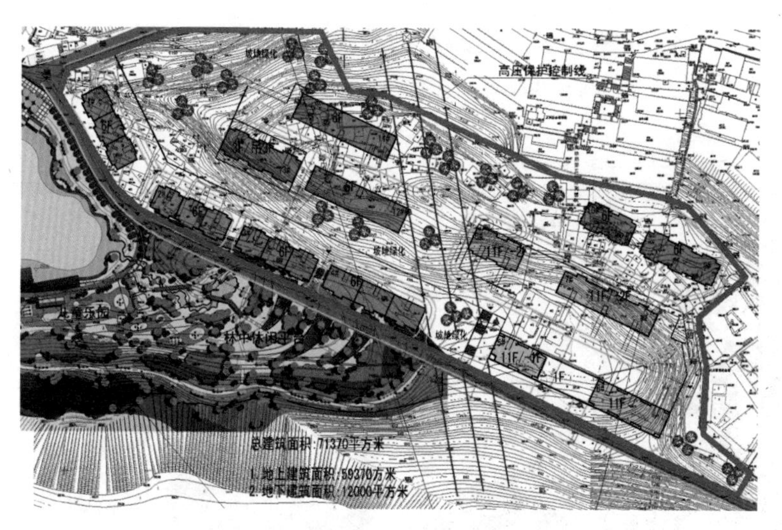

图 6-5　原有规划棚户区改造平面图

高笋塘山湾片区改造建设估计需要投资为 1.35 亿元，其资金估算见表 6-4。

高笋塘山湾片区改造资金估算表　　表 6-4

名称		面积（万 m^2）	单价（元 /m^2）	总计（万元）	备注
成本	拆除费用	3.00	200	600	拆除造价按 200 元 /m^2 估算
	建安成本费用	5.93	2000	11860	参照 2000 元 /m^2 计
	房屋倒腾费用	3.00		1080	参照移民倒腾标准按每平方米 10 元 / 月，计 3 年
	小计			13540	
还房收入	还房超面积费用	3.00×（1.1-1）=0.30	4500	1350	还房面积按 1.1 系数计，还房价格按 4500 元 /m^2 评估
销售收入	出让余量建筑费用	5.93-3.00×1.1=2.63	5000	13150	销售价格参照周边房屋价格
收益				+960	

注：资料来源为《万州城市棚户区（危旧房）改造规划（2013—2017 年）》

3）"公共安全空间单元" 规划干预

首先，进行风险评估。

在灾害链的视角下，对高笋塘山湾片区进行调研评估，结合总体规划，初步确定有 "崩裂滑移链"（规划区南部有危岩和滑坡区）和“蔓延侵蚀链”（规划区北部有加油站一处）安全隐患存在（见图 6-6、图 6-7），由于两条灾害链相互链接，本书将合并成为一个单元进行研究。

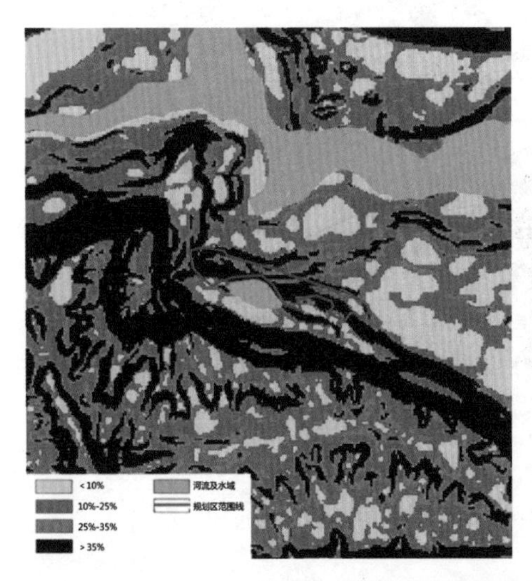

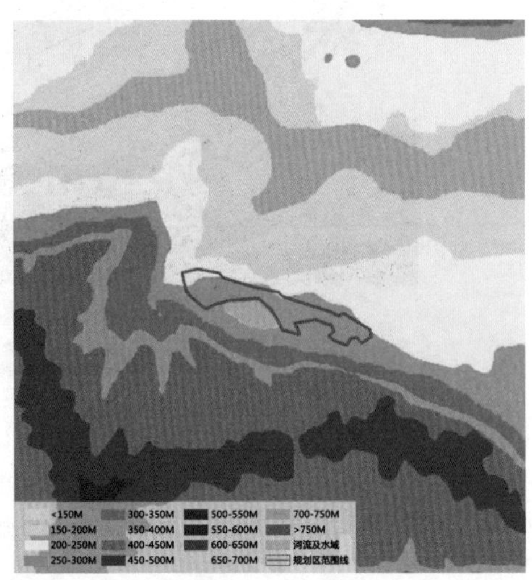

图 6-6　高笋塘山湾片区坡度（左）、坡向（右）分析图

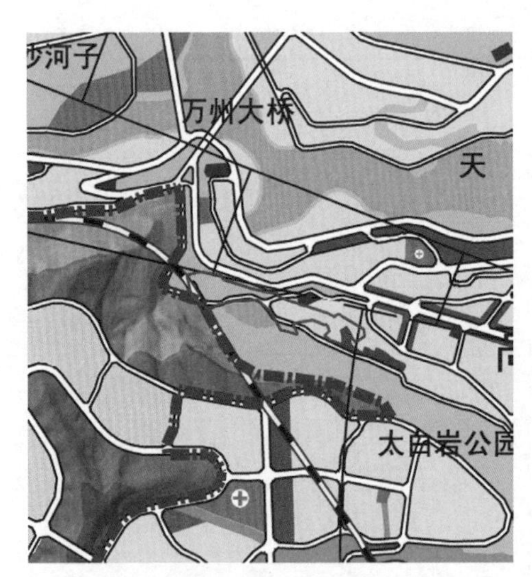

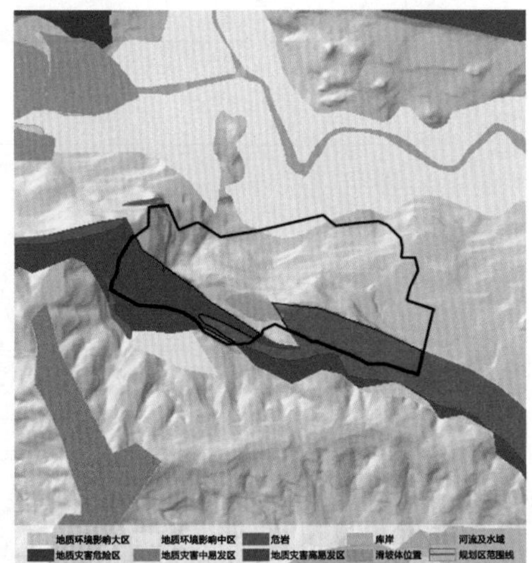

图 6-7　高笋塘山湾片区土地利用现状图（左）及地质灾害评估图（右）

其次，进行目标确定。

根据棚户区改造现实需要，按照 3 年的标准确定目标。

再次，进行单元划定。

在规划目标的导引下，针对“崩裂滑移链”和“蔓延侵蚀链”进行“公共安全空间单元”监测和管控要素汇总（表 6-5），基于“多尺度”遴选分析，结合现有规划划定“公共安全空间单元”范围（图 6-8）。

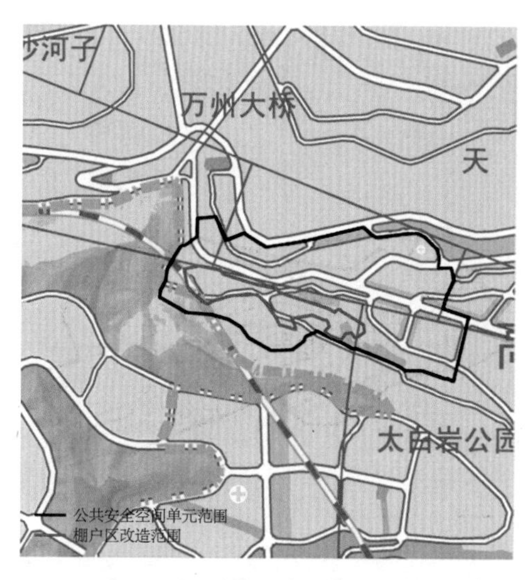

图 6-8 "公共安全空间单元"范围

"公共安全空间单元"监测和管控要素汇总表　表 6-5

类型	"致灾空间"监测及管控要素	"受灾空间"监测及管控要素	"救灾空间"监测及管控要素
"崩裂滑移＋蔓延侵蚀链"空间单元	（1）地震区：地震强度5级别，烈度六度； （2）崩塌区：地质稳定性较差（存在危岩），防护距离20m； （3）滑坡区：地质稳定性一般，防护距离20m； （4）洪涝区：水库标高290m，场地平均坡度25%，北向坡； （5）加油（气）站：加油（气）站一个，最大威胁范围1000m	（1）人口密集区：棚户区规划居住用地建筑密度25%，容积率1.5，公共开敞空间1.25hm²，平均场地标高275～290m； （2）主要市政基础设施：抗震强度5级，具备安全可靠性	（1）避难场所：紧急型2处（服务半径300m、500m），最大容纳人口1500人，平均标高275～290m； （2）道路网络：城市主干道1条（宽24m）、次干道2条（宽16m）、支路3条（宽度5～12m），平均标高275～290m，通行能力满足要求（限于篇幅，各路段具体数据略去），自由状结构形态； （3）物资场所：储备总量满足1000人3天日常供给，救助半径1000m； （4）医疗机构：卫生所一个，5分钟急救半径5000m； （5）消防机构：消防站一个，5分钟急救半径5000m

最后，进行规划干预。

通过对"崩裂滑移链＋蔓延侵蚀链"的"多预案"评估和"多角度"辨析，针对最大风险灾害链"崩塌—滑坡—加油（气）爆炸—火灾"进行"断链减灾"和"成链救助"研究，以"致灾空间、受灾空间、救灾空间"为基本要素进行规划干预，如图6-9、表6-6。

图 6-9 “公共安全空间单元”用地编码图

“公共安全空间单元”指标控制一览表 表 6-6

类别	用地代码	类型	用地面积	管控标准	具体措施
致灾空间	Z_1 灾源	滑坡	$2.8hm^2$	刚性管控	作为灾害链源头，强制性提高设计标准、加固防护措施，增加防护绿带宽度，降低发生概率及其对 Z_2 的诱发性
	Z_2	崩塌	$1.2hm^2$	弹性管控	适当加固防护措施、适当增加与 Z_1 之间防护绿带宽度
	Z_3 拐点	爆炸	$0.12hm^2$	刚性管控	作为灾害链拐点，强制性提高设计标准、加固防护措施，增加防护绿带宽度，降低发生概率
受灾空间	S_1	居住	$0.7hm^2$	刚性管控	由于处在“Z_1”影响区，强制性增加防护绿带宽度
	S_2	居住	$1.1hm^2$	弹性管控	由于处在“Z_2”影响区，适当增加防护绿带宽度
	S_3	居住	$1.3hm^2$	刚性管控	由于处在“Z_3、Z_2”影响区，强制性增加防护绿带宽度，降低建筑密度及容积率
	S_4	居住	$0.5hm^2$	弹性管控	由于处在“Z_2”影响区，适当增加防护绿带宽度
	S_5	居住	$0.6hm^2$	弹性管控	由于处在“Z_2”影响区，适当增加防护绿带宽度
	S_6	居住	$1.5hm^2$	刚性管控	由于处在“Z_3”影响区，强制性增加防护绿带宽度、降低建筑密度及容积率
救灾空间	J_1 枢纽	生态公园	$0.32hm^2$	刚性管控	作为救灾链枢纽，临近灾害“Z_1”，强制性提高设计标准和防护措施，增加物资应急备用设施

续表

类别	用地代码	类型	用地面积	管控标准	具体措施
救灾空间	J_2 枢纽	生态绿地	$0.91hm^2$	刚性管控	作为救灾链枢纽，临近灾害“Z_1”，强制性提高设计标准和防护措施（增加植被覆盖），增加交通便利性
	J_3 枢纽	街头绿地	$0.15hm^2$	刚性管控	作为救灾链枢纽，处于灾害“Z_3”影响区，增加交通可达性，强制性增加紧急使用时的救助功能
	J_4	街头公园	$0.11hm^2$	弹性管控	适当增加紧急使用时的救助功能
	J_5	休闲绿地	$0.18hm^2$	弹性管控	适当增加紧急使用时的救助功能
	J_6 枢纽	生态广场	$0.22hm^2$	刚性管控	作为救灾链枢纽，处于灾害“Z_3”影响区，强制性提高紧急使用时的救助功能，增加交通可达性
	J_7	街头广场	$0.11hm^2$	弹性管控	适当增加紧急使用时的救助功能
	J_8	市民公园	$0.10hm^2$	弹性管控	适当增加紧急使用时的救助功能
	J_9 枢纽	卫生所	$1.12hm^2$	刚性管控	作为救灾链枢纽，且为管控范围内唯一一个卫生救助设施，临近“Z_3”，按照当前救助半径计算，不需增加服务规模及服务半径
	J_{10} 枢纽	消防站	$0.20hm^2$	刚性管控	作为救灾链枢纽，且作为管控范围内唯一一个消防救助设施，临近“Z_3”，按照当前救助半径计算，不需增加服务规模及服务半径

图 6-10 “公共安全空间单元”与棚户区改造范围叠加图

4）具体改造建议

本次棚户区改造规划属于拆除新建，对比改造新建红线范围（图 6-10），有以下几点具体建议：

（1）划定改造范围方面

突破棚户区自身范围，重点对“Z_1、Z_2、Z_3、J_1、J_2”进行灾害威胁的评估，将改造范围进行适当的扩大，在“Z_1、Z_3、J_1、J_2”范围内进行重点研究。

（2）选择改造方式方面

针对“S_1”：增加建筑与“Z_1”的后退间距（绿化宽度），由原来的 10m 增加至 11m。

针对“S_3”：增加建筑与“Z_3”的后退间距（绿化宽度），由原来的 20m 增加至 22m；降低容积率，由原来的 1.52 降低至 1.45。

针对“J_1”：增加生态公园的防护措施，增加紧急使用时的救助功能（应急水源、应急供电设施）。

针对“J_2”：增加生态公园的防护措施，增加紧急使用时的救助功能（应急水源、应急供电设施）。

针对“J_3”：增加与主干道的连接性，增加场地平整度及开敞度。

针对“Z_1”：加固滑坡体，增加与“J_1、J_2”之间的防护距离，由原来的20m增加至22m。

针对“Z_3”：增加建筑与“S_3”的后退间距（绿化宽度），由原来的20m增加至22m。

（3）确定改造时序方面

在建筑整体改造前，应先行对“Z_1”进行重点设计改造，加固滑坡体；应先对“J_3”进行重点设计，增加平整度；在改造的同时，应一并考虑对“J_1、J_2”的整体改造和建设。

4. 对“棚户区”改造的启示

1）针对“蔓延侵蚀链”潜在区

（1）规划干预的范围

首先，三峡库区城市棚户区基础设施年久失修、老化严重（多为20世纪80年代修建），存在极大的公共安全隐患，且受限于客观的用地条件，棚户区周边往往存在其他新的危险源。突破棚户区现存区域在更大范围内进行危险化工、仓储物流、加油、加气站等安全隐患点调查，综合确定“致灾空间”范围。

其次，三峡库区城市棚户区建筑质量差、火灾隐患突出（大多建筑为穿斗木质结构，防火性能差）。依据现状（或规划方案）分析火灾、爆炸等灾害对棚户区带来的直接威胁，综合确定“受灾空间”范围。

再次，三峡库区城市棚户区人口密集，避难、消防等救援设施严重不足（人均用地指标普遍偏小），依据受灾范围对现状（或规划方案）避难、消防、医疗、道路等紧急救援设施的能力进行评估，分析间接威胁，综合确定“救灾空间”范围。

最后，将三类空间范围进行叠加，确定“蔓延侵蚀链空间单元”的规划干预范围。

（2）致灾因素干预要点

其一，三峡库区城市棚户区自身建筑火灾隐患突出，加之危险化工、仓储物流、加油、加气站等的外来威胁，灾害链类型复杂。基于多预案评估分析，综合确定致灾因素的核心干预要点（灾源+拐点），提高对危险化工、仓储物流、加油、加气站等核心干预要点的设计标准和防护措施，减小其发生的概率。

其二，三峡库区城市棚户区建筑密度大，火灾容易蔓延，一般改造方案中会增加公共开敞空间的数量和密度，结合改造方案，着重增加核心危险化工、仓储物流、加油、加气站等核心干预要点与其他干预要点之间防护空间（如：广场、街道、绿化）的尺度，或物理隔离设施（防护墙等），减小灾害链发的可能。

其三，三峡库区城市棚户区建设用地局促，危险化工、仓储物流、加油、加气站等设施之间的因果诱发性强，尽量避免将容易引起因果链发的基础设施布局在相邻区域。

（3）救灾因素干预要点

其一，三峡库区城市棚户区用地条件局促，很少有符合常规规范的防灾避难及消防设施用地，因此集中现有资源重点打造核心防灾避难及消防设施是“成链救助”的关键。结合现状（或规划方案）中救灾设施的布局、规模和救助能力，综合确定核心防灾避难及消防设施的位置（一般布置在紧邻棚户区的主干道交叉口处）和规模，在核心救助要点中增加物资救援、应急水源、电源、卫生等紧急避难设施，并鼓励将景观水体、现状河流等一并纳入核心救助设施体系。

其二,三峡库区城市棚户区交通条件复杂，道路用地指标普遍偏低，结合现状（或规划方案）交通网络体系，增加广场、街道、绿地、消防等核心救助要点与其他救助要点之间的交通关联性，以备在其他救助要点失效时第一时间启动核心救助要点的救援功能。

其三,三峡库区城市棚户区建设用地不足，且许多建设用地处于火灾风险较高的威胁区，对于救助设施来说更是如此,对核心救助设施的选址和安全设计就成为制约能否实现有效“成链救助”的关键。因此，结合现状（或规划方案）增加核心救助设施对火灾的防护阻隔能力，绝对避免核心防灾避难场所、消防机构或医疗机构处于高危受灾区。

2）针对“崩裂滑移链”潜在区

（1）规划干预的范围

首先，三峡库区城市棚户区大多为以前临水老城区，由于三峡流域水位的变化，致使某些未搬迁或未全部搬迁的老城区地基局部失稳，出现区域性崩塌、滑坡等灾害威胁，加之普遍性地质内应力的改变，进一步诱发山地区域性地震、崩塌、泥石流的可能。因此，突破棚户区现存区域在紧邻的滨水区重点排查滑坡、崩塌等灾害，在紧邻的山地区域排查崩塌、泥石流等灾害，综合确定“致灾空间”范围。

其次,三峡库区城市棚户区用地局促、建筑常年失修,建筑密度大、抗震能力不足。因此,依据现状（或规划方案）分析地震、崩塌、滑坡、泥石流等灾害对棚户区带来的直接威胁，综合确定“受灾空间”范围。

再次，三峡库区城市棚户区山地特征明显，公共开敞空间坡度大（梯坎多）、规模小，交通联系弱，医疗等救助设施服务半径不足，救灾体系弱。因此，依据受灾范围对现状（或规划方案）避难、医疗、道路等紧急救援设施的能力进行评估，分析间接威胁，综合确定“救灾空间”范围。

最后，将三类空间范围进行叠加，确定“崩裂滑移链空间单元”的规划干预范围。

（2）致灾因素干预要点

其一,三峡库区城市棚户区大多处于山地特征明显的临水区,由于三峡蓄水导致外在地质环境的变化,地震、崩塌、滑坡、泥石流等错综交织，灾害链类型复杂多变。基于多预案评估分析，综合确定致灾因素的核心干预要点（灾源 + 拐点），提高对灾源和拐点（如：崩塌、滑坡等）的设计标准和防护措施，减小其发生的概率。

其二,三峡库区城市棚户区建筑密度大、公共开敞空间不足，一般改造方案中会增加公共开敞空间的数量和密度。基于“断链减灾”思路，结合改造方案，着重增加崩塌、滑坡、洪涝、泥石流等核心干预要点与其他干预要点之间防护空间（如：广场、街道、绿化）的尺度，或物理隔离设施（加固挡土墙），减小灾害链发可能。

其三,三峡库区城市棚户区一般依山而建，用地坡度大，崩塌、滑坡、洪涝、泥石流等灾害之间的因果诱发性强。基于“断链减灾”的思路,尽量避免将容易引起因果链发的灾害布局在灾害链的空间路径上。

（3）救灾因素干预要点

其一,三峡库区城市棚户区用地条件局促，很少有符合常规规范的防灾避难及医疗设施用地，因此集中现有资源重点打造核心防灾避难及医疗设施是“成链救助”的关键。结合现状（或规划方案）中救灾设施的布局、规模和救助能力，综合确定核心救助要点的位置（一般布置在紧邻棚户区的主干道交叉口处）和规模，在核心救助要点中增加物资救援、应急水源、电源等紧急避难设施。

其二，三峡库区城市棚户区交通条件复杂，道路用地指标普遍偏低，结合现状（或规划方案）交通网络体系，增加广场、医疗、公园等核心救助要点与其他救助要点之间的交通关联性，以备在其他救助要点失效时第一时间启动核心救助要点的救援功能。

其三，三峡库区城市棚户区建设用地极为有限、场地坡度大，许多建设用地处于崩裂、滑坡、泥石流等自然灾害威胁的区域，对于作为救助设施的广场、公园等更是如此，对核心救助设施的选址和安全设计就成为制约能否实现有效“成链救助”的关键。因此，结合现状（或规划方案）增加广场、公园、医疗等核心救助设施对崩塌、滑坡、泥石流等自然灾害的适应能力，绝对避免核心防灾避难场所、医疗机构处于高危受灾区。

本书将对“棚户区”改造的启示汇总如表6-7所示：

对“棚户区”改造的启示 **表6-7**

类别	启示要点		典型
“蔓延侵蚀链”潜在区	规划干预的范围	突破棚户区现存区域在更大范围内进行危险化工、仓储物流、加油、加气站等安全隐患点调查，依据现状（或规划方案）分析火灾、爆炸等灾害对棚户区带来的直接威胁，根据受灾范围对现状（或规划方案）避难、消防、医疗、道路等紧急救援设施的能力进行评估、分析间接威胁，综合确定“崩裂滑移链空间单元”的规划干预范围	万州开县丰都长寿
	致灾因素干预要点	（1）结合棚户区内外致灾因素，综合确定危险化工、仓储物流、加油、加气站等核心干预要点（灾源＋拐点），提高设计标准和防护措施，减小其发生的概率；（2）着重增加危险化工、仓储物流、加油、加气站等核心干预要点与其他干预要点之间防护空间（如：广场、街道、绿化）的尺度，或增设物理隔离设施（防火墙等），减小灾害链发可能；（3）尽量避免容易引起因果链发的危险化工、仓储物流、加油、加气站等基础设施布局在相邻区域	
	救灾因素干预要点	（1）在紧邻棚户区的主干道交叉口处综合确定核心防灾避难及消防设施的位置和规模，增加物资救援、应急水源、电源、卫生等紧急避难设施，并建议将景观水体、现状河流一并纳入消防设施体系；（2）增加广场、街道、绿地、消防等核心救助要点与其他救助要点之间的交通关联性，以备在其他救助要点失效时第一时间启动核心救助要点的救援功能；（3）增加核心救助设施对火灾的防护阻隔能力，绝对避免核心防灾避难场所、消防机构或医疗机构处于高危受灾区	
“崩裂滑移链”潜在区	规划干预的范围	突破棚户区现存区域在紧邻的滨水区重点排查滑坡、崩塌等灾害，在紧邻的山地区域排查崩塌、泥石流等灾害，依据现状（或规划方案）分析地震、崩塌、滑坡、泥石流等灾害对棚户区带来的直接威胁，依据受灾范围对现状（或规划方案）避难、医疗、道路等紧急救援设施的能力进行评估，分析间接威胁，综合确定“崩裂滑移链空间单元”的规划干预范围	

续表

类别	启示要点		典型
“崩裂滑移链”潜在区	致灾因素干预要点	（1）结合棚户区内外致灾因素，综合确定崩塌、滑坡、洪涝、泥石流等核心干预要点（灾源＋拐点），提高设计标准和防护措施，减小其发生的概率； （2）着重增加崩塌、滑坡、洪涝、泥石流等核心干预要点与其他干预要点之间防护空间（如：广场、街道、绿化）的尺度，或增设物理隔离设施（加固挡土墙），减小灾害链发可能； （3）尽量避免容易引起因果链发的崩塌、滑坡、洪涝、泥石流等灾害出现在灾害链的空间路径上	万州开县 丰都长寿
	救灾因素干预要点	（1）在紧邻棚户区的主干道交叉口处综合确定核心防灾避难及医疗设施的位置和规模，增加物资救援、应急水源、电源、消防等紧急避难设施，并建议将景观水体、现状河流一并纳入消防设施体系； （2）增加广场、医疗、公园等核心救助要点与其他救助要点之间的交通关联性，以备在其他救助要点失效时第一时间启动核心救助要点的救援功能； （3）增加广场、公园、医疗等核心救助设施对崩塌、滑坡、泥石流等自然灾害的适应能力，绝对避免核心防灾避难场所、医疗机构处于高危受灾区	

6.1.2 “安置区”完善

1. 基本情况概述

本书所研究的安置区是指因三峡蓄水所致的移民安置的新区，安置区的新建工程于2009年已基本完成，但到目前为止许多后续问题并未完全解决，据此本书将研究的重心放在安置区后续完善出现的问题上。从安置区最初选址来看，一般包括两种类型：

（1）依托老城，就地后靠型。城区部分受淹，迁建的部分依托老城后靠发展，在形态上为“沿江淹一片，就近补一片”，存在这种类型的城镇有涪陵、长寿、和忠县等（图6-11）。

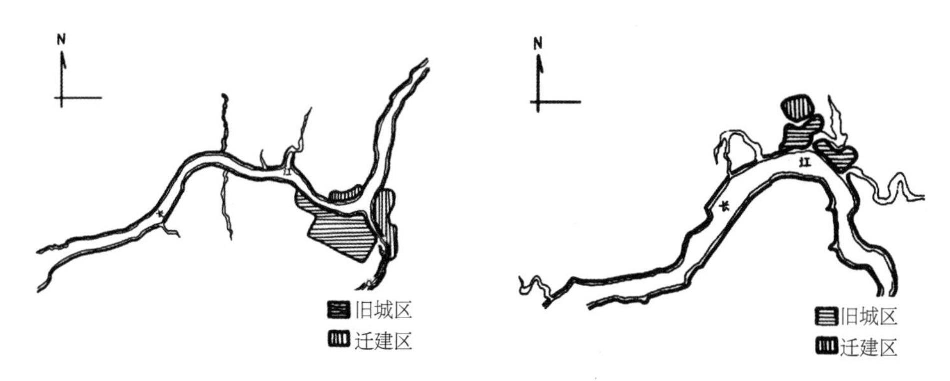

图6-11　依托老城就地后靠型示意
（资料来源：作者自绘）

（2）脱离老城，异地迁建型。异地迁建型又可分两种情况，一种就近异地全迁，如丰都城区由长江北岸搬迁至长江南岸，巫山城区由原水安镇搬迁至下游 1km 的大宁河口（如图 6-12）;另一种离原址较远，如秭归由归州镇搬迁至下游 30km 处，兴山由高阳镇搬迁至老城以北 17km 处古夫镇。异地全迁的城镇丰都、奉节、开县（如图 6-13）。

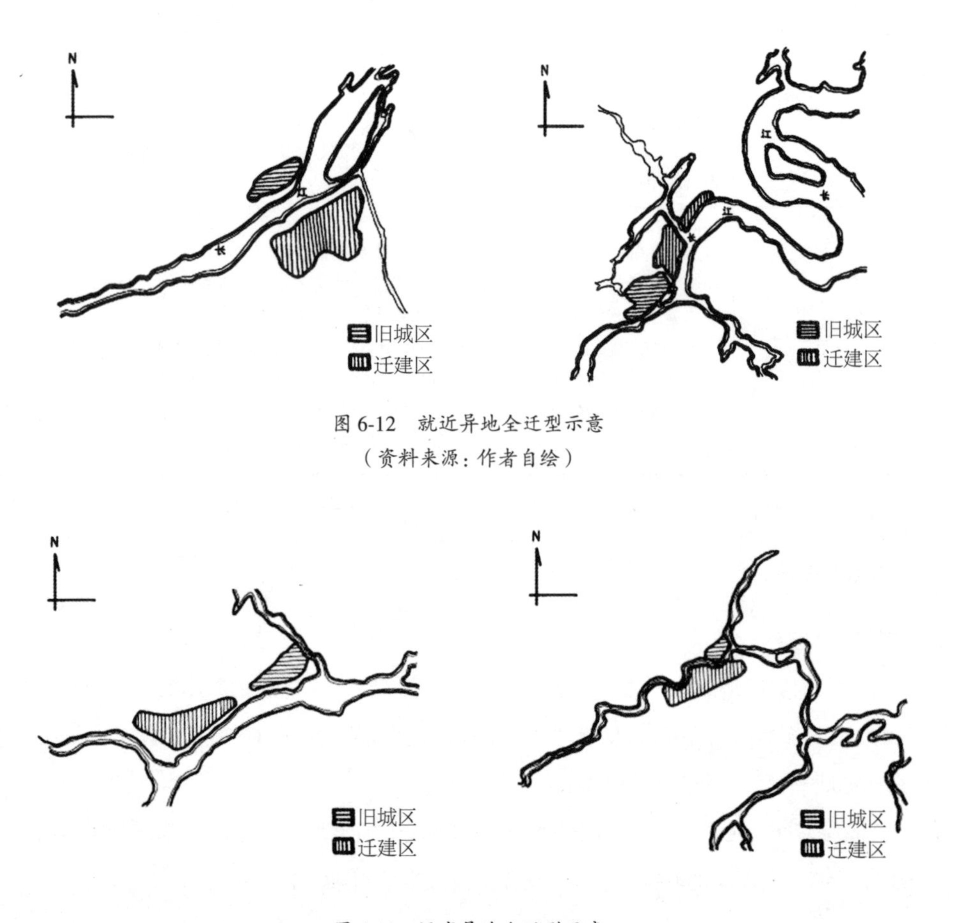

图 6-12　就近异地全迁型示意
（资料来源：作者自绘）

图 6-13　远离异地全迁型示意
（资料来源：作者自绘）

需要说明的是，对于有些特殊城市来说，以上两种安置区的形式同时存在，如万州区（包括原万县沙河镇）：龙宝区受淹部分依托旧城后靠；天城区迁往周家坝一带；五桥区迁往长江南岸百安坝一带。

综上所示，将安置区选址方式汇总如表 6-8 所示：

安置区选址方式　表 6-8

县城	迁建方式	安置区位置	位置
秭归县归州镇	整体迁建	九里坪	老城下游 30km 处
巴东县信陵镇	整体迁建	白云凌、云沱、西襄坡	老城上游 6km 处
兴山县高阳镇	整体迁建	古夫镇	老城以北 17km 处

续表

县城	迁建方式	安置区位置	位置
巫山县巫峡镇	整体迁建	大宁河口	老城下游 1km 处
丰都县名山镇	整体迁建	王家渡	长江南岸
奉节县永安镇	整体迁建	头道河沟～梅溪河一带	老城上游 15km 处
云阳县云阳镇	整体迁建	双江镇	老城上游 30km 处
万州区（含原万县沙河镇）	龙宝区局部迁建	–	附近
	天城区整体迁建	周家坝	天城区迁往周家坝
	五桥区整体迁建	百家坝	五桥区迁往百家坝
开县汉丰镇	局部迁建	–	附近
忠县忠州镇	局部迁建	–	附近
涪陵区	局部迁建	–	附近
长寿区城关镇	局部迁建	–	附近

注：作者根据收集各地迁建规划资料整理而成。
龙宝区、天城区、五桥区于 1997 年撤销。

2. 主要存在的灾害链问题

时间是限制三峡库区安置区建设的重要因素，由于时间紧迫、安置人口众多，移民住区的规划到施工往往只有数月间隙，不可避免地在建筑设计中隐含许多遗留的安全问题，往往这些问题在移民初期表现得并不明显，而是随着城市建设的逐步深入，市民经历一定时间的实际生活体验后，产生的负面影响才扩散出来。当前安置区主要存在“崩裂滑移链”和“枝干流域链”灾害链问题。

1）崩裂滑移链

（1）在安置区组团内部，场地高切坡普遍存在，坍塌、滑坡等隐患突出。大部分安置区虽然在空间上距离较远，但模式上却相差无几，间距小、高切坡成了通病①，大量的场地高切坡和堡坎给居民带来安全隐患（如图 6-14）。高切坡的稳定性会使建筑质量存在坍塌的可能，从而链发滑坡等次生灾害。而且让人望而生畏的是，许多住区建筑出门 3 ～ 4m 远便是陡崖，边缘护栏高度设计不规范，居民走在上边提心吊胆，曾有安置区居民抱怨：“为什么当时治理边坡的时候不多做几个台地缓冲一下？”②

① 据三峡建设委员会统计，2010 年整个库区迁建城市已建居住区中场地高切坡共有 1428 处之多。

② 引自云阳大雁社区笔者对一位刘姓居民的采访谈话，他的原话是这样的：“我们出门就是悬崖，你要是胆子小点，走起来腿都打颤。喝酒的晚点都不敢回来，动晃西晃的说不定哪下就掉下去了，你看这么高，不死也残废，为什么当时治理边坡的时候不多做几个台地缓冲一下，就算摔下去，活的概率没准大点（笑），平时看起来也没有那么吓人。”

（2）在安置区组团周边，边坡隐性灾害突出，滑坡、泥石流等隐患突出。在安置区组团边界，普遍存在整体式大面积边坡，大面积边坡是安置区建设中一种因人工建设活动所产生的一种地质现象，它并非崩滑体等自然地质灾害那样具有易于辨认的地质构造特征与发育规律，变化周期缓慢，发作突然性大，一般在降雨机制或外力诱导下激活。如：在2008年和2011年巫山与云阳两县就先后发生安置区大面积边坡失稳事故，引发滑坡、泥石流等灾害，造成严重的经济损失，社会影响极大。基于以上两方面综合因素，三峡库区安置区在后续完善过程中，越发凸显崩塌、滑坡、泥石流等"崩裂滑移链"安全隐患。

图6-14 云阳县某小区边坡
（资料来源：作者自拍）

2）枝干流域链

（1）大多安置区都沿长江主干或支干新建，且新区所有污水处理厂都是二级处理厂，且处理能力严重不足①。这些处理厂仅能去除可以生物降解的有机物，不能去除难以生物降解的有机物以及氮、磷等营养性物质，处理后的污水排入水体仍会造成污染，且污染影响范围会随库区水体流速减缓、水体自净能力降低而不断扩大。（2）安置区的生活垃圾处理设施严重不足②，导致安置区临水部分成为"天然的"垃圾堆放场所，一到夏天雨季，蚊蝇丛生、污水横流，给原本不堪重负的水体造成二次污染。基于以上两方面综合因素，三峡库区安置区在后续完善过程中，越发凸显水系统污染、生态环境破坏等"枝干流域链"安全隐患。

3. 典型案例研究——以涪陵区太极集团安置区完善为例③

1）现状概述

涪陵太极集团安置区属于依托老城就地后靠型。安置区位于城市东部太极新村旁、太极大道南侧，主要包括居住、办公、中学和配电设施等功能，与城市主干道（太极大道）之间存在高危边坡（图6-15），边坡北部（太极大道北侧）紧邻老城高密度住区（建筑密度高、基础设施老旧）、文化娱乐区及公交加气

① 自2003年6月以来，重庆三峡库区首批污水处理项目，共涉及13个区县的18座污水处理厂已陆续投入试运行。这些污水处理厂总投资达21亿多元，总设计规模日处理污水46.5万吨，服务面积101km^2，服务人口159万余人，目前污水收集率为67.31%。重庆三峡库区18座污水处理厂设计日处理污水总量为47万吨，而实际上每天处理污水总量为15万吨左右，占设计总规模的3成多一点。即使污水收集率达到100%，日污水处理量也不能达到设计日污水处理总量的40%。

② 2011年库区每日产生的2285吨垃圾，只有1874吨垃圾被拉到垃圾场进行处理，入场率为82%。一些单位或乡镇为节省费用，宁愿将垃圾晒太阳或乱倾倒，也不将垃圾运往垃圾场进行处理。严重影响水库水质。另外，受经费及设施的困扰，一些垃圾处理场的接受能力也受限制，仅投入运行的13个垃圾处理场一年的运行费用就达6000万元，一些贫困区县根本就无力承担运行费用。

③ 此部分内容参考了《重庆市涪陵区城市总体规划（2004—2020年）》（2011年修改）。

站（图6-16）。

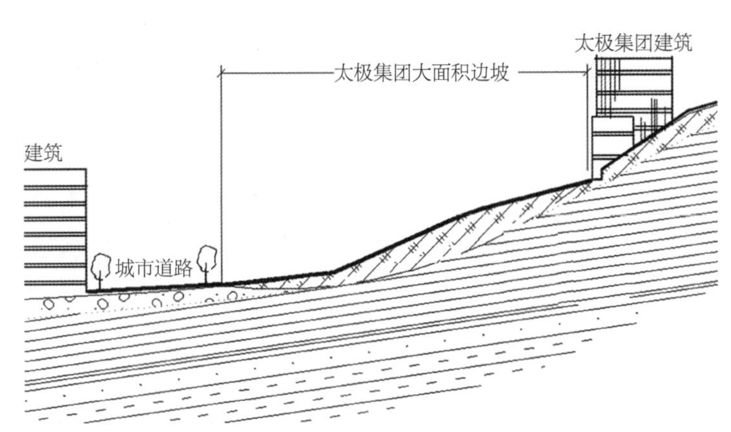

图6-15　太极集团安置区边坡示意图
（资料来源:《重庆市涪陵区城市总体规划（2011年修编）》）

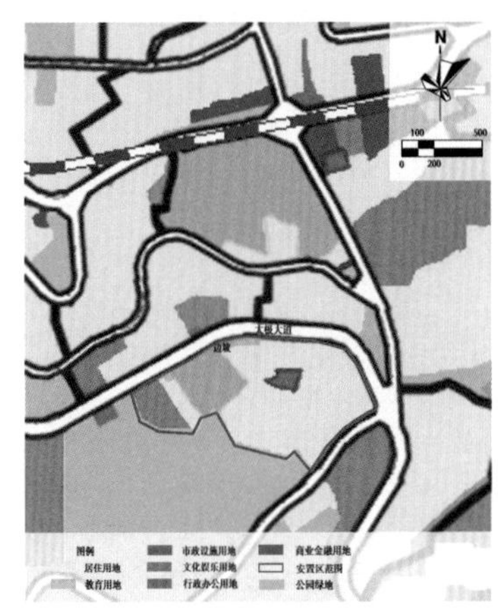

图6-16　安置区周边用地现状图

2）"公共安全空间单元"规划干预

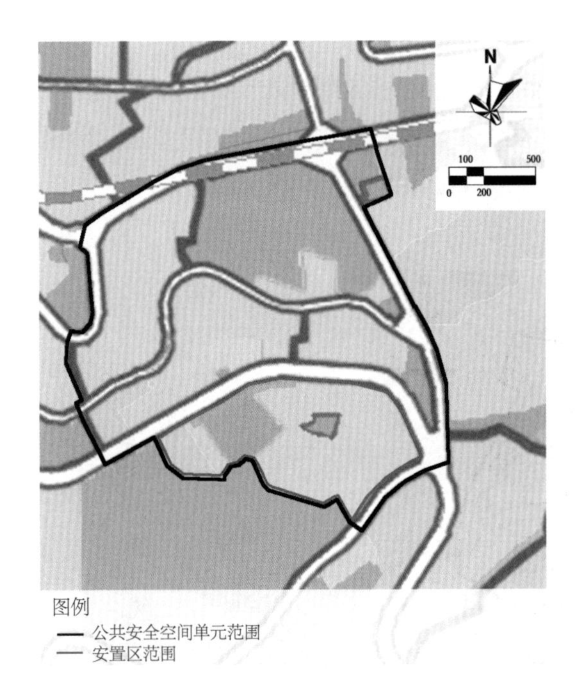

图6-17　"公共安安全空间单元"范围

（1）进行风险评估。

在灾害链的视角下，对太极集团安置区进行调研评估，结合总体规划，初步确定安置区内部存在"崩裂滑移链"[①]安全隐患，安置区北部存在"蔓延侵蚀链"[②]安全隐患，由于两条灾害链相互链接，本书将合并成为一个单元进行研究。

（2）进行目标确定。

根据安置区完善的现实需要，按照3年的标准确定目标。

（3）进行单元划定。

在规划目标的导引下，针对"崩裂滑移链"和"蔓延侵蚀链"进行"公共安全空间单元"监测和管控要素汇总（如表6-9），基于"多尺度"遴选分析，结合现有规划划定"公共安全空间单元"范围（如图6-17）。

① 安置区北部有大面积边坡区。
② 置区北部紧邻老城高密度住区和加气站。

“公共安全空间单元”监测和管控要素汇表 **表 6-9**

类型	“致灾空间”监测及管控要素	“受灾空间”监测及管控要素	“救灾空间”监测及管控要素
“崩裂滑移 + 蔓延侵蚀链空间单元”	(1)地震区:地震强度4级别、烈度五度; (2)崩塌区:无; (3)滑坡区①:地质稳定差,无防护距离; (4)洪涝区:无; (5)加油(气)站:加气一个,最大威胁半径范围1000m	(1)人口密集区:安置区用地建筑密度25%,容积率1.5,公共开敞空间2.03hm^2;老城区高密度住区建筑密度40%,容积率1.8,公共开敞空间0.56hm^2;平均场地标高241 ~ 308m; (2)主要市政基础设施:老城高密度住区区抗震强度4级,安全可靠性欠缺	(1)避难场所:紧急型2处(服务半径300m、1000m),最大容纳人口2000人,平均标高265 ~ 283m; (2)道路网络:城市主干道2条(宽24m)、次干道3条(宽12 ~ 16m)、支路7条(宽度5 ~ 12m),平均标高245 ~ 305m,通行能力满足要求(限于篇幅,各路段具体数据略去),自由状结构形态; (3)物资场所:储备总量满足1500人3天日常供给,救助半径1000m; (4)医疗机构:2级甲等医院一个,5分钟急救半径5000m; (5)消防机构:消防站一个,5分钟急救半径5000m

(4)进行规划干预。

通过对“崩裂滑移链 + 蔓延侵蚀链”的“多预案”评估和“多角度”辨析,针对最大风险灾害链“滑坡—失稳坍塌—加油(气)爆炸—基础设施损坏—火灾蔓延”进行“断链减灾”和“成链救助”研究,以“致灾空间、受灾空间、救灾空间”为基本要素进行规划,如图 6-18、表 6-10。

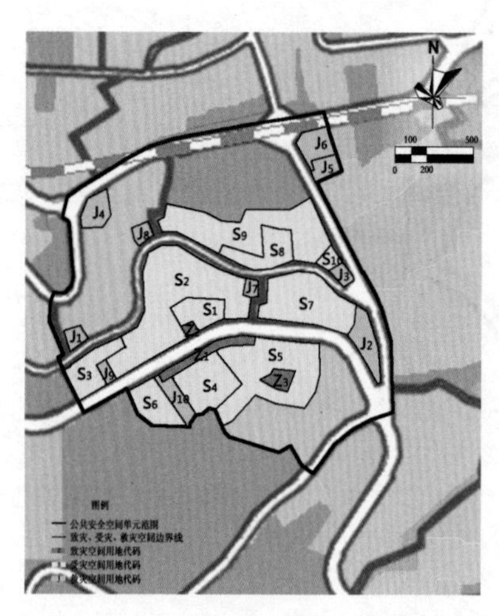

图 6-18 “公共安全空间单元”用地编码图

① 根据滑坡内7个钻孔资料,坡体厚度在1.3 ~ 8.6m,平均厚度4.0m,体积达(11.48×104)m^3,为一小型松散堆积层土质大面积边坡,从剖面可以看出,北侧基岩滑坡为平直型,滑面倾角15°左右,南侧滑面形态不规则,略显其椅状特征,平均滑面倾角18 ~ 26°。

“公共安全空间单元”指标控制一览表　　表 6-10

类别	用地代码	类型	用地面积	管控标准	具体措施
致灾空间	Z_1 灾源	滑坡	3.21hm^2	刚性管控	作为灾害链源头，强制性提高设计标准及防护措施，增加植被覆盖，降低灾害发生概率
	Z_2 拐点	爆炸	0.82hm^2	刚性管控	作为灾害链拐点（加气站），强制性提高防护措施，限于现状建设条件，建议增设与“Z_1、S_1、S_2”之间防护绿带，降低灾害发生概率
	Z_3 拐点	火灾	2.22hm^2	弹性管控	作为灾害链拐点（变电站），强制性提高防护措施、增加与“S_5”之间防护绿带宽度，降低灾害发生概率
受灾空间	S_1	文化娱乐	5.75hm^2	刚性管控	由于处在“Z_1、Z_2”影响区，强制性提高消防及滑坡监控设施，限于现状建设条件，建议增设与“Z_1、S_1、S_2”之间防护绿带
	S_2	居住	22.3hm^2	刚性管控	现状为老城高密度住区，电、气等基础设施老化严重，加之处在“Z_1、Z_2”影响区，限于现状建设条件，强制性增加公共开敞空间的数量（进行防火隔离），降低建筑密度，建议增设与“Z_1、S_1、S_2”之间防护绿带，避免受灾空间内部蔓延
	S_3	行政办公	6.55hm^2	弹性管控	由于处在“S_2”间接影响区（特指 S_2 火灾链蔓延区），适当增加防护绿带宽度
	S_4	中学	6.91hm^2	刚性管控	由于处在“Z_1”影响区，一旦边坡塌陷，会导致地质失稳，威胁建筑安全，强制性对地基进行加固
	S_5	居住	1.72hm^2	刚性管控	由于处在“Z_1”影响区，一旦边坡塌陷，会导致地质失稳，威胁建筑安全，强制性对地基进行加固
	S_6	行政办公	7.52hm^2	弹性管控	由于处在“Z_3”间接影响区，适当增加防护绿带宽度
	S_7	居住	15.2hm^2	弹性管控	由于处在“Z_1、S_2”间接影响区，适当增加防护绿带宽度
	S_8	居住	6.51hm^2	弹性管控	由于处在“S_2”间接影响区（特指 S_2 火灾链蔓延区），适当增加防护绿带宽度
	S_9	职业教育	16.5hm^2	弹性管控	由于处在“S_2”间接影响区（特指 S_2 火灾链蔓延区），适当增加防护绿带宽度
	S_{10}	居住	1.85hm^2	弹性管控	由于处在“S_2”间接影响区（特指 S_2 火灾链蔓延区），适当增加防护绿带宽度
救灾空间	J_1	街头广场	1.85hm^2	弹性管控	由于处在“S_2”间接影响区（特指 S_2 火灾链蔓延区），限于现状建设条件，建议增加公园用地（调整居住用地），适当增加防火及应急避难设施
	J_2 枢纽	休闲绿地	4.25hm^2	刚性管控	作为救灾链枢纽，强制性增加备用物资救助功能，增加应急水源，确保其交通可达性
	J_3	街头绿地	1.95hm^2	弹性管控	由于处在“S_2”间接影响区（特指 S_2 火灾链蔓延区），适当增加防火及应急避难设施
	J_4 枢纽	街头公园	4.11hm^2	刚性管控	作为救灾链枢纽，根据现状建设条件，强制性增加公园用地（调整居住用地），增加紧急使用时的救助功能，增加交通可达性

续表

类别	用地代码	类型	用地面积	管控标准	具体措施
救灾空间	J_5 枢纽	消防站	3.18hm^2	刚性管控	作为救灾链枢纽，且为管控范围内唯一一个消防救助设施，强制性增加紧急使用时的救助功能，增加交通可达性，按照当前救助半径计算，不需增加服务规模及半径
	J_6 枢纽	医院	4.22hm^2	刚性管控	作为救灾链枢纽，且为管控范围内唯一一个医疗救助设施，强制性增加紧急使用时的救助功能，增加交通可达性，按照当前救助半径计算，不需增加服务规模及半径
	J_7	街头广场	1.36hm^2	弹性管控	由于处在“S_2”直接影响区（特指 S_2 火灾链蔓延区），限于现状建设条件，适当增加公园用地（调整居住用地），增加防火及应急避难设施
	J_8	街头广场	1.78hm^2	弹性管控	由于处在“S_2”直接影响区（特指 S_2 火灾链蔓延区），限于现状建设条件，适当增加公园用地（调整居住用地），增加防火及应急避难设施
	J_9 枢纽	街头绿地	1.01hm^2	刚性管控	作为救灾链枢纽，且处在“S_2”直接影响区（特指 S_2 火灾链蔓延区），结合现状建设条件，强制性增加公园用地（调整居住用地），增加防火及应急避难设施，增加交通可达性
	J_{10}	休闲绿地	2.35hm^2	弹性管控	由于处在“Z_1”直接影响区，限于现状建设条件，建议增加公园用地（调整居住用地），适当对场地进行平整和加固，增加植被覆盖，增加应急避难设施

3）具体完善建议

本次安置区整改完善突破了安置自身范围，除了对紧邻太极大道的边坡进行处理外，对紧邻的老城高密住区、加气站等其他存在灾害链安全隐患的区域一并提出规划意见，具体建议如下：

（1）针对安置区内部的“崩裂滑移链”。

针对“Z_1”（灾源）：强制性提高设计标准、增加植被覆盖，降低灾害发生概率。此部分整改已经完成，具体来说，在边坡上按照 3m × 3m 标准进行乔木密植（以当地小叶榕、核桃等树种为主），使深层树根之间交织成网络，再以浅根草本植物维护表层土壤（避免降雨和地表径流产生的水土流失），深浅结合，有效地抑制住了“Z_1”（大面积边坡）的灾变趋势，目前，该边坡已成为太极集团的农业经济示范园区（图 6-19）。需要进一步说明的是，在对“Z_1”（大面积边坡）稳定性控制方面，没有采用“常规”中单纯的工程治理方法，而是运用了生态固土措施（栽植特定植物），使项目投入大为缩减①。

针对“S_4、S_5”：防止地基失稳，对地基进行加固。

针对“Z_3”（拐点）：强制性提高防护措施，增加与“S_5”之间防护绿带宽度。

针对“J_{10}”：更改用地性质，将居住用地变更为休闲绿地，增加场地平整性和稳定性，增加植被覆盖，增加应急避难设施，减小“Z_1”对“S_6”的直接影响。

（2）针对安置区外部的“蔓延侵蚀链”。

① 据项目方案对比分析，后者的造价仅为其他治理方法的 70%。

图 6-19　边坡开发治理效果

针对"Z_2"（拐点）：防止滑坡威胁，强制性提高防护措施、建议按 3m 标准增设与"Z_1、S_1、S_2"之间的防护绿带。

针对"S_1"：防止滑坡、爆炸和火灾威胁，提高消防及滑坡监控设施，建议按 3m 标准增设与"Z_1、Z_1、S_2"之间的防护绿带。

针对"S_2"：防止火灾蔓延，建议增加公共开敞空间的数量（进行防火隔离），降低建筑密度，建议增设与"Z_1、S_1、S_2"之间防护绿带，避免火灾内部蔓延。

针对"J_2"（枢纽）：强制性增加紧急使用时的救助功能，增加交通可达性。

针对"J_4"（枢纽）：强制性更改用地性质，将居住用地变更为休闲绿地，增加交通可达性，增加紧急使用时的救助功能。

针对"J_7、J_8"：建议更改用地性质，将居住用地变更为广场和绿化用地，增加防火及应急避难设施。

针对"J_9"（枢纽）：强制性更改改用地性质，将居住用地变更为街头绿地，增加防火及应急避难设施，增加交通可达性。

4. 对"安置区"完善的启示

1）针对"崩裂滑移链"潜在区

（1）规划干预的范围

首先，三峡库区城市安置区选址用地条件极为有限[①]，加之大多因时间紧、工期短，内部普遍存在场地高切坡现象，崩塌、滑坡等隐患突出，与此同时，大多安置区周边边坡隐性灾害也十分突出，滑坡、泥石流等灾害威胁突出。据此，突破安置区边界，将周边隐形边坡突出的区域一并进行纳入崩塌、滑坡、

---

① 其一，最低建设高程为 182m，即水库正常蓄水位 175m 加上 7m 风浪线；其二，计算搬迁指标，要有足够的建设用地；其三，要有良好的对外交通条件，包括对外公路、建港或建码头的条件；其四，要便于基础设施工程的建设，包括城镇道路、场地平整、室外工程、供水、电力电讯、防洪防灾等方面；其五，不能距离原有城镇太远，地理位置较适中，利于行政管理和发挥聚散辐射功能。

泥石流等灾害的排查，综合确定“致灾空间”范围。

其次，三峡库区城市大部分安置区内部建筑密度大、开发强度高，一旦外部或内部发生崩塌、滑坡、泥石流等灾害，安置区都将损失严重。据此，依据建设现状分析崩塌、滑坡、泥石流等灾害带来的直接威胁，综合确定“受灾空间”范围。

再次，三峡库区城市安置区选址用地条件局促，加之库区建设资金的不足，针对安置区的紧急避难、医疗救助等设施相对能力不足，救灾体系较弱。据此，依据受灾范围，对紧急避难、医疗、道路等紧急救援设施的能力进行评估，分析间接威胁，综合确定“救灾空间”范围。

最后，将三类空间范围进行叠加，确定“崩裂滑移链空间单元”的规划干预范围。

（2）致灾因素干预要点

其一，三峡库区城市安置区建设选址情况复杂多变，安置组团外部的崩塌、滑坡威胁尤为突出，大多灾源都出现在周边的隐形边坡。基于多预案评估分析，重点选择周边隐形边坡为致灾因素的核心干预要点（灾源），加强崩塌、滑坡、泥石流等灾害链发的研究，结合组团内部诱发性潜在隐患点，综合提高灾源和拐点的设计标准和防护措施，减小其发生的概率。

其二，三峡库区城市安置区用地紧凑、组团内部开敞空间相对不足。基于“断链减灾”思路，限于客观条件，增加组团周边隐形边坡隐患点与组团内部隐患点之间防护空间（城市道路、防护绿地等）的尺度，减小外部边坡失滑引发组团内部地基失稳、灾害链发的可能。

其三，三峡库区城市安置区周边用地一般坡度较大，在大量人工平场区存在场地回填情况，存在因土质松软诱发的泥石流隐患。因此，在边坡失滑以及地形凹槽区，通过人工加固或生态修复（增加植被覆盖）消除隐患，防止崩裂、滑移诱发泥石流（因降雨诱因）。

（3）救灾因素干预要点

其一，三峡库区城市安置区迁建一般有两种类型——依托老城就地后靠，脱离老城异地迁建，前者多防灾避难空间不足，后者多医疗救助设施不足。区分迁建类型，结合老城及安置区建设现状中救灾设施的布局、规模和救助能力，针对就地后靠型，确定核心防灾避难空间的位置和规模；针对异地迁建型，确定核心医疗救助设施的位置和规模。

其二，三峡库区城市安置区交通条件相对老城区好，道路用地指标基本满足要求，依托现有的交通体系，针对就地后靠型增加核心防灾避难空间与其他防灾避难空间之间的交通关联性；针对异地迁建型增加核心医疗救助设施与其他医疗救助设施之间的交通关联性，整体上构建适应性较强的救援网络体系。

其三，三峡库区城市安置区选址受限于多种客观因素，场地的建设条件一般，滑坡、崩塌等灾害时有发生，紧急避难、医疗救助等设施应尽可能避开这些灾害的威胁区，特别对核心救助设施来说更为重要，结合安置区建设现状增加广场、公园、医疗等核心救助设施对崩塌、滑坡、泥石流等自然灾害的适应能力，绝对避免核心防灾避难场所、医疗机构处于高危受灾区。

2）针对“枝干流域链”潜在区

（1）规划干预的范围

三峡库区大多安置区都沿长江主干或支干新建，安置区生活（生产）污水排放（点源或径流）方式及区域的生态基础设施规模布局与所在小（微）流域[①]的生态环境密切相关，以小（微）流域为边界整合致灾、受灾、救灾空间，综合确定“枝干流域链空间单元”的规划干预范围。

（2）致灾因素干预要点

其一，三峡库区城市安置区内部生活污水及垃圾处理设施相对不足，加之因产业调整带来较以前更集中的重工业污染（紧邻安置区）及周边农业污染[②]，安置区生态环境威胁突出。基于多预案评估分析，突破安置区自身范围，将安置区以外的重工业污染及农业灌溉污染区作为核心灾源进行控制，提高相应径流排放、点源排放区的设计标准，降低极端污染事故发生的概率。

其二，三峡库区城市安置区的枝干流域特征明显，除了对灾源进行严格控制外，也要利用流域自身净化能力减小污染因流域汇集而放大。据此，分析径流距离、径流速度及径流量等各项参数，适当增加安置区外部灾源排放区与安置区内部一般污染排放区的空间距离，减小灾害链发的可能。

其三，三峡库区城市安置区周边产业类型较多，除了利用流域自身净化能力减小污染因流域汇集而放大外，也可以通过调整不同污染物之间的化学属性进行“断链减灾”研究，区域性优化调整核心污染物与其他污染物之间的化学关联度，减小灾害链发的可能。

（3）救灾因素干预要点

其一，三峡库区城市安置区内部大多污水收集[③]、处理[④]设施能力不足，外部区域性的生态基础设施基本上缺失，结合安置区内部现有建设情况，适当加强安置区内部污水收集及处理能力，重点分析周边区域生产及农业污染的范围及类型，结合周边区域现有生态植被及环境，增加周边区域的核心生态基础设施处理污染种类的能力；

其二，三峡库区城市安置区尽管地形复杂，建设条件一般，但大多周边生态植被自然环境较好，依托选定的核心生态基础设施区域，打通核心区与其他区域之间的生态通廊，构建“斑、廊、基”生态基础设施网络体系，增加整个区域生态稳定性。

其三，三峡库区城市安置区周边某些重工业及农业污染相对严重，导致安置区周边生态污染严重，为保证整个小（微）流域区域的生态稳定性，除了尽可能去除重污染源的威胁外，也要确保核心生态基础设施区域不在重污染的核心致灾区。

本书将对“安置区”完善的启示汇总如表6-11所示：

---

① 小流域通常是指二、三级支流以下以分水岭和下游河道出口断面为界集水面积在50km^{2}以下的相对独立和封闭的自然汇水区域。水利上通常指面积小于50km^{2}或河道基本上是在一个县属范围内的流域。小流域一般面积不超过50km^2。小流域的基本组成单位是微流域，是为精确划分自然流域边界并形成流域拓扑关系而划定的最小自然集水单元。

② 安置区周边农村污染也非常严重，农药、化肥对农产品的污染及农膜产生的“白色污染”，已经对长江枝干及流域、安置区环境构成了严重威胁。

③ 库区迁建城市应结合本地区的自然条件和社会条件，选择分片或整体的污水收集方式，选择分流或者合流的排水系统或两种体制适当结合的混合制，选择排放口位置，以及管径、坡降、管网附属构筑物，施工工程量，运行维护费等。

④ 可增加除氮、除磷等处理设施，用活性炭吸附或反渗透法去除水中的剩余污染物，用臭氧和液氯消毒，杀灭细菌和病毒，然后将处理水送入中水道，作为冲洗厕所、喷洒街道、浇灌绿化带、防火等水源。

对“安置区”完善的启示　　表 6-11

类别		启示要点	典型
“崩裂滑移链”潜在区	规划干预的范围	突破安置区边界，将周边隐形边坡突出的区域一并进行纳入崩塌、滑坡、泥石流等灾害的排查，依据建设现状分析崩塌、滑坡、泥石流等灾害带来的直接威胁，对紧急避难、医疗、道路等紧急救援设施的能力进行评估，分析间接威胁，综合确定“崩裂滑移链空间单元”的规划干预范围	兴山 巫山 巫溪 云阳 涪陵 重庆
	致灾因素干预要点	（1）重点选择周边隐形边坡为致灾因素的核心干预要点（灾源），加强崩塌、滑坡、泥石流等灾害链发的研究，结合组团内部诱发性潜在隐患点，综合提高灾源和拐点的设计标准和防护措施，减小其发生的概率； （2）增加组团周边隐形边坡隐患点与组团内部隐患点之间防护空间（城市道路、防护绿地等）的尺度，减小外部边坡失滑引发组团内部地基失稳、灾害链发的可能； （3）在边坡失滑以及地形凹槽区，通过人工加固或生态修复（增加植被覆盖）消除隐患，防止崩裂、滑移诱发泥石流（因降雨诱因）	
	救灾因素干预要点	（1）区分迁建类型，针对就地后靠型，确定核心防灾避难空间的位置和规模；针对异地迁建型，确定核心医疗救助设施的位置和规模； （2）针对就地后靠型增加核心防灾避难空间与其他防灾避难空间之间的交通关联性；针对异地迁建型增加核心医疗救助设施与其他医疗救助设施之间的交通关联性，整体上构建适应性较强的救援网络体系； （3）结合安置区建设现状增加广场、公园、医疗等核心救助设施对崩塌、滑坡、泥石流等自然灾害的适应能力，绝对避免核心防灾避难场所、医疗机构处于高危受灾区	
“枝干流域链”潜在区	规划干预的范围	三峡库区大多安置区都沿长江主干或支干新建，安置区生活（生产）污水排放（点源或径流）方式及区域的生态基础设施规模布局与所在小（微）流域的生态环境密切相关，以小（微）流域为边界整合致灾、受灾、救灾空间，综合确定“枝干流域链空间单元”的规划干预范围	
	致灾因素干预要点	（1）突破安置区自身范围，将安置区以外的重工业污染及农业灌溉污染区作为核心灾源进行控制，提高相应径流排放、点源排放区的设计标准，降低极端污染事故发生的概率； （2）基于径流距离、径流速度及径流量等各项参数，适当增加安置区外部灾源排放区与安置区内部一般污染排放区的空间距离，减小灾害链发的可能； （3）调整安置区周边产业不同污染物之间的化学属性，区域性优化调整核心污染物与其他污染物之间的化学关联度，减小灾害链发的可能	
	救灾因素干预要点	（1）结合安置区内部现有建设情况，适当加强安置区内部污水收集及处理能力，重点分析周边区域生产及农业污染的范围及类型，结合周边区域现有生态植被及环境，增加周边区域的核心生态基础设施处理污染种类的能力； （2）依托选定的核心生态基础设施区域，打通核心区与其他区域之间的生态通廊，构建“斑、廊、基”生态基础设施网络体系，增加整个区域生态稳定性； （3）去除安置区周边重工业及农业污染相对严重的重污染源的威胁，确保核心生态基础设施区域不在重污染的核心致灾区	

6.1.3 "滨水区"整治

1. 基本情况概述

本书所调研的滨水区是指三峡蓄水后旧城或新城（安置区）临近长江干流（支流）的滨水地带。三峡库区城市建设及百万移民迁建大多沿长江干支流域展开，粗略统计滨水岸线总长约300km①。

滨水区是城市到水域的过渡空间，也是人工建设系统和自然生态系统相互交融的空间。三峡库区滨水区受限于水文、地质等外部环境影响，除了具备一般城市滨水区的特征外，更是库区城市建设最为敏感的地区，它既是库区城市居民活动的公共空间，也是城市形象的景观节点、旅游观光的重要场所和城市发展的历史缩影。

2. 主要存在的灾害链问题

当前三峡库区滨水区主要存在"崩裂滑移链"和"枝干流域链"灾害链问题。

1）崩裂滑移链

（1）由三峡水位变化引起滨水区水文地质条件和工程地质条件发生改变，是滨水区崩裂滑移灾害链发的直接诱发因素。水位上升及涨落引起岸坡岩土体软化、强度降低等，导致岸坡整体稳定性发生不利变化②。需要说明的是，库水冲刷作用的坡岸不同位置（前缘、中部或后缘），所产生的危害也有所差异，本书将边坡稳定性变化分为三种模式③（如图6-20）。（2）滨江区域开发过程中，所产生的后天地形改造形式，可能会促使一部分相对稳定的边岸发生新的变化。这种变化主要体现在坡体力学系统的改变，原理与陆地边坡失稳相同，就是外在建筑设施建设增加坡体整体重力，打破原有摩擦力与下滑应力之间的平衡，引起滑动。差异的是加入了江水不定向应力的侧向引导，使坡体临界安全系数相比陆地边坡大大降低，更容易在外力刺激下产生灾变④。（3）三峡水库建成后，将在库区两岸形成永久性的水位反季节涨落地带，即三峡库区消落带⑤，消落带库岸因长期浸泡和浪击前缘的不断冲刷，必然导致岸坡岩体整体稳定性下降，加速滑坡进程，给库区带来更大威胁。基于以上三方面综合因素，三峡库区滨水区，存在严重的"崩裂滑移链"安全隐患。

---

① 三峡库区汇集了岷江、沱江、嘉陵江、乌江、金沙江、赤水河六大支流及若干小支流的来水，目前各个支流沿江城镇的生活污水和垃圾基本未经处理。

② 特别是边岸地下水系统与长江的连接，产生托浮和渗透效应，更加剧了这种现象。

③ 若江水冲刷区位于岸坡的前缘，则冲刷破坏后稳定安全系数减小，在上部载荷变化和降水等诱导下迅速坍滑；若作用部位位于岸坡中部时，则坡体稳定安全系数基本不变，只要采取一定的护堤措施，在相当长的时间内不会发生明显的灾变倾向；若冲刷作用区位于岸坡的后缘，则坡体安全系数增大，对坡岸基本没有影响。

④ 滨江设施建设过程中也有另一种可能，在基础场平阶段大面积地削减坡体上部边缘，使一些较缓岸坡不稳定区域向下边缘萎缩，甚至消失，不再对岸线具有威胁。

⑤ 为了使库区长期保持绝大部分有效库容，三峡水库将采取蓄清排浑的运行方式，即：在每年汛期（6～9月），长江上游来沙量最大之前，将库区水位降至145m，并在汛期开闸放水排沙，而在汛期后则关闭闸门，将库水位升至175m，拦蓄清水以发挥水库效益。

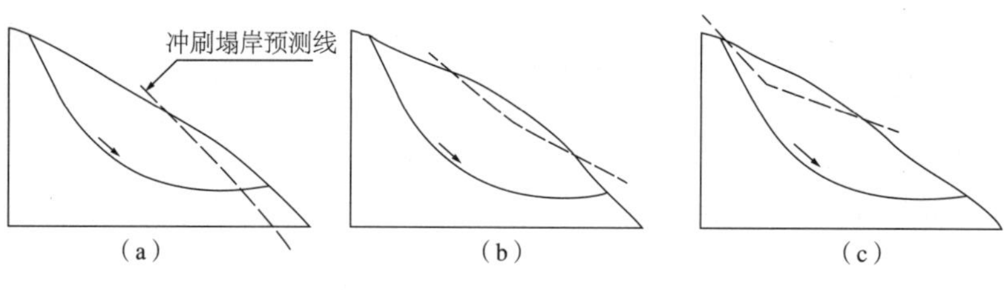

图 6-20 库水作用位置及坡体稳定性变化模式图
（资料来源：根据《三峡库区奉节河段库岸蓄水再造研究》改绘）

2）枝干流域链

（1）水体污染物扩散能力下降。库区水体流速减缓，水体自净能力和输送污染物的能力大大降低[①]，污染物扩散能力也降低，水环境的容量减小，扩散能力减弱，滨水区水域污染加重，污染物排放口下游的岸边污染带形状将由长带型向宽短型变化，水污染浓度增加，岸边污染带加宽[②]。（2）有毒污染物增加。水库蓄水引发被淹没土壤中有毒有害物质和营养物质溶出，引起水库水质下降，加之被淹没两岸过去随意堆放的固体废弃物，都将对滨水区产生严重影响。（3）水体富营养化严重。水流流速降低使水体氮、磷、钾营养物质产生富集，将促进藻类的生长，由于三峡水库属峡谷型水库，平均水深约 70m，部分支流回水区和库湾受回水顶托影响，大量营养物质富集，滨水区存在富营养化的危险。（4）废水、污水直接污染。随着库区城市建设和经济增长，工业废水和生活污水的排放量有大的增加（如图 6-21），加之还要接纳来自上游地区的废水、污水，滨水区污染严重[③]。基于以上四方面综合因素，三峡库区滨水区，存在严重的“枝干流域链”安全隐患。

图 6-21 万州区某排污点
（资料来源：作者自拍）

3. 典型案例研究——以重庆市肖家河流域滨水区整治为例[④]

1）现状概述

肖家河流域位于重庆主城两江新区，纵贯江北区和渝北区（图 6-22），东承铜锣山（现状有较多农业

① 三峡水库蓄水后，库区江河将由流速快、流量大的河川变为流速缓、滞留时间长、回水面积大的巨大人工湖，库区水体流速减缓，由平均 3m/s 下降到 0.8m/s。

② 据测算成库前重庆城区排出的污染物流到涪陵已降解一半，而成库后这些污染物流到涪陵仅能降解 17%，水中污染物还将增加 30%；同时岸边污染带普遍增加，增加幅度为 0.85 ~ 1.33 倍，带内污染物平均浓度将提高 1.63 倍，库区主城区江段污染物浓度比成库前提高 34.5%，长寿江段提高 117%，涪陵、万州江段提高 573%，这将给水体带来严重的污染。

③ 大量废水、污水未经处理直接排放是水质污染的重要原因。库区排放的工业废水近 1/3 未达标。库区生活污水集中处理率不到 10%。据有关部门统计，三峡库区现有大、中型工矿企业 3000 多家，每年排放工业污水 10 亿多吨，处理率为 70%，达标率更低；沿江城镇每年有 3.5 亿吨含粪便的生活污水直接排江；沿岸 600 多处露天垃圾堆场，年产垃圾 3 万多吨，2 万多艘船舶，年产垃圾 10 万多吨，污染物 50 多种。

④ “水体污染控制与治理”科技重大专项——两江新区水系统格局演变及其城市化效应。

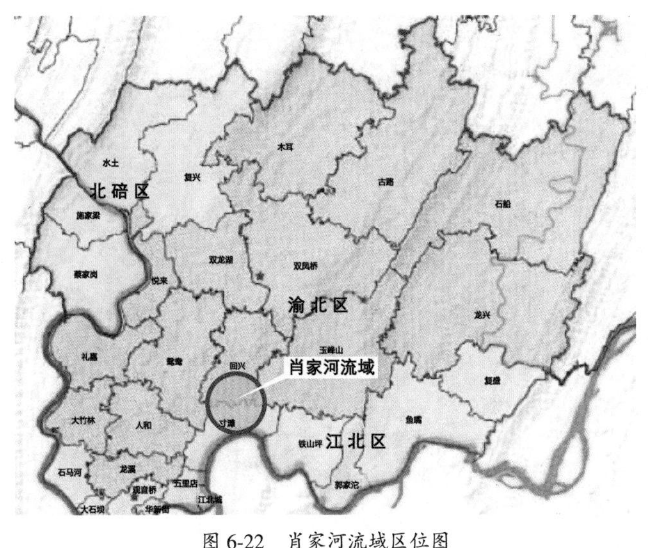

图 6-22　肖家河流域区位图

用地），南临长江，西接茅溪流域，北靠两江新区中观主山脉总体建设用地比例52.53%，整个流域处于城市核心拓展区，其滨水区皆大多属于高强度开发地区，当前存在以下两方面问题：（1）北部为水源涵养及水土保持区，因径流及点源（污水处理厂）共同排放的TP、NH3-N在枯水期严重超标①，导致流域中游滨水区水质恶化严重（如表6-12）；（2）中游存在城市地表污物径流及水土流失现象，导致下游滨水区水质浑浊、污染严重。

肖家河水质监测数据　　**表 6-12**

流域名称	测量时间	水质				
		pH	DO	CODMn	TP	NH3-N
肖家河流域	2014 年 4 月	——	——	8.22（Ⅳ类）	1.05（Ⅴ类）	10.23（Ⅴ类）
	2014 年 7 月	7.93	6.4（Ⅱ类）	2.39（Ⅲ类）	0.25（Ⅳ类）	1.1（Ⅳ类）

注：pH（6 ~ 9、无量纲）、CODMn（6 ~ 10，Ⅱ类）、TP（大于0.4，Ⅴ类）、NH3-N（大于2.0，Ⅴ类）

2）"公共安全空间单元" 规划研究

（1）进行风险评估。

灾害链的视角下，对肖家河流域滨水区进行调研评估，结合上位规划，初步确定滨水区存在 "枝干流域链" 安全隐患，本书据此展开研究。

（2）进行目标确定。

根据肖家河滨水区建设及整治的现实需要，按照5年的标准确定目标。

（3）进行单元划定。

在规划目标的引导下，以肖家河小流域为对象进行单元划分（这里借助了ArcGIS软件的水文分析模块进行分析，主要参数为：最大降雨值100mm/小时，栅格50m）（如图6-23）。

将模拟生成的小流域范围线与现状用地图和现有控规合并，如图6-24：

依据小流域划定的 "枝干流域链" 空间单元范围，其监测及管控要素，如表6-13：

① CODMn以径流排放为主，相对较为正常。

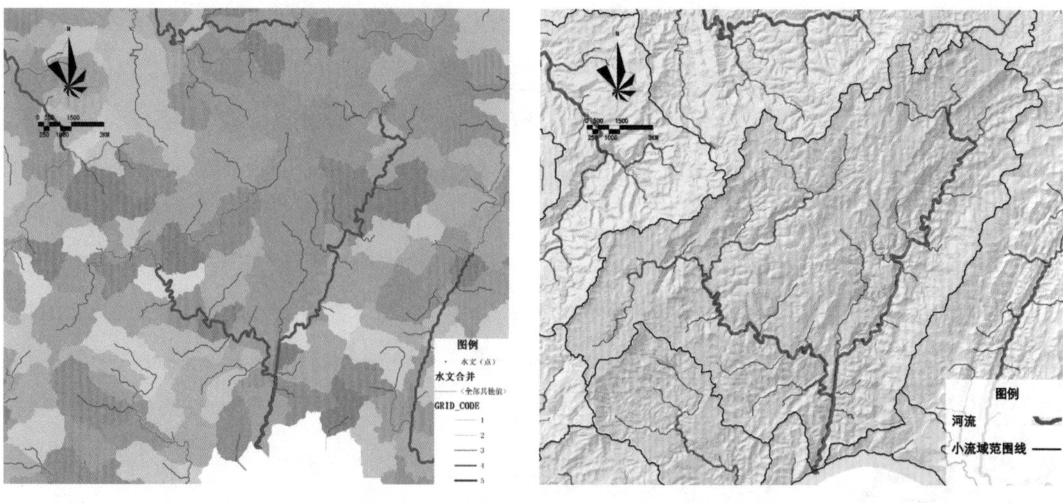

图 6-23 肖家河小流域空间单元区划分图

图 6-24 小流域空间单元与用地现状（左）、现行控规（右）合并图

“公共安全空间单元”监测和管控要素汇表 **表 6-13**

类型	“致灾空间”监测及管控要素	“受灾空间”监测及管控要素	“救灾空间”监测及管控要素
“枝干流域链”空间单元	（1）径流污染排放：工业区（北部，东部，南部）、生活区（中部）、农田灌溉区（东部），其中工业区和农田灌溉区排放超标； （2）点源污染排放：城南污水厂（北部、2.9 万 m^3/ 日）、肖家河污水厂（南部、2.0 万 m^3/ 日），其中城南污水厂排放超标； （3）垃圾堆放：集中收集处理堆放	（1）消落带：无； （2）滨水区：居住区、文体娱乐区、商业区、行政办公区、教育科研区	（1）垃圾处理：达区域安全要求； （2）生态基础设施：西部有区域性生态林地，东部有区域性生态防护绿地，体系缺失，未到达区域安全要求

（4）进行规划干预。

通过对“枝干流域链”的“多预案”评估和“多角度”辨析，针对最大风险灾害链“污水排放—河

流水体污染—滨水区污染—生态环境破坏”进行“断链减灾”和“成链救助”研究，以“致灾空间、受灾空间、救灾空间”为基本要素进行规划，如图 6-25、表 6-14。

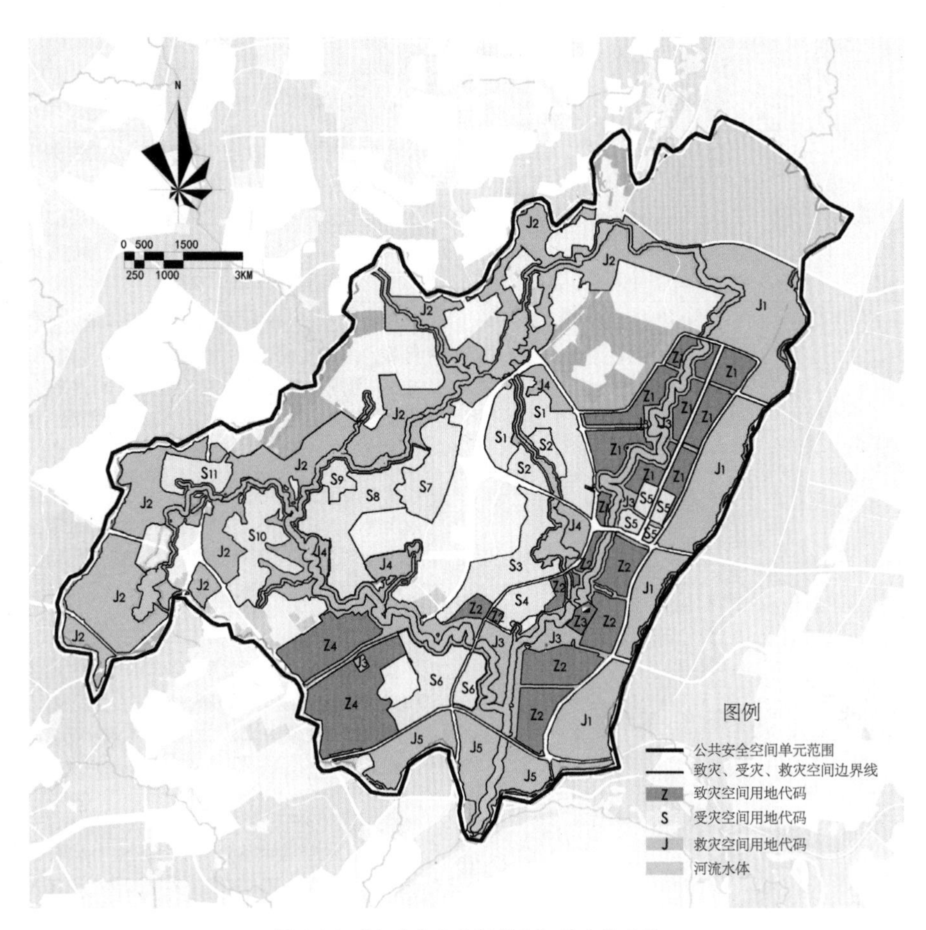

图 6-25　“公共安全空间单元”用地编码图

“公共安全空间单元”指标控制一览表　　表 6-14

类别	用地代码	类型	用地面积	管控标准	具体措施
致灾空间	Z_1 灾源	工业	921hm^2	刚性管控	作为灾害链源头，现状为一类工业，原控规为一类工业用地，是主要径流污染排放区（灾源），强制性沿主次干道和步行道规划生态绿化基础设施 J_3，强制性提高绿化覆盖率，增加污染物的生物过滤功能，降低径流排放污染物浓度，减低灾害发生的概率
	Z_2	工业	782hm^2	弹性管控	现状为一般农田，原控规为居住用地，建议将其调整为二类工业用地（将原来北部的二类工业东移至此），阻断中部径流污染的链发性潜在风险，对工业区径流污染物进行集中整治，调整后作为次要径流污染排放区，沿主次干道和步行道规划生态绿化基础设施 J_3，适当提高绿化覆盖率，增加污染物的生物降解功能，降低径流排放污染物浓度

续表

类别	用地代码	类型	用地面积	管控标准	具体措施
致灾空间	Z_3拐点	污水处理厂	6.25hm^2	刚性管控	作为灾害链拐点，现状为一般农田，原控规为居住用地，调整肖家河污水厂（灾害拐点）的位置（北移）至此，强制性提高设计标准，通过整体性经济平衡测算，从2.0万m^3/日提高至3.0万m^3/日，降低灾害发生的概率
	Z_4拐点	工业	681hm^2	刚性管控	作为灾害链拐点，现状为一类工业，原控规为一类工业用地，为主要径流污染排放区（灾害拐点），强制性沿主次干道和步行道规划生态绿化基础设施J_3，提高绿化覆盖率，增加污染物的生物过滤功能，降低径流排放污染物浓度，降低灾害发生的概率
受灾空间	S_1	居住	255hm^2	刚性管控	现状为高密度住区和零星工业混合用地，原控规为居住用地，由于处在“Z_1”影响区，强制性降低开发强度，减小建筑密度及容积率，增大绿化覆盖，提高设计标高（高于“Z_1”工业区），减小“Z_1”工业区径流污染排放的直接影响
	S_2	文体娱乐	96hm^2	刚性管控	现状为高密度住区和零星工业混合用地，原控规为文体娱乐用地，由于处在“Z_1”影响区，强制性降低开发强度，减小建筑密度及容积率，增大绿化覆盖，提高设计标高（高于“Z_1”工业区），减小“Z_1”工业区径流污染排放的直接影响
	S_3	居住	215hm^2	弹性管控	现状为高密度住区和零星工业混合用地，原控规为居住和工业用地，建议调整为居住用地，由于处在“Z_2”影响区，适当增加绿化覆盖，减小“Z_2”工业区径流污染排放的直接影响
	S_4	商业	93hm^2	弹性管控	现状为高密度住区和零星工业混合用地，原控规为居住和工业用地，建议调整为商业用地，由于处在“Z_2”影响区，适当增加绿化覆盖，减小“Z_2”工业区径流污染排放的直接影响
	S_5	行政办公	102hm^2	刚性管控	现状为一般农田和行政办公混合用地，原控规为行政办公区（为东部工业园区配套），强制性增加用地规模作为整个工业园区的行政办公配套，由于处在“Z_1”影响区，建议减小建筑密度、增大绿化覆盖，提高设计标高（高于“Z_1”工业区），减小“Z_1”工业区径流污染排放的直接影响
	S_6	商业	207hm^2	刚性管控	现状为一般农田和工业，原控规为商业和工业用地，建议调整为商业用地（将工业向南集中），由于处在“Z_4”影响区，强制性降低开发强度，减小建筑密度及容积率，增大绿化覆盖（按原设计标准的10%提高），提高设计标高（高于“Z_4”工业区），减小“Z_4”工业区径流污染排放的直接影响
	S_7	教育科研	185hm^2	弹性管控	现状为一所技工学校，原控规为教育科研用地，建议取消北部的城南污水厂（整个区域的污水处理统一由肖家河污水厂处理），阻断点源排放对“S_7”的影响，适当增大绿化覆盖，完善整个区域的生态基础设施

续表

类别	用地代码	类型	用地面积	管控标准	具体措施
受灾空间	S_8	居住	235hm^2	弹性管控	现状为低密度居住区，原控规为一类居住用地，建议取消北部的城南污水厂（整个区域的污水处理统一由肖家河污水厂处理），阻断点源排放对"S_8"的影响，适当增大绿化覆盖，完善整个区域的生态基础设施
	S_9	文体娱乐	67hm^2	弹性管控	现状为一般农田，原控规为一类居住用地，建议调整为文体娱乐用地（增加滨水开敞空间），取消北部的城南污水厂（整个区域的污水处理统一由肖家河污水厂处理），阻断点源排放对"S_9"的影响，适当增大绿化覆盖，完善整个区域的生态基础设施
	S_{10}	居住	211hm^2	弹性管控	现状为低密度居住区，原控规为一类居住用地，建议取消北部的城南污水厂（整个区域的污水处理统一由肖家河污水厂处理），阻断点源排放对"S_8"的影响，适当增大绿化覆盖，完善整个区域的生态基础设施
	S_{11}	居住	126hm^2	弹性管控	现状为低密度居住区，原控规为一类居住用地，建议取消北部的城南污水厂（整个区域的污水处理统一由肖家河污水厂处理），阻断点源排放对"S_8"的影响，适当增大绿化覆盖，完善整个区域的生态基础设施
救灾空间	J_1 枢纽	生态绿地（基塘湿地）	1589hm^2	刚性管控	作为救灾链枢纽，现状为一般农田，原控规为生态绿地，由于东部为农田灌溉区，农田灌溉径流污染易与"Z_1"（灾源）区域的工业园区径流污染混合（存在污染链发可能），加重整个区域的生态环境破坏（因此该区域为救助核心节点区）。强制性将"J_1"区域改建为基塘湿地，增加对农田灌溉径流污染处理，减小不同污染物间相互链发可能
	J_2	生态林地（花田湿地）	1923hm^2	弹性管控	现状为一般农田、林地和二类工业，原控规为生态林地和二类工业用地，建议工业东移与现有东部工业合并在一起，结合现有植被将肖家河西部枝干流域整体调整为生态林地（内部增加花田湿地），针对"S_7、S_8、S_9、S_{10}、S_{11}"增加径流污染的处理功能，完善整个区域的生态基础设施
	J_3 枢纽	防护绿地（河塘湿地）	726hm^2	刚性管控	作为救灾链枢纽，现状为一般农田和工业，原控规为工业和道路广场用地（因此该区域为救助核心节点区）。强制性沿肖家河东部支流两岸（各 20m）和工业区内部道路两侧（各 10m）增加防护绿地，结合现有植被增加花田湿地，增加"Z_1"（灾源）区域径流污染的处理能力，完善整个区域的生态基础设施
	J_4	生态绿地（河塘湿地）	367hm^2	弹性管控	现状为一般农田和居住，原控规为居住用地，建议南北打通现有肖家河中部支流，增加整个肖家河枝干流域的水体流速，提高肖家河水体自身净化功能，减小径流污染物在河流水体汇聚，链发潜在威胁，结合现有地形、地貌和植被增加生态绿地（内部增加河塘湿地），增加径流污染的处理能力，完善整个区域的生态基础设施

续表

类别	用地代码	类型	用地面积	管控标准	具体措施
救灾空间	J_5 枢纽	生态绿地（河流湿地）	567hm^2	刚性管控	作为救灾链枢纽，现状为仓储和工业，原控规为仓储和工业用地（因此该区域为救助核心节点区）。强制性将工业北靠（集中布置）、仓储外移（其他单元区域），规划生态绿地，结合肖家河自然特征打造河流湿地，对提高规模和标准后的肖家河污水厂（“Z_3”）的点源排放进行生态化处理，对“Z_4”工业区域的径流排放进行生态处理，减小整个肖家河对嘉陵江污水排放的威胁

3）具体启示

本次肖家河滨水区整治突破滨水区自身用地空间范围，以小流域为空间单元进行整体城市功能和生态结构的优化和调整，针对整个小流域的“枝干流域链空间单元”，有以下几点具体启示：

（1）以小流域空间单元为对象进行点源排放优化调整。

将原控规中位于单元北部的城南污水厂北移至其他临近单元（由于城南污水厂自身收集处理的是其他北部临近单元的污水），将原控规中位于单元南部的肖家河污水厂北移，增加规模和处理能力（从 2.0 万 m^3/ 日提高至 3.0 万 m^3/ 日），整体上减小点源排放之间的成链可能，最大限度地保证滨水区不受污染。

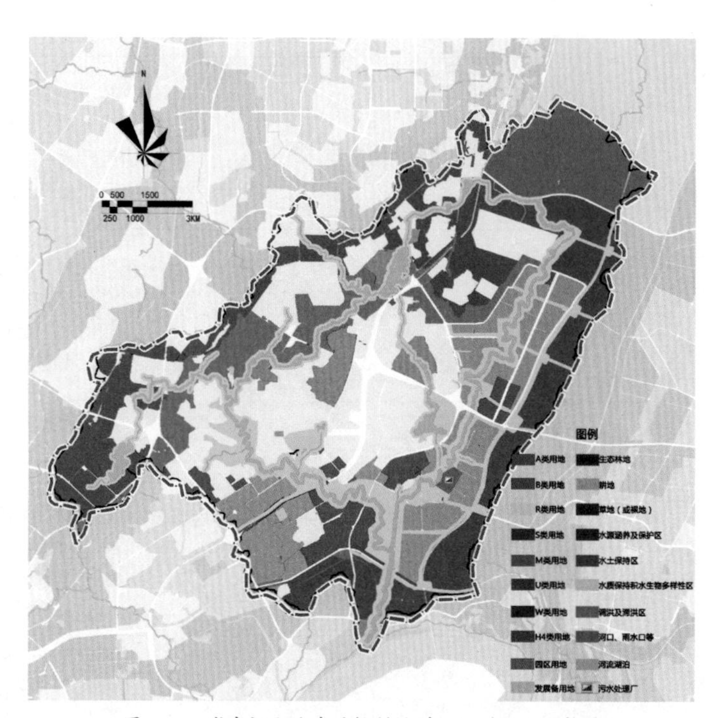

图 6-26　肖家河小流域的控制性详细规划优化调整图

（2）以小流域空间单元为对象进行径流排放优化调整。

将原控规中北部二类工业东移集中布置在东侧，将原控规中西侧统一调整为生态居住区，整体上形成以生态绿地、生态林地、防护绿地为主骨架的生态格局，结合各个区域的径流排放特点及地理地貌特征，分别植入基塘湿地、花田湿地、河塘湿地和河流湿地等四种类型的湿地系统，最大限度地减小径流排放对滨水区的污染。

（3）以小流域空间单元为对象进行肖家河枝干水系的调整。

将原控规中西部、中部和东部三条枝干水系贯通，整体上增加流域水系的单位横截面流量、增加流速，减小各类污染物在枝干流域内的滞留时间，减小污染物对滨水区的污染。

通过以上分析，本书对肖家河小流域的控制性详细规划进行优化调整如图 6-26 所示。

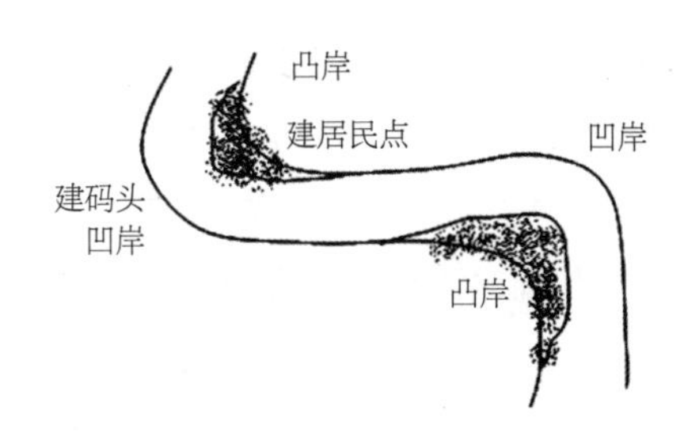

图 6-27　滨水区建设选址简图

4）对“滨水区”整治的启示

其一，针对“崩裂滑移链”潜在区。

（1）规划干预的范围

首先，三峡库区城市滨水区分布广、面积大、数量多，库区大多城市因水而生、因水而兴（凹岸修建码头、凸岸修建居民点，图 6-27），依山临水的自然环境是滨水区最大资源优势。但是，三峡库区蓄水的变化，不仅直接诱生了消落带威胁（水文变化给河岸带来直接冲击和侵蚀，致使凹凸岸皆有滑坡、崩塌等灾害发生），且会带来区域地质结构内应力变化，增加滨水区紧邻山体崩塌、滑坡等地质灾害威胁，当前滨水区公共安全形势严峻。据此，突破滨水区范围，将紧邻山体和消落带区域一并纳入崩塌、滑坡等灾害的排查，综合确定“致灾空间”范围。

其次，三峡库区城市滨水区经济价值高，开发强度普遍偏大（针对商业和居住功能），一旦紧邻山体或滨水消落带发生崩塌、滑坡、泥石流等灾害，滨水区都将损失严重。据此，依据滨水区建设现状，重点考虑紧邻山体和消落带区崩塌、滑坡、泥石流等直接威胁，综合确定“受灾空间”范围。

再次，三峡库区城市滨水区大多用地紧张（针对商业和居住功能），滨水区内部的紧急避难、医疗救助不足，区域性综合性的救助设施都布置在滨水区外围。据此，突破滨水区范围，将周边临近区域的紧急避难、医疗等紧急救援设施进行综合评估，分析间接威胁，综合确定“救灾空间”范围。

最后，将三类空间范围进行叠加，确定“崩裂滑移链空间单元”的规划干预范围。

（2）致灾因素干预要点

首先，三峡库区城市滨水区依山临水，除了滨水区内部存在崩塌、滑坡威胁外，更多的威胁来自紧邻的山体和水域。据此，重点针对滨水区紧邻山体和水域消落带隐形灾害进行综合评估，强化滨水区外部和内部可能存在的崩塌、滑坡、泥石流等灾害链发的研究，基于多预案评估，在滨水区外部进行灾源的选择，在滨水区内部进行灾害拐点的选择，综合提高灾源和拐点的设计标准和防护措施，减小其发生的概率。

其次，三峡库区城市滨水区周边区域地质情况复杂，基于“断链减灾”思路，增加滨水区紧邻区域山体滑坡、崩塌等灾源的实时监控，拓宽灾源隐患点与滨水人口密集区或区公共设施区之间的空间距离（防护绿地等），同时对滨水区消落带进行生物或物理加固，减小消落带给滨水区带来的威胁，整体上减小灾害链发的可能。

再次，三峡库区城市滨水区某些地段存在土质松软诱发的泥石流的隐患，针对此类滨水区，需要在紧邻山体边坡失滑以及山体排水凹槽区进行人工加固或生态修复，减小崩裂、滑移诱发泥石流，对滨水区造成安全威胁。

（3）救灾因素干预要点

首先，三峡库区城市滨水区中作为交通、休闲和生态功能的可以兼顾防灾避难使用，作为商业和居住功能的一般防灾避难空间不足，需要综合相邻其他区域统筹考虑，此外，滨水区内部一般缺乏医疗紧急救助设施，需要综合城市医疗配套综合考虑。据此，区分滨水区具体功能，结合城市其他救助功能对滨水区救灾设施的布局、规模和救助能力进行综合评估，针对交通、休闲和生态功能类型，在滨水区内确定核心防灾避难空间的位置和规模，在滨水区相邻区域确定核心医疗救助设施的位置和规模；针对商业和居住功能，在滨水区相邻区域确定核心防灾避难空间和医疗救助设施的位置和规模。

其次，三峡库区城市滨水区一般交通条件相对良好，道路网络体系基本满足要求，依托现有的交通体系，针对滨水区为交通、休闲和生态功能类型，增加核心防灾避难空间与城市其他区域防灾避难空间的联系，强化对周边区域的救助；针对商业和居住功能类型，增加相邻区域与之交通联系，强化周边区域滨水区的救助；增加滨水区相邻区域核心医疗救助设施对滨水区的救助关联，整体上构建适应性较强的救援网络体系。

再次，三峡库区城市滨水区本身既是经济价值较高的地区，更是地质灾害易发的地区，在进行滨水区建设前必须对场地进行地质稳定性评估，一般分为四个等级：稳定、一般稳定、不稳定、不确定，针对不同的等级提出相应的整治原则（见表 6-15）。更重要的是，作为兼顾防灾避难功能的滨水区，应该绝对避免核心防灾避难场所处于高危受灾区。

滨水区开发建设分级进行管控 **表 6-15**

级别	稳定	一般稳定	不稳定	不确定
整治原则	严格控制建设量，尤其要控制高强度、高密度的开发建设项目，维护原始地质环境的稳固度，减小诱发性灾害源（拐点）	首先进行地质灾害整治，消除灾害源（拐点），在此基础上才可进行低强度、低密度项目的建设	加强针对性灾害的重点整治，消除灾害源（拐点），不允许进行任何建设项目	进行留白规划，绝对保持“零”建设，避开灾害源（拐点）

其二，针对“枝干流域链”潜在区。

（1）规划干预的范围

三峡库区滨水区依托长江主（支）干形成蔓藤结瓜式体系，滨水区的各类排污处理设施及生态基础设施与所在小（微）流域的生态环境密切相关，以小（微）流域为边界整合致灾、受灾、救灾空间，综合确定“枝干流域链空间单元”的规划干预范围。

（2）致灾因素干预要点

首先，在三峡库区城市滨水区中，相对于滨水生活区内部污水排放（垃圾堆放）对生态环境的威胁，区域性的一类工业径流排放、集中污水处理点源排放更容易形成灾源和拐点，需要在具体规划干预中作为重点。

其次，三峡库区城市滨水区流域特征明显，尽量利用流域自身净化能力减小对滨水区的环境影响，基于“断链减灾”思路，适当增加区域性一类工业径流排放、集中污水处理点源排与滨水区一般污染排放点的空间距离，减小灾害链发的可能。

再次，三峡库区城市滨水区功能多样，所产生的污染排放类型也不尽相同，可以通过调整污染排放物之间的化学属性进行“断链减灾”研究，区域性优化调整核心污染物与其他污染物之间的关联度，减小灾害链发的可能。

（3）救灾因素干预要点

首先，重点选取三峡库区城市滨水区灾源和拐点进行救灾干预，针对径流排放的污染物，可通过增加生态防护绿地宽度、生态湿地类型进行救灾干预，针对点源排放的污染物，可以通过调整排放点的位置、增加污水处理能力进行救灾干预，尤其针对径流排放污染类型复杂多样的区域，需要着重增加生态湿地处理污染的类型和能力。

其次，通过梳理改造三峡库区城市滨水区小（微）流域单元的枝干体系，强化内核心生态基础设施区与其他区之间的网络结构，构建“斑、廊、基”生态基础设施网络体系，增加整个区域生态稳定性。

再次，三峡库区城市滨水区某些重工污染相对严重，为保证整个小（微）流域区域的生态稳定性，确保区域性的核心生态基础设施区域不在一类工业的重污染的核心致灾区。

本书将对“滨水区”整治的启示进行汇总，如表 6-16 所示：

对“滨水区”整治的启示 表 6-16

类别		启示要点	典型
“崩裂滑移链”潜在区	规划干预的范围	将滨水区紧邻山体和消落带区域一并纳入崩塌、滑坡等灾害的排查，综合确定“致灾空间”范围，依据滨水区建设现状，重点考虑紧邻山体和消落带区崩塌、滑坡、泥石流等直接威胁，综合确定“受灾空间”范围，将周边临近区域的紧急避难、医疗等紧急救援设施进行综合评估，分析间接威胁，综合确定“救灾空间”范围，将三类空间范围进行叠加，确定“崩裂滑移链空间单元”的规划干预范围	兴山 巫溪 涪陵 重庆
	致灾因素干预要点	（1）重点针对滨水区紧邻山体和水域消落带隐形灾害进行综合评估，强化滨水区外部和内部可能存在的崩塌、滑坡、泥石流等灾害链发的研究，在滨水区外部进行灾源的选择，在滨水区内部进行灾害拐点的选择，综合提高灾源和拐点的设计标准和防护措施，减小其发生的概率； （2）增加滨水区紧邻区域山体滑坡、崩塌等灾源的实时监控，拓宽灾源隐患点与滨水人口密集区或公共设施区之间的空间距离（防护绿地等），同时对滨水区消落带进行生物或物理加固，减小消落带给滨水区带来的威胁，整体上减小灾害链发的可能； （3）针对土质松软诱发的泥石流的隐患滨水区，需要在紧邻山体边坡失滑以及山体排水凹槽区进行人工加固或生态修复，减小崩裂、滑移诱发泥石流，对滨水区造成安全威胁	
	救灾因素干预要点	（1）针对交通、休闲和生态功能类型，在滨水区内确定核心防灾避难空间的位置和规模，在滨水区相邻区域确定核心医疗救助设施的位置和规模；针对商业和居住功能，在滨水区相邻区域确定核心防灾避难空间和医疗救助设施的位置和规模； （2）针对滨水区为交通、休闲和生态功能类型，增加核心防灾避难空间与城市其他区域防灾避难空间的联系，强化对周边区域的救助；针对商业和居住功能类型，增加相邻区域与之交通联系，强化周边区域滨水区的救助；增加滨水区相邻区域核心医疗救助设施对滨水区的救助关联，整体上构建适应性较强的救援网络体系； （3）在进行滨水区建设前必须对场地进行地质稳定性评估，一般分为四个等级：稳定、一般稳定、不稳定、不确定，针对不同的等级提出相应的整治原则，作为兼顾防灾避难功能的滨水区，应该绝对避免核心防灾避难场所处于高危受灾区	

续表

类别		启示要点	典型
“枝干流域链”潜在区	规划干预的范围	三峡库区滨水区依托长江主（支）干形成蔓藤结瓜式体系，滨水区的各类排污处理设施及生态基础设施与所在小（微）流域的生态环境密切相关，以小（微）流域为边界整合致灾、受灾、救灾空间，综合确定“枝干流域链空间单元”的规划干预范围	兴山 巫溪 涪陵 重庆
	致灾因素干预要点	（1）相对于滨水生活区内部污水排放（垃圾堆放）对生态环境的威胁，区域性的一类工业径流排放、集中污水处理点源排放更容易形成灾源和拐点，需要在具体规划干预中作为重点； （2）利用流域自身净化能力减小对滨水区的环境影响，适当增加区域性一类工业径流排放、集中污水处理点源排放与滨水区一般污染排放点的空间距离，减小灾害链发的可能； （3）调整污染排放物之间的化学属性进行“断链减灾”研究，区域性优化调整核心污染物与其他污染物之间的关联度，减小灾害链发的可能	
	救灾因素干预要点	（1）针对径流排放的污染物，可通过增加生态防护绿地宽度、生态湿地类型进行救灾干预，针对点源排放的污染物，可以通过调整排放点的位置、增加污水处理能力进行救灾干预，尤其针对径流排放污染类型复杂多样的区域，需要着重增加生态湿地处理污染的类型和能力； （2）通过梳理改造三峡库区城市滨水区小（微）流域单元的枝干体系，强化内核心生态基础设施区与其他区之间的网络结构，构建“斑、廊、基”生态基础设施网络体系，增加整个区域生态稳定性； （3）三峡库区城市滨水区某些重工污染相对严重，为保证整个小（微）流域区域的生态稳定性，确保处于一类工业的区域性的核心生态基础设施区域不在重污染的核心致灾区	

6.2 对现行城市公共安全规划的启示

6.2.1 对理论体系的启示

1. 现行城市公共安全规划理论体系特征

现行的城市公共安全规划隶属于传统的城乡规划体系，其理论内核为“还原论”思想，并认为城市公共安全状态（M）可以进行单项分解，只要通过对单个灾害（G）的有效控制即可达到总体管控的目标，可以表达如下：

$$M = G_1 + G_2 + \cdots\cdots G_{n-1} + G_n$$

具体来说，其理论体系有以下四方面特征：

1）自上而下

现行城市公共安全规划体系一般包含城市公共安全总体规划、城市公共安全专项规划和建筑及工程设施防灾规划三个部分。城市公共安全总体规划的主要任务是保障城市公共安全系统与经济和社会发展相协调，指导各类专项规划的编制，属于宏观层面的规划；城市公共安全专项规划以总体规划为指导，按照各专项自身特点和基本规律进行的专项规划，也属于宏观层面的规划，一般包含7个专项内容[①]；建筑及工程设施防灾规划属于微观层面的具体规划。“自上而下”理论体系不仅体现在规划层级上，也体现在编制时序上。

2）简单性

现行城市公共安全规划理论将城市公共安全状态制约因素简化为若干单一威胁（灾害）的组合，并认为只要通过对单个威胁（灾害）的有效管控即可实现对整体公共安全状态的有效管控。需要说明的是，这种简化方法对一般平原城市来说比较适合，但针对三峡库区这样灾害链频发的城市，这种简单性的思维方式往往会忽略掉灾害之间的复杂的关联，已凸显不足。“简单性”的思维方式渗透在现行城市公共安全规划理论体系的诸多环节，将灾害之间的关联进行简化就是一个十分典型的代表。

3）线性

“线性”一般用于数学用语，其表征了自变量和因变量之间的等比关系，其实质是“小的输入必然产生小的输出、大的输入必然导致大的输出”。鉴于线性城市公共安全规划的“线性”思维方式，其重点在于对单个灾害的研究，而略去对灾害链的研究。“线性”的思维方式在城市公共安全规划领域十分普遍，针对单个灾害进行专项规划即是线性的显著特征。

4）确定性

从某种意义上来说，“确定性”是一种思维方式上的简化和妥协，现行城市公共安全规划理论体系更为显著，比如规划以对单一灾害的研究来代替灾害链的研究，其本质上即把原本“不确定”的系统简化为“确定”的系统，从而使得研究更为简便。“确定性”的思维方式决定了现行的城市公共安全规划理论体系会人为地将研究方向朝着单一“可能”（无论是否有效）进行。

2.“公共安全空间单元”规划理论体系特点

基于灾害链视角的城市“公共安全空间单元”规划理论隶属于复杂性系统理论体系，其理论内核为“非还原论”思想，并认为城市公共安全的状态（M）只能进行综合研究，需要通过对灾害链（S）的综合导控才能到实现管控目标，可以表达如下：

$$M = S_1 \cup S_2 \cup \cdots\cdots S_{n-1} \cup S_n$$

具体来说，其理论体系有以下四方面特征：

1）自上而下＋自下而上

“公共安全空间单元”规划隶属于控制性详细规划中观层面，其主要通过对特定“灾害链空间单元”的规划管控实现。三峡库区城市灾害链自身是一个复杂适应性系统，对其研究不仅要依据宏观层面上（总体规划）确定的目标和要求，也要注重微观层面上（建筑及工程设施防灾规划）的现实问题。“自上而下＋自下而上”理论体系不仅体现在规划依据上，也体现在实际作用上（承上启下）。

① 城市重大危险源安全规划；城市自然灾害安全规划；城市公共聚集场所安全规划；城市公共基础设施安全规划；城市道路交通安全规划；城市恐怖袭击与破坏安全规划；城市突发公共卫生事件安全规划。

2）复杂性

“公共安全空间单元”规划以特定“灾害链空间单元”为管控对象，将灾害链看成一个复杂适应性系统对待，认为必须通过对灾害链系统的管控才能实现对整体公共安全状态的有效管控，这种研究方法对三峡库区这样灾害链频发的城市尤为适合。“复杂性”的思维方式渗透在“公共安全空间单元”规划理论体系的诸多环节中，将灾害链进行系统性的空间解构和管控是一典型代表。

3）非线性

“非线性”一般用于表征复杂系统，其实质是“小的输入可能产生大的输出，反之亦然”。鉴于非线性思维方式，“公共安全空间单元”规划将其重点放在关键灾害链上，灾害链自身就是一个典型的复杂适应性系统，其对城市公共安全的威胁会因某些关键因素呈几何倍数的放大，因此要对灾害链进行系统性的研究，分析链接形式和灾变的拐点。“非线性”的思维方式是“公共安全空间单元”规划的思想内核之一，其决定了对灾害的控制一定抓核心节点。

4）不确定性

从某种意义上来说，“不确定性”才是现实世界的本质，“公共安全空间单元”规划的管控核心“灾害链”可以说是不确定性的典型。尤其对三峡库区来说，同样的灾害类型在不同的外界环境制约下，可能会链发出不同类型的灾害链，其威胁和破坏力也不尽相同。“不确定性”的思维方式决定了“公共安全空间单元”规划必须进行“多预案”的研究和评估，以“容灾性”作为规划目标，规避现实最大风险。

3. 启示要点

通过对现行城市公共安全规划理论体系与灾害链视角下城市“公共安全空间单元”规划理论体系的对比分析可以发现，现行城市公共安全规划理论体系中的“还原论”思想在研究像三峡库区这样的复杂问题时局限性突出，因此需要在现行公共安全城市规划的理论体系层面上增加“非还原论”思想，具体来说有如下四方面的启示：

（1）要以“自上而下＋自下而上”的思维方式代替现行的“自上而下”的思维方式，以双向协调代替单向指导；

（2）要以“复杂性”的思维方式代替现行的“简单性”的思维方式，以对灾害链的研究代替对单灾的研究；

（3）要以“非线性”的思维方式代替现行的“线性”的思维方式，以对灾害链接形式和灾变的拐点管控的研究代替对单灾平行管控的研究；

（4）要以“不确定性”的思维方式代替现行的“确定性”的思维方式，以对灾害链“多预案”的评估研究代替灾害单一评估研究。

汇总如表6-17所示：

公共安全规划理论体系启示 表6-17

类别	现行城市公共安全规划研究	“公共安全空间单元”规划研究
学科体系	传统城乡规划理论体系	人居环境学科理论体系
理论内核	一般系统论理论（还原论）	复杂系统理论（非还原论）

续表

类别	现行城市公共安全规划研究	"公共安全空间单元"规划研究
数学表征	$M = G_1 + G_2 + \cdots\cdots G_{n-1} + G_n$	$M = S_1 \cup S_2 \cup \cdots\cdots S_{n-1} \cup S_n$
理论特征	自上而下	自上而下 + 自下而上
	简单性	复杂性
	线性	非线性
	确定性	不确定性
启示要点	（1）以"自上而下 + 自下而上"的思维方式代替现行的"自上而下"的思维方式，以双向协调代替单向指导； （2）以"复杂性"的思维方式代替现行的"简单性"的思维方式，以对灾害链的研究代替对单灾的研究； （3）以"非线性"的思维方式代替现行的"线性"的思维方式，以对灾害链接形式和灾变的拐点管控的研究代替对单灾平行管控的研究； （4）以"不确定性"的思维方式代替现行的"确定性"的思维方式，以对灾害链"多预案"的评估研究代替灾害单一评估研究	

6.2.2 对技术方法的启示

1. 现行城市公共安全规划技术方法特征

植根"还原论"思想根源的城市公共安全规划技术方法有如下特征：

1）研究对象

现行城市公共安全规划研究对象为单一灾害，且面对不同类型的城市，其规划技术方法大同小异，尤其对于像三峡库区这样公共安全状况复杂的城市来说，更是把灾害进行单一归类进行单项规划。

2）技术体系

现行城市公共安全规划成果体系构成一般分为城市公共安全总体规划、城市公共安全专项规划、建筑及工程防灾规划三个部分，这三部分内容相对于"城市总体规划"来说都是"后置的、被动的"，都是在其他规划编制的最后附加而上的，具体技术成果表现形式一般为：防灾避难场所、救灾应急通道及相关应急措施专项规划等。

3）管控范围

现行城市公共安全规划以城市总体规划管控范围为依据，主要对城市建设用地中防灾避难及应急救助设施进行布局研究。

通过以上三点的分析研究可以看出，现行城市公共安全规划技术方法特征在研究对象上缺乏针对性，在技术体系层面缺乏系统性，在管控范围上稍显局限性，这三点在面对三峡库区城市灾害链突出问题时尤为明显。

2. "公共安全空间单元"规划技术方法特征

植根"非还原论"思想根源的"公共安全空间单元"规划技术方法有如下特征：

1）研究对象

"公共安全空间单元"规划研究对象为灾害链，且针对不同类型的城市，其规划技术方法也各有偏重，尤其对于像三峡库区这样公共安全状况复杂的城市来说，对每个城市灾害链的研究是其规划的重点。

2）技术体系

“公共安全空间单元”规划一般通过对“致灾空间、受灾空间、救灾空间”的用地性质、规模及具体工程技术措施实现，这三部分内容相与其他规划来说一般处于“前置的、主动的”位置，其至少也是“同步的、平行的”关系，具体技术成果表现形式一般为“1图+1表”，即“公共安全空间单元”用地编码图和指标控制一览表。

3）管控范围

“公共安全空间单元”规划以灾害链为视角，以灾害链的发生、影响、救助范围为依据，一般会突破城市规划边界红线范围。

通过以上三点的分析研究，可以看出“公共安全空间单元”规划技术方法特征在研究对象上具有针对性，在技术体系层面具备系统性，在管控范围上更具有涵盖性，这三点在面对三峡库区城市公共安全具体现实问题时尤为明显。

3. 启示要点

通过对现行城市公共安全规划技术方法体系与灾害链视角下城市“公共安全空间单元”技术方法体系的对比分析可以发现，现行城市公共安全规划技术方法在针对性和系统性方面略显不足，因此需要在现行城市公共安全规划技术方法体系中增加针对性、系统性和涵盖性的研究，具体来说有如下三方面的启示：

1）在研究对象上增加对三峡库区城市公共安全“针对性”的研究，区别对待、重点识别不同类型的灾害链；

2）在技术体系上将“公共安全空间单元”规划前置于其他规划（至少是同步），改变以往“附加”印象。

3）在管控范围上突破建设用地范围，综合非建设用地一并划定。

汇总如表6-18所示：

公共安全规划技术方法启示 **表6-18**

类别	现行城市公共安全规划研究	“公共安全空间单元”规划研究
方法体系	总体规划+单灾专项规划+建筑及工程防灾规划	“灾害链空间单元”专项规划
技术构成	主要对“单灾”导控（宏观和微观）	主要对“灾害链”导控（中观）
技术特征	研究对象：普遍性	研究对象：针对性
	技术体系：后置性	技术体系：前置性（同步性）
	管控范围：建设用地	管控范围：建设用地+非建设用地
启示要点	（1）在研究对象上增加对三峡库区城市公共安全“针对性”的研究，区别对待、重点识别不同类型的灾害链； （2）在技术体系上将“公共安全空间单元”规划前置于其他规划（至少是同步），改变以往“附加”印象。 （3）在管控范围上突破建设用地范围，综合非建设用地一并划定	

6.2.3　对管理政策的启示

1. 现行城市公共安全规划管理政策特征

受限于现行城市公共安全规划理论、技术方法体系和我国基本国情，现行城市公共安全规划管理政策有如下特征：

1）管理体系

现行城市公共安全规划管理体系主要以“单灾纵向”管理为主，针对不同的灾害类别有相应的行政主管部门分别对接管理，而城乡规划主管部门没有专门对口部门进行统一协调，这种管理体系无论是在防灾还是救灾方面都已经凸显其不足，尤其对三峡库区这样公共安全情况复杂的城市来说更为明显。

2）管理方法

受限于现行城市公共安全规划管理体系的单灾纵向特征，其管理方法也基本上按照行政区划进行（一般以区县为最小单位）。这种管理方法在面临一般城市公共安全问题时也体现出机动性强的特征，但在面临相对复杂的公共安全情况时（如灾害链发、突破了行政区界），往往就难以奏效。

通过以上两点的分析研究，可以看出现行城市公共安全规划管理政策特征在管理体系上强调单灾纵向，管理方法上限于行政界，这两点在面对三峡库区城市公共安全具体现实问题时尤为明显。

2. “公共安全空间单元”规划管理政策特点

基于对“灾害链空间单元”管控的规划技术方法特点，“公共安全空间单元”规划管理政策有如下特征：

1）管理体系

“公共安全空间单元”规划管理体系以“灾害链纵向＋横向”管理为主，针对不同的灾害链类别有不同的行政主管部门分别对接管理，城乡规划主管部门增加设置专门的对口部门进行统一协调，这种管理体系无论是在防灾还是救灾方面都优于“单灾纵向”方式，尤其对三峡库区这样公共安全情况复杂的城市来说更为适合。

2）管理方法

基于“公共安全空间单元”规划管理体系“灾害链纵向＋横向”的特征，其管理方法也可以适当突破行政区界，其在面临相对复杂的三峡库区城市公共安全情况时（如灾害链发、突破了行政区界）往往更为有效。

通过以上两点的分析研究，可以看出“公共安全空间单元”规划管理政策特征在管理体系上强调“灾害链纵向＋横向”，管理方法上不限于行政界，这两点在面对三峡库区城市公共安全具体现实问题时尤为适合。

3. 启示要点

通过对现行城市公共安全规划管理政策与灾害链视角下城市“公共安全空间单元”规划管理政策的对比分析可以发现，现行城市公共安全规划管理政策在对应多灾链发和突破行政区界问题方面略显不足，因此需要在现行城市公共安全管理政策上增加“灾害链纵向＋横向”和“突破行政区界”的研究，具体来说有如下两方面的启示：

（1）在管理体系上增加三峡库区城市公共安全“灾害链纵向＋横向”的研究，设置专门的行政协调主管部门；

（2）在管理方法上具体问题具体分析，适当增加“突破行政区界”的管理对策。

汇总如表6-19所示：

公共安全规划管理启示 **表6-19**

类别	现行城市公共安全规划研究	“公共安全空间单元”规划研究
管理体系	单灾纵向	灾害链纵向＋横向
管理方法	限于行政区界	适当突破行政区界
启示要点	（1）在管理体系上增加三峡库区城市公共安全“灾害链纵向＋横向”的研究，设置专门的行政协调主管部门； （2）在管理方法上具体问题具体分析，适当增加“突破行政区界”的管理对策	

6.3 本章小结

本书选取最有代表性的棚户区、安置区、滨水区等三个区域，进行差异性实践研究，获取以下研究结论：

1. 建设实践方面

在棚户区改造中，要着重考虑“蔓延侵蚀链”和“崩裂滑移链”带来的公共安全问题；在安置区完善和滨水区整治中，要着重考虑“崩裂滑移链”和“枝干流域链”带来的公共安全问题。

2. 规划理论技术及管理方面

1）理论层面

（1）要以“自上而下＋自下而上”的思维方式代替现行的“自上而下”的思维方式，以双向协调代替单向指导；

（2）要以“复杂性”的思维方式代替现行的“简单性”的思维方式，以对灾害链的研究代替对单灾的研究；

（3）要以“非线性”的思维方式代替现行的“线性”的思维方式，以对灾害链接形式和灾变的拐点管控的研究代替对单灾平行管控的研究；

（4）要以“不确定性”的思维方式代替现行的“确定性”的思维方式，以对灾害链“多预案”的评估研究代替灾害单一评估研究。

2）技术层面

（1）在研究对象上增加对三峡库区城市公共安全“针对性”的研究，区别对待、重点识别不同类型的灾害链；

（2）在技术体系上将“公共安全空间单元”规划前置于其他规划（至少是同步），改变以往“附加”印象。

（3）在管控范围上突破建设用地范围，综合非建设用地一并划定。

3）管理层面

（1）在管理体系上增加三峡库区城市公共安全“灾害链纵向＋横向”的研究，设置专门的行政协调主管部分；

（2）在管理方法上具体问题具体分析，适当增加“突破行政区界”的管理对策。

第7章 结语

7.1　主要结论

三峡工程是世界上规模最大的水利枢纽工程，也是在21世纪的开端，中国三峡地区5万多平方公里水陆域面积上近1400万人民的生产、生活和生态环境的一次大调整、大平衡和大建设，是库区人居环境可持续发展的复杂性系统工程。三峡工程1992年动工，2009年基本完成水利枢纽建设和库区移民安置工作，其水利枢纽给国家和社会带来的诸多效益已初步显现，但基于库区特殊的山地自然环境和移民社会环境，库区城市公共安全问题凸显。库区存在的各种灾害分布广、种类多、关联性强，灾害链地域性频发，城市公共安全的直接威胁巨大；同时库区人地矛盾突出，建设用地零散，城市救灾设施不足且效率低下，城市公共安全间接威胁显著。在此背景下，本书以三峡库区城市公共安全为对象展开研究，主要结论如下：

7.1.1　“精细化单元管控、多学科交叉融合”是解决现实问题的出路

相对于平原城市和非库区城市，三峡库区城市“十里不同天、百里不同文”，灾害链地域性特征明显，常规的公共安全规划方法（“宽泛式”管控）已显现不足，借鉴日本防灾生活圈、美国防灾单元等管控思路，本书提出“精细化单元管控”的解决出路；相对于平原城市和非库区城市，威胁城市公共安全的灾害链具有一定的随机性和突变性，是一种典型的复杂系统，常规的公共安全规划方法（“单灾性”管控）对于系统性调配城市公共安全救助设施也已显现不足，借鉴复杂性系统理论中计算机网络系统“容错性”思路，本书提出“多学科交叉融合”解决出路。

7.1.2　“容灾性”决定“公共安全空间单元”的适应性

借鉴计算机复杂系统网络“容错性”所提出的“容灾性”，是进行“公共安全空间单元”研究的关键，如何有效地“识别灾害、限定灾害、消减灾害”是“容灾性”的内涵。不同灾害链类型的“公共安全空间单元”其划分标准及管控方式不尽相同，但都可运用“容灾性”机制进行适应性的提升。因此，提升“容灾性”即成为提高“公共安全空间单元”适应性，提升整个城市公共安全体系稳定性的关键。

7.1.3　“公共安全空间单元”容灾机制

“公共安全空间单元”容灾机制是具体规划干预研究的基础，增加“公共安全空间单元”的“容灾性”是容灾机制研究的目的，具体包含四个方面：（1）环境约束机制——用于“公共安全空间单元”灾害链威胁类型的识别；（2）系统嵌套机制——用于“公共安全空间单元”容灾性空间尺度的确定；（3）结构鲁棒机制——用于“公共安全空间单元”容灾性空间结构的构建；（4）动态演化机制——用于“公共安全空间单元”容灾性可持续性的维系。

7.1.4　“公共安全空间单元”规划干预

“公共安全空间单元”规划干预隶属于公共安全规划体系的中观层面，干预要素主要包括“致灾要素、

受灾要素、救灾要素”，其成果既可单独编制（1 图 +1 表），又可作为其他规划的辅助和支撑。其中“范围划定、断链减灾、成链救助”是规划干预的三个关键技术，具体来说：

1）范围划定——公共安全空间单元“识别提取”。

针对“公共安全空间单元”进行灾害链威胁类型的评估和确定，在特定规划目标的导引下，基于“多尺度”遴选，对公共安全空间单元进行“识别提取”，划定管控范围。

2）断链减灾——公共安全空间单元“致灾链”阻断（削弱直接威胁）。

基于“多预案”评估，选定最大风险“致灾链”进行规划干预，提取核心灾害（灾源 + 拐点）进行重点管控：

（1）减小核心灾害（灾源 + 拐点）的发生概率。

（2）减小核心灾害（灾源 + 拐点）与其他灾害的强度关联。

（3）减小核心灾害（灾源 + 拐点）与其他灾害的因果关联。

3）成链救助——公共安全空间单元“救灾链”构建（削弱间接威胁）。

基于“多角度”分析，选定最优效率“救灾链”进行规划干预，提取核心（枢纽）救助设施进行重点管控：

（1）增加核心（枢纽）救助设施的功能复合性。

（2）增加核心（枢纽）救助设施备用功能的时效性。

（3）增加核心（枢纽）救助设施的安全指数。

7.1.5 “公共安全空间单元”差异性实践

本书选取最有代表性的棚户区、安置区、滨水区等三个区域，进行差异性实践研究，获取以下研究结论：

1）建设实践方面

在棚户区改造中，要着重考虑“蔓延侵蚀链”和“崩裂滑移链”带来的公共安全问题；在安置区完善和滨水区整治中，要着重考虑“崩裂滑移链”和“枝干流域链”带来的公共安全问题。

2）规划理论技术及管理方面

其一，理论层面：

（1）要以“自上而下 + 自下而上”的思维方式代替现行的“自上而下”的思维方式，以双向协调代替单向指导；

（2）要以“复杂性”的思维方式代替现行的“简单性”的思维方式，以对灾害链的研究代替对单灾的研究；

（3）要以“非线性”的思维方式代替现行的“线性”的思维方式，以对灾害链接形式和灾变的拐点管控的研究代替对单灾平行管控的研究；

（4）要以“不确定性”的思维方式代替现行的“确定性”的思维方式，以对灾害链“多预案”的评估研究代替灾害单一评估研究。

其二，技术层面：

（1）在研究对象上增加对三峡库区城市公共安全“针对性”的研究，区别对待、重点识别不同类型的灾害链；

（2）在技术体系上将“公共安全空间单元”规划前置于其他规划（至少是同步），改变以往“附加”印象。

（3）在管控范围上突破建设用地范围，综合非建设用地一并划定。

其三，管理层面：

（1）在管理体系上增加三峡库区城市公共安全“灾害链纵向+横向”的研究，设置专门的行政协调主管部门；

（2）在管理方法上具体问题具体分析，适当增加“突破行政区界”的管理对策。

7.2 前景展望

通过研究，本书在以下三个方面有所创新和突破：

理论体系——以“精细化单元管控、多学科交叉融合”为研究方向，以三峡库区城市公共安全现实问题为背景，构建出“公共安全空间单元”概念，并构建了以公共安全空间单元“容灾性”为核心的理论研究体系。

技术方法——本书围绕公共安全空间单元的“容灾性”，进行“容灾机制”和“规划干预”研究，其中的“范围划定、断链减灾、成链救助”是三个关键技术。

实践运用——选取三峡库区公共安全核心问题突出的三个典型区域进行“公共安全空间单元”规划差异性实践研究，在建设实践和理论方法方面得到相关启示，具有一定的可操作性。

认识到灾害链是三峡库区城市公共安全核心问题仅仅是个开端，三条典型灾害链也只是暴露出三峡库区城市公共安全问题的冰山一角，更多类型灾害链的探索和研究是本书下一步深入研究的重点。基于三峡库区特殊的公共安全问题，本书所研究的“公共安全空间单元”是基于灾害链视角，在控制性详细规划层面上（中观）进行的探讨。区别于现行控制性详细规划以城市功能管控为核心思路，“公共安全空间单元”是以城市公共安全风险管控为核心思路，其两者关注的核心稍有不同，在具体的实践中也不免有相互冲突之处，因此，如何协调城市区域功能（控制性详细规划）与城市区域公共安全（公共安全空间单元规划）之间的关系，综合确定城市各项建设管控指标，是本书未来着重研究的方向。

附　录

A. 三峡库区 18 个城市（区）简要情况

城市 / 区 / 县	规模（km^2）	行政归属	地理区位（东经 / 北纬）	简要概况
夷陵区	3424	湖北省宜昌市	110° 51′ ~ 111° 39′ / 30° 32′ ~ 31° 28′	三峡工程坝址在夷陵区三斗坪镇，夷陵区既是三峡工程坝区，也是三峡库区首区。地势呈现西北高、东南低的特点，三面群山环抱，具有山地、丘陵、河谷等多种地貌类型。地处亚热带季风气候区，四季分明，气候温和，年均降水量 1234mm。 主要公共安全威胁类型有：水系统污染、消落带污染、生态环境破坏等。
秭归县	2427	湖北省宜昌市	110° 18′ ~ 111° 00′ /30° 38′ ~ 31° 11′	地处川鄂咽喉要道，长江西陵峡两岸，三峡工程坝上库首县，历史文人屈原故里。境内地形起伏，四面高、中间低，地质构造复杂，有天然地质博物馆之称。典型中纬度亚热带季风气候，海拔 600m 以下地区，温热冬暖；600 ~ 1200m 地带，温和湿润，冬冷夏凉；1200m 以上地区，冬寒无夏具有典型的山区气候特征，年降水量 1200 ~ 1800mm。 主要公共安全威胁类型有：文化重构安全、移民安置安全、群体性暴力事件等。
兴山县	2327	湖北省宜昌市	110° 45′ ~ 113° 43′ /31° 14′ ~ 32° 00′	距三峡大坝 97 km，是革命根据地，历史文人王昭君故里，地貌区划属秦岭大巴山体系，山脉走向从东向西伸展，境内地势东西北三面高，南面低，由南向北逐渐升高。东北部群山重叠，多山间台地，向南逐渐降低，西北部山高坡陡，沟深谷幽，水流湍急。兴山县属亚热带大陆性季风气候，春季冷暖多变，雨水较多；夏季雨量集中，炎热多伏旱；秋季多阴雨；冬季多雨雪、早霜，年平均降水量为 900 ~ 1200mm。 主要公共安全威胁类型有：产业空心化、生命线工程灾害、公共卫生事故、火灾等。

续表

城市 / 区 / 县	规模（km^2）	行政归属	地理区位（东经 / 北纬）	简要概况
巴东县	3354	湖北省	110° 04′ ~ 110° 32′ /30° 28′ ~ 31° 28′	地处大巴山东，长江三峡中段，境内地形狭长，西高东低，南北起伏，地形地貌特点：地表崎岖，山峦起伏，峡谷幽深，沟壑纵横，是典型的喀斯特地貌。地处中纬度，属亚热带季风气候，温暖多雨，年降水量 1100 ~ 1900mm。 主要公共安全威胁类型有：地震、崩塌滑坡、泥石流等。
巫山县	2957	重庆市	109° 33′ ~ 110° 11′ /30° 45′ ~ 23° 28′	地处三峡库区腹心，地跨长江巫峡两岸，素有“渝东门户”之称。境内地形十分复杂，南北高中间低，峡谷幽深，岩溶发育较多，山地面积占 69%，丘陵平坝占 4%。因大巴山、巫山、七曜山三大山脉交汇于巫山县境内，形成典型的喀斯特地貌，属亚热带季风气候区，多年平均降水量 1222mm。 主要公共安全威胁类型有：地震、崩塌滑坡、交通事故等。
巫溪县	4023	重庆市	108° 44′ ~ 109° 58′ /31° 14′ ~ 31° 44′	地形以山地为主，属于典型的中深切割中山地形，境内山大坡陡，地质构造复杂，自然灾害频发，滑坡、泥石流、崩塌等灾害时有发生。巫溪县境地处中纬度，地处亚热带暖湿季风气候区，四季分明，气候温和，日照充足，温湿适度，立体气候颇具特色，年均降水量 1300 ~ 1400mm。 主要公共安全威胁类型有：文化重构安全、群体性暴力事件、崩塌滑坡等。
奉节县	3634	重庆市	109° 01′ ~ 109° 45′ /30° 29′ ~ 31° 22′	奉节属四川盆地东部山地地貌，长江横贯中部，山峦起伏，沟壑纵横，地貌总体为东南、东北高而中部偏西稍平缓，南北约为对称分布，以长江为对称轴，离长江越远海拔越高，有少量平缓河谷平坝。奉节县地处大巴山弧形褶断带，川东弧形凹褶带和川鄂湘黔隆褶带之交接复合部位。属中亚热带湿润季风气候，四季分明，年均降水量 1132mm。 主要公共安全威胁类型有：地震、崩塌滑坡、洪涝等。
云阳县	3634	重庆市	108° 24′ ~ 109° 14′ /30° 35′ ~ 31° 26′	长江由西向东流经县境，沿长江河谷地带地势低缓，其南北两侧地势渐高。具有高山深丘、山间有盆地、河谷有浅丘和平坝等地貌特征。该县地处川东褶皱带由西南转向东北走向的转折部位。云阳地处北回归线以北的东南中亚热带湿润气候区，四川盆地中亚热带湿润区，春早、夏热、秋凉、冬暖，年平均降水量 1100mm。 主要公共安全威胁类型有：文化重构安全、移民安置安全、群体性暴力事件等。

续表

城市 / 区 / 县	规模（km^2）	行政归属	地理区位（东经 / 北纬）	简要概况
万州区	3457	重庆市	107° 52′ ~ 108° 53′ /30° 24′ ~ 31° 15′	长江自西南向东北横贯本区，形成了南北高、中间低的地势；地貌以山地、丘陵为主，间有河流阶地、浅丘平坝等地貌。地质构造处于新华夏系川东平行褶皱带——万县复式向斜轴的北东段，地质构造形态以褶皱为主，断裂少见，未发现地震带构造。本区地处亚热带季风湿润带，气候四季分明，年均降水量 1243mm。 主要公共安全威胁类型有：水系统污染、消落带污染、移民安置安全、产业空心化等。
石柱县	3012	重庆市	107° 59′ ~ 108° 34′ /29° 39′ ~ 30° 32′	该县境为多级夷平面与侵蚀沟谷组合的山区地貌，群山连绵，重峦叠嶂，峡坝交错，沟壑纵横。地表形态以中、低山为主，兼有山原、丘陵。地质构造属四川沉降带渝东褶皱带一部分，构造类型以褶皱为主，断裂次之。石柱县属中亚热带湿润季风区，气候温和，雨水充沛，四季分明，年均降水量 1103mm。 主要公共安全威胁类型有：产业空心化、生命线工程灾害、公共卫生事故等。
忠县	2187	重庆市	107° 3′ ~ 108° 14′ /30° 03′ ~ 30° 35′	忠县境内低山起伏，溪河纵横交错，其地貌由金华山、方斗山、猫耳山三个背斜和其间的拔山、忠州两个向斜构成，最高海拔 1680m，最低海拔 117m，属典型的丘陵地貌。忠县地处暖湿亚热带东南季风区，属亚热带东南季风区山地气候，温热寒凉，四季分明，雨量充沛，日照充足，年降雨量 1200mm。 主要公共安全威胁类型有：文化重构安全、移民安置安全、群体性暴力事件等。
开县	3959	重庆市	107° 55′ ~ 108° 54′ /30° 49′ ~ 31° 41′	在造山运动及水流的侵蚀切割下，形成山地、丘陵、平原三种地貌类型、七个地貌单元、八级地形面。开县是四川盆地东部地台区的一部分，地层发育和地势起伏与四川盆地的地质发展历史密切相关。中生代三叠纪后期发生的印支运动，四川地台受到强烈的挤压，形成地槽型褶皱，出现开县北部的大巴山背斜。到中生代侏罗纪晚期与白垩纪发生的燕山运动，四川盆地东部受到明显挤压，褶皱成东北西南走向的近乎平行的雁列式岭谷，形成本县的温泉背斜—江里向斜—开梁背斜—浦里向斜—铁峰背斜。开县地处中纬度地区，具有亚热带季风气候的一般特点，季节变化明显，开县年均降雨量 1224mm。 主要公共安全威胁类型有：地震、崩塌滑坡、水土流失等。

续表

城市 / 区 / 县	规模（km^2）	行政归属	地理区位（东经 / 北纬）	简要概况
丰都县	2900	重庆市	107° 28′ ~ 108° 12′ /29° 33′ ~ 30° 16′	地处四川盆地东部边缘，地貌由一系列平行褶皱山系构成。以山地为主，丘陵次之，仅在河谷、山谷间有狭小的平坝。山脉和丘陵、山间平坝（槽谷）相间分布，形成南高北低、“四山夹三槽”的地形。海拔最高 2000m，最低 175m。地质构造为古生代相对隆起、中生代拗陷、新生代喜马拉雅山运动第一幕生成的北东向构造带。丰都属亚热带湿润季风气候，常年气候温和，雨量充沛，春旱冷暖多变，夏季炎热多伏旱，秋凉多绵雨，冬冷无严寒。年均降水量为 1123.4mm。 主要公共安全威胁类型有：文化重构安全、移民安置安全、群体性暴力事件等。
涪陵区	2941	重庆市	106° 56′ ~ 107° 43′ /29° 21′ ~ 30° 01′	地处四川盆地和山地过渡地带，地势以丘陵为主，横跨长江南北、纵贯乌江东西。地势大致为：东南高而西北低，西北—东南断面呈向中部长江河谷倾斜的对称马鞍状。区境地质构造的基本格局形成于燕山运动的第二、第三期，在喜马拉雅山运动时期，地层再次受到挤压，呈间歇性上升，形成现有的地质构造形态，南北构造带向北延伸企楔入川东褶皱带之中，于区境形成明显的复合构造。本区属于中亚热带湿润季风气候，常年平均气温 18.1℃，年均降水量为 1072mm。 主要公共安全威胁类型有：水系统污染、生态环境破坏、泄漏爆炸等。
武隆县	2901	重庆市	107° 13′ ~ 108° 05′ /29° 02′ ~ 29° 40′	属渝东南边缘大娄山脉褶皱带，多深丘、河谷，以山地为主。地势东北高，西南低。境内东山菁、白马山、弹子山由北向南近似平行排列，分割组成桐梓、木根、双河、铁矿、白云。因娄山褶皱背斜宽广而开阔，为寒武系石灰岩构成，在地质作用过程中，背斜被深刻溶蚀。乌江由东向西从中部横断全境。乌江北面的桐梓山、仙女山属武陵山系，乌江南面的白马山、弹子山属大娄山系。除高山和河谷有少而小的平坝外，绝大多数为坡地梯土。土壤多属黄壤、黄棕壤，其次紫色土。武隆县属亚热带湿润季风气候，气候温湿，四季分明，年降水量 1000 ~ 1200mm。 主要公共安全威胁类型有：产业空心化、生命线工程灾害、泄漏爆炸等。

续表

城市 / 区 / 县	规模（km²）	行政归属	地理区位（东经 / 北纬）	简要概况
长寿区	1423	重庆市	106° 49′ ~ 107° 27′ /29° 43′ ~ 30° 12′	是重庆市承接主城都市发达经济圈与三峡库区生态经济圈的区域性中心城市，重庆市东大门。辖区地处大巴山脉支系，属川东平行褶皱带，境内有东山、西山、铜锣山三条背斜低山，县境为“三山二槽”地貌。境内地势呈北高南低，地貌可分为三类：低山、丘陵、河谷地带，属亚热带季风气候区，年均降水量 1163mm。 主要公共安全威胁类型有：产业空心化、大气污染、公共卫生事故等。
重庆城主区	1027	重庆市	105° 07′ ~ 107° 04′ /28° 22′ ~ 30° 26′	包括渝中区、沙坪坝区、南岸区、九龙坡区、大渡口区和江北区等，地势东南高、西北低，地貌以丘陵、山地为主，其中山地占 76%，有“山城”之称。属亚热带季风性湿润气候，年平均气温在 16 ~ 18℃，常年降雨量 1000 ~ 1450mm。 主要公共安全威胁类型有：泄漏爆炸、火灾、大气污染、公共卫生事故等。
江津区	219	重庆市	105° 49′ ~ 106° 38′ /28° 28′ ~ 29° 28′	地形南高北低，以丘陵兼低山地貌为主，分为平阶地、丘陵地和山地，南部四面山区系云贵高原过渡到四川盆地的梯形地带，北部华盖山等系华莹山支脉，地势朝南撤开并逐级攀升，向西呈弧线弯突排列。属亚热带季风气候区，年均降水量 1031mm。 主要公共安全威胁类型有：产业空心化、火灾、大气污染等。

B. 三峡库区城市公共安全调查问卷

城市名称：　　　发放日期：　　　问卷编号：NO.

市民朋友，您好！

我们正在您市（区）进行“三峡库区城市公共安全”的问卷调查，您的意见将对城市移民新区选址、旧区改造、基础设施布点及社会公共资源的配置等提供重要的参考价值，您的参与将对本市的城市公共安全建设起到积极的推动作用。

请您配合完成以下的问卷内容，谢谢。

【注意事项】

- 请调查人员严格按随机抽样的要求抽选调查对象；

- 所有题目均为必答题，选定答案后请用“√”选答案前的字母。

为了保证调查问卷的真实性，请提供以下基本信息（请打“√”），以便我们对问卷的发放工作进行统计核实：

您的性别：□男　□女

您的年龄：□ 18 岁以下　□ 18~24 岁　□ 24~30 岁　□ 30~50 岁　□ 50 岁以上

您的学历：□小学　□专科　□大学本科　□研究生

居民类型：□本地居民　□流动人口　□库区移民

您的月收入：□ 1000 元以下　□ 1000~3000 元　□ 3000~5000 元　□ 5000 元以上

你的职业：□党政机关人员　□事业单位人员　□企业单位人员　□军事武警人员

□专业技术人员　□进城务工人员　□下岗失业人员　□离退休人员

□在校学生　□其他（请注明）

注：我们保证您的个人信息只用于本次城市公共安全调查问卷，绝不泄露或另作他用。

1. 您了解什么是城市公共安全吗？（单选题 * 必答）

○ 了解

○ 基本了解

○ 不了解

2. 您认为当前生活城市的公共安全总体状况如何？（单选题 * 必答）

○ 很好

○ 好

○ 较好

○ 不好

3. 您认为当前生活城市的水污染严重度如何？（单选题 * 必答）

○ 十分严重

○ 严重

○ 一般

○ 不严重

4. 您认为当前生活城市的滨江消落带污染严重度如何？（单选题 * 必答）

○ 十分严重

○ 严重

○ 一般

○ 不严重

5. 您对当前生活城市的生态环境满意度如何？（单选题 * 必答）

○ 非常满意

○ 满意

○ 比较满意

○ 不满意

6. 您认为当前生活城市的地震灾害危害程度如何？（单选题 * 必答）

○ 十分严重

○ 严重

○ 一般

○ 不严重

7. 您认为当前生活城市中崩塌滑坡灾害发生概率如何？（单选题 * 必答）

○ 非常高，经常发生

○ 高，时有发生

○ 一般，偶尔发生

○ 低，基本不发生

8. 您认为当前生活城市中泥石流灾害危害程度如何？（单选题 * 必答）

○ 十分严重

○ 严重

○ 一般

○ 不严重

9. 您认为当前生活城市中水土流失危害程度如何？（单选题 * 必答）

○ 十分严重

○ 严重

○ 一般

○ 不严重

10. 您认为当前生活城市中洪涝灾害危害程度如何？（单选题 * 必答）

○ 十分严重

○ 严重

○ 一般

○ 不严重

11. 您认为当前生活城市中交通事故发生概率如何？（单选题 * 必答）

○ 非常高，经常发生

○ 高，时有发生

○ 一般，偶尔发生

○ 低，基本不发生

12. 您认为当前生活城市中，因三峡移民导致的人口失业问题的严重度如何？（单选题 * 必答）

○ 十分严重

○ 严重

○ 一般

○ 不严重

○ 说不清

13. 在您当前生活城市中，您对城市卫生环境（楼道、社区、垃圾收集点等）、基础公共设施（路灯、路面、排水等）等生命线工程是否满意？（单选题 * 必答）

○ 非常满意

○ 满意

○ 比较满意

○ 不满意

○ 说不清

14. 在您所生活的城市中，您认为城市公共空间（广场、公园、大型公共建筑等）是否能满足城市居民需要？（单选题 * 必答）

○ 满足

○ 基本满足

○ 不满足

○ 不清楚

15. 在您所生活的城市中，泄漏爆炸灾害事故发生概率如何？（单选题 * 必答）

○ 非常高，经常发生

○ 高，时有发生

○ 一般，偶尔发生

○ 低，基本不发生

16. 在您所生活的城市中，火灾发生概率如何？（单选题 * 必答）

○ 非常高，经常发生

○ 高，时有发生

○ 一般，偶尔发生

○ 低，基本不发生

17. 在您所生活的城市中，大气污染危害程度如何？（单选题 * 必答）

○ 十分严重

○ 严重

○ 一般

○ 不严重

18. 在您所生活的城市中，公共卫生事故概率如何？（单选题 * 必答）

○ 非常高，经常发生

○ 高，时有发生

○ 一般，偶尔发生

○ 低，基本不发生

19. 在您所生活的城市中，文化基础设施是否满足需要？（单选题 * 必答）

○ 满足

○ 基本满足

○ 不满足

○ 不清楚

20. 在您所生活的城市中，您认为移民新区建设条件满足安全需要吗？（单选题 * 必答）

○ 满足

○ 基本满足

○ 不满足

○ 不清楚

21. 在您所生活的城市中，是否存在因移民安置引发的公共安全事件？（单选题 * 必答）

○ 发生过

○ 没有发生过

○ 不清楚

其他未涉及的问题，可以写在以下空白处：

C. 三峡库区城市公共安全问卷调查数据分析表

序号	问卷内容	备选答案	图表分析	数据分布特征
1	您了解什么是城市公共安全吗？	○了解 ○基本了解 ○不了解	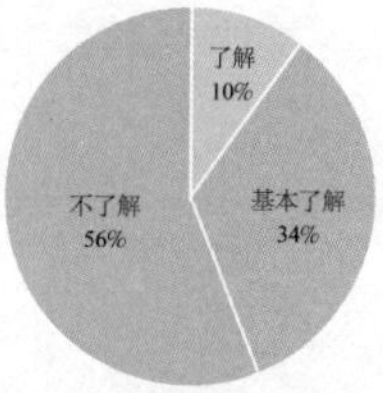 了解 10% 基本了解 34% 不了解 56%	（1）对城市公共安全的了解程度普遍不高（仅56%）； （2）了解程度与“年龄、学历、职业”有明显的正相关性，如“大学本科、研究生”普遍高于“小学、专科”； （3）了解程度与“城市发展水平”有明显的正相关性，如重庆主城区明显高于其他库区城市（区、镇）
2	您认为当前生活城市的公共安全总体状况如何？	○很好 ○好 ○较好 ○不好	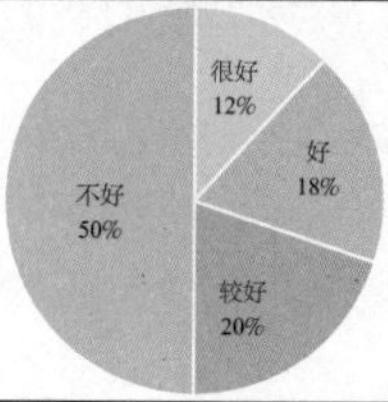 很好 12% 好 18% 较好 20% 不好 50%	（1）库区城市公共安全总体状况普遍不高（仅50%）； （2）认知程度与“基本类型”没有明显的正相关性，6类型认知度分布均匀； （3）认知程度与“城市类型”有明显的正相关性，18个区、县（市）的认知度分布均匀

续表

序号	问卷内容	备选答案	图表分析	数据分布特征
3	您认为当前生活城市的水污染严重度如何?	○十分严重 ○严重 ○一般 ○不严重	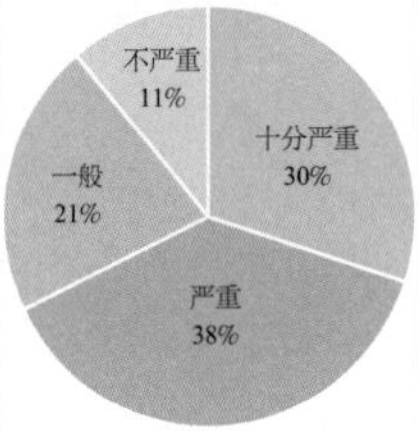 十分严重 30% 严重 38% 一般 21% 不严重 11%	(1)库区城市水污染程度普遍严重(占68%); (2)认知程度与“职业”有明显的正相关性,如“党政机关人员”普遍高于“下岗失业人员”; (3)库区城市水污染程度与城市产业类型呈正相关性,如长寿、开县等工业主导类型城市的水污染程度高;丰都、巫山、奉节、秭归等旅游型城市的水污染程度低;万州、涪陵等综合型的水污染程度一般
4	您认为当前生活城市的滨江消落带污染严重度如何?	○十分严重 ○严重 ○一般 ○不严重	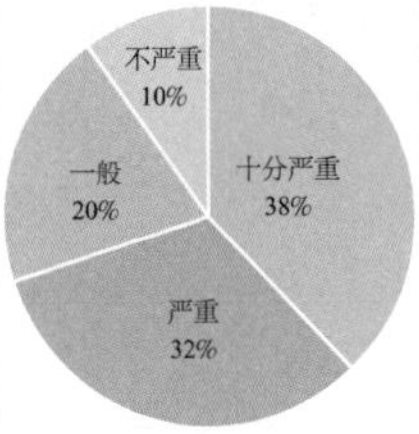 十分严重 38% 严重 32% 一般 20% 不严重 10%	(1)库区城市滨江消落带污染程度普遍严重(占70%); (2)认知程度与“职业”有明显的正相关性,如“党政机关人员”普遍高于“下岗失业人员”; (3)库区城市滨江消落带污染与城市类型、滨水区建设情况及城市生态环境综合状况有关,如万州,在北岸滨江路及护堤的建设中,对消落带问题做了综合的研究和治理,采用“生态化、美学化和功能化的”综合处理,起到了不错的效果
5	您对当前生活城市的生态环境满意度如何?	○非常满意 ○满意 ○比较满意 ○不满意	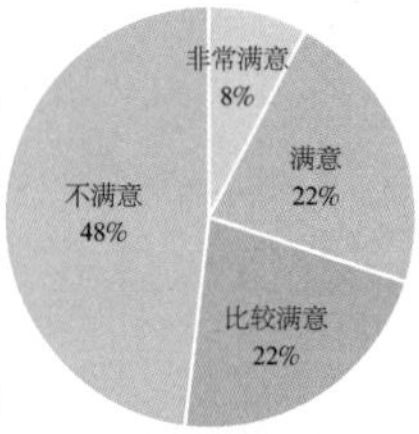 非常满意 8% 满意 22% 比较满意 22% 不满意 48%	(1)库区城市生态环境满意度普遍偏低(仅48%); (2)满意度与“基本类型”没有明显的正相关性,类型满意度分布均匀; (3)满意度与“城市类型”没有明显的正相关性,18个区、县(市)的认知度分布均匀
6	您认为当前生活城市的地震灾害危害程度如何?	○十分严重 ○严重 ○一般 ○不严重	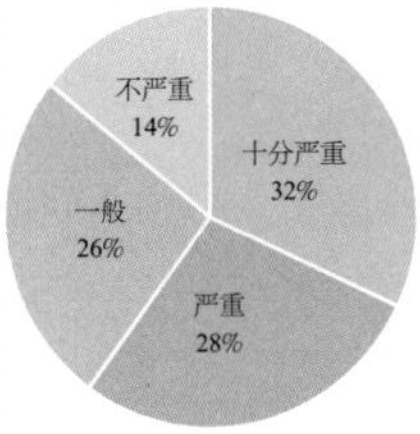 十分严重 32% 严重 28% 一般 26% 不严重 14%	(1)库区城市地震灾害危害程度普遍偏高(达60%); (2)认知程度与“基本类型”没有明显的正相关性,认知程度分布均匀; (3)危害程度与“地震断裂带分布”有明显的正相关性,如“齐岳山东北和建始北延断裂带”上城市(秭归等)危害度普遍偏高
7	您认为当前生活城市中崩塌滑坡灾害发生概率如何?	○非常高,经常发生 ○高,时有发生 ○一般,偶尔发生 ○低,基本不发生	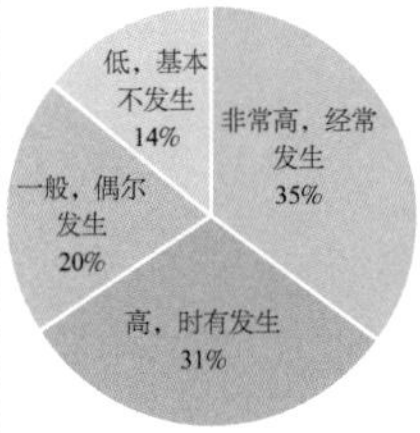 非常高,经常发生 35% 高,时有发生 31% 一般,偶尔发生 20% 低,基本不发生 14%	(1)库区城市崩塌滑坡灾害发生概率普遍偏高(达66%); (2)认知程度与“基本类型”没有明显的正相关性,认知程度分布均匀; (3)危害程度与“地质地形”复杂程度有明显的正相关性,如万州(太白岩中段、太白岩东段、太白岩南段、万斛城、天子城、手扒岩等处地形地质条件极其复杂)、云阳等地质地形复杂的城市,居民认知度普遍偏高

续表

序号	问卷内容	备选答案	图表分析	数据分布特征
8	您认为当前生活城市中泥石流灾害危害程度如何?	○十分严重 ○严重 ○一般 ○不严重	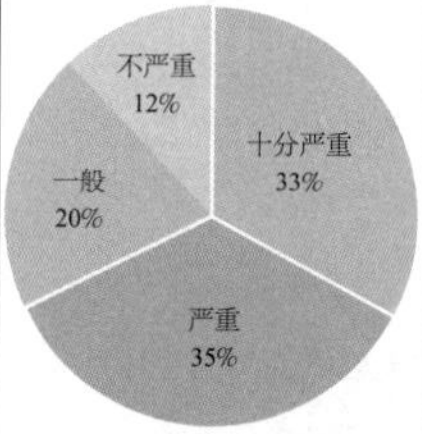 不严重 12% 十分严重 33% 一般 20% 严重 35%	(1)库区城市泥石流灾害危害程度普遍偏高(达68%); (2)认知程度与“基本类型”没有明显的正相关性，认知程度分布均匀; (3)危害程度与“地质地形及气候”条件复杂程度有明显的正相关性，如涪陵、丰都等地质地形及气候条件复杂的城市，居民认知度普遍偏高
9	您认为当前生活城市中水土流失危害程度如何?	○十分严重 ○严重 ○一般 ○不严重	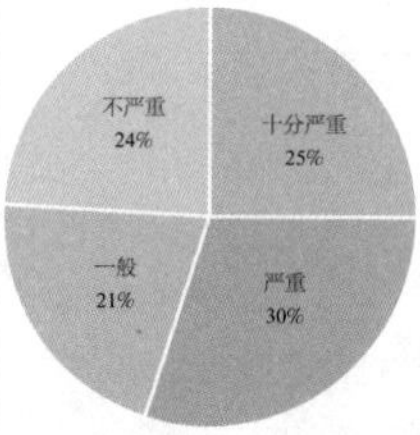 不严重 24% 十分严重 25% 一般 21% 严重 30%	(1)库区城市泥石流灾害危害程度普遍偏高(达55%); (2)认知程度与“基本类型”没有明显的正相关性，认知程度分布均匀; (3)危害程度与“地质地形及气候”条件复杂程度有明显的正相关性，如巴东老城、奉节等地质地形及气候条件复杂的城市，居民认知度普遍偏高
10	您认为当前生活城市中洪涝灾害危害程度如何?	○十分严重 ○严重 ○一般 ○不严重	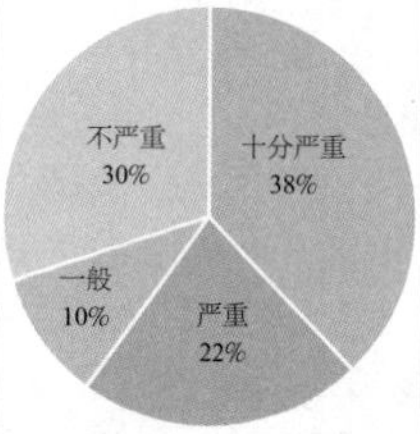 不严重 30% 十分严重 38% 一般 10% 严重 22%	(1)库区城市洪涝灾害危害程度普遍偏高(达60%); (2)认知程度与“基本类型”没有明显的正相关性，认知程度分布均匀; (3)危害程度与“城市基础设施建设”完善度和“地形地质”复杂程度有明显的正相关性，如重庆主城区受洪涝灾害的危害明显小于其他城市
11	您认为当前生活城市中交通事故发生概率如何?	○非常高，经常发生 ○高，时有发生 ○一般，偶尔发生 ○低，基本不发生	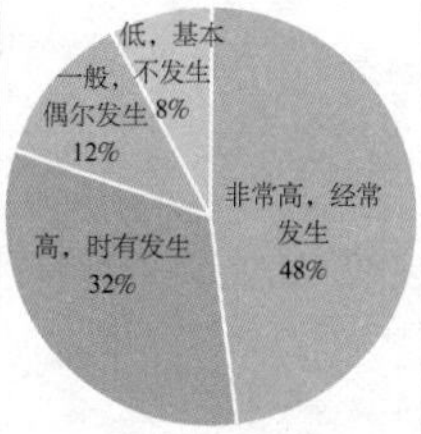 低，基本不发生 8% 一般，偶尔发生 12% 非常高，经常发生 48% 高，时有发生 32%	(1)库区城市交通事故发生概率普遍偏高(达75%); (2)认知程度与“学历、职业”有明显的正相关性，如“大学本科、研究生”普遍高于“小学、专科”，“党政机关人员”普遍高于“下岗失业人员”; (3)发生概率与“道路设施建设”完善度和“地形条件”复杂程度有明显的正相关性，如万州、涪陵等典型的山地城市明显高于其他城市
12	您认为当前生活城市中，因三峡移民导致的人口失业问题的严重度如何?	○十分严重 ○严重 ○一般 ○不严重 ○说不清	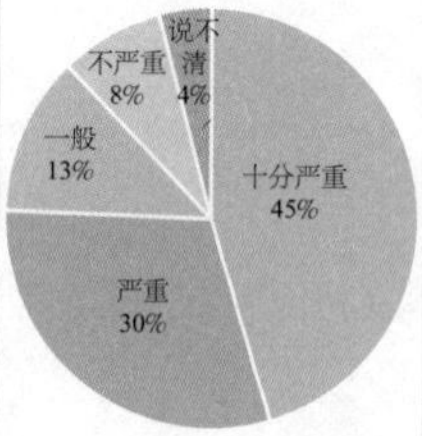 不严重 8% 说不清 4% 一般 13% 十分严重 45% 严重 30%	(1)因三峡移民导致人口失业问题比较严重(达75%); (2)认知程度与“学历”有明显的负相关性,如“大学本科、研究生”认知度普遍低于“小学、专科”; (3)失业严重度与移民搬迁类型有关，“异地搬迁”比“就地后靠”的严重度要高。如巴东县信陵镇整体搬迁至老城上游6km处的“白云凌、云沱、西襄坡处”的失业率，明显高于涪陵区就地后靠居民的失业率

续表

序号	问卷内容	备选答案	图表分析	数据分布特征
13	在您当前生活城市中，你对城市卫生环境（楼道、社区、垃圾收集点等）、基础公共设施（路灯、路面、排水等）等生命线工程是否满意？	○非常满意 ○满意 ○比较满意 ○不满意 ○说不清	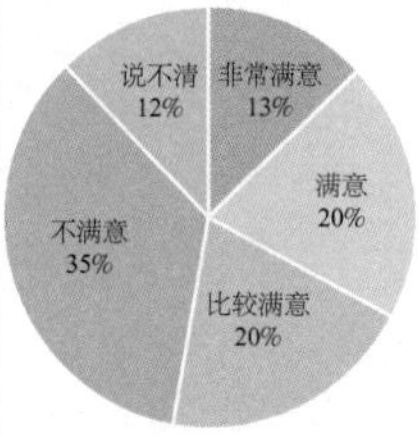 非常满意 13% 满意 20% 比较满意 20% 不满意 35% 说不清 12%	（1）库区居民对城市卫生环境、基础设施等生命线工程的满意度普遍不高（仅 47%）； （2）满意程度与"居民类型"有明显的正相关性，如"本地居民"明显高于"流动人口"的满意度； （3）满意程度与城市发展水平有明显的正相关性，如重庆主城区明显高于其他城市地区
14	在您所生活的城市中，您认为城市公共空间（广场、公园、大型公共建筑等）是否能满足城市居民需要？	○满足 ○基本满足 ○不满足 ○不清楚	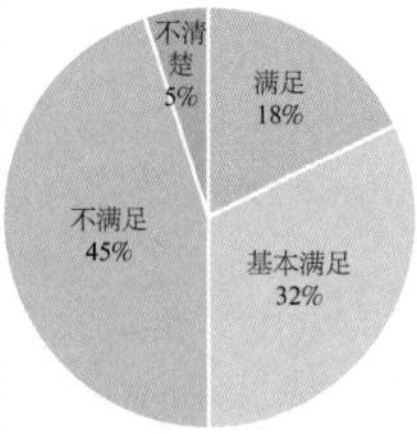 满足 18% 基本满足 32% 不满足 45% 不清楚 5%	（1）库区居民对城市公共空间的满意度普遍不高（仅 50%，其中包含不清楚 5%）； （2）满意程度与"基本类型"没有明显的正相关性，认知程度分布均匀； （3）满意程度与城市发展水平有明显的正相关性，如重庆主城区明显高于其他城市（地区）
15	在您所生活的城市中，泄漏爆炸灾害事故发生概率如何？	○非常高，经常发生 ○高，时有发生 ○一般，偶尔发生 ○低，基本不发生	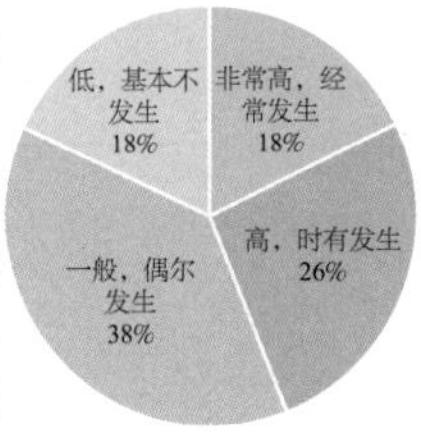 非常高，经常发生 18% 高，时有发生 26% 一般，偶尔发生 38% 低，基本不发生 18%	（1）库区城市泄漏爆炸灾害事故发生概率普遍偏高（达 44%）； （2）发生概率的认知度与"基本类型"没有明显的正相关性，认知程度分布均匀； （3）发生概率与城市工业类型有明显的正相关性，如如长寿、开县等重工业城市的发生概率明显高于巫山、奉节、秭归等其他类型城市
16	在您所生活的城市中，火灾发生概率如何？	○非常高，经常发生 ○高，时有发生 ○一般，偶尔发生 ○低，基本不发生	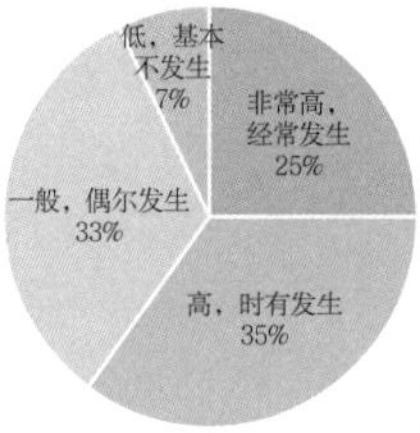 非常高，经常发生 25% 高，时有发生 35% 一般，偶尔发生 33% 低，基本不发生 7%	（1）库区城市火灾发生概率普遍偏高（达 60%）； （2）发生概率的认知程度与"学历"有明显的正相关性，如"大学本科、研究生"认知度普遍高于"小学、专科"； （3）发生概率与城市（新区或老区）基础设施建设情况呈明显的正相关性，如新区的发生概率普遍低于老区
17	在您所生活的城市中，大气污染危害程度如何？	○十分严重 ○严重 ○一般 ○不严重	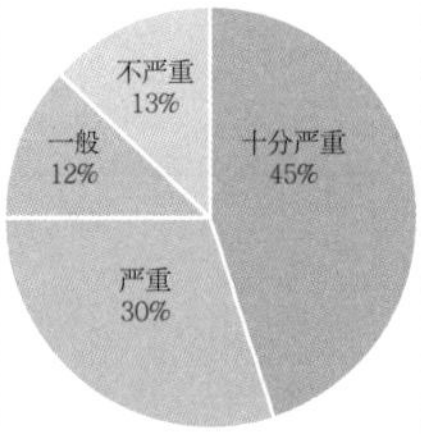 十分严重 45% 严重 30% 一般 12% 不严重 13%	（1）库区城市大气污染危害程度普遍偏高（达 75%）； （2）危害的认知度与"学历"有明显的正相关性，如"大学本科、研究生"认知度普遍高于"小学、专科"； （3）危害程度与城市性质有明显的正相关性，如长寿、开县等工业主导类型城市的大气污染程度高；丰都、巫山、奉节、秭归等旅游型城市的大气污染程度低；万州、涪陵等综合型的大气污染程度一般

续表

序号	问卷内容	备选答案	图表分析	数据分布特征
18	在您所生活的城市中，公共卫生事故概率如何？	○非常高，经常发生 ○高，时有发生 ○一般，偶尔发生 ○低，基本不发生	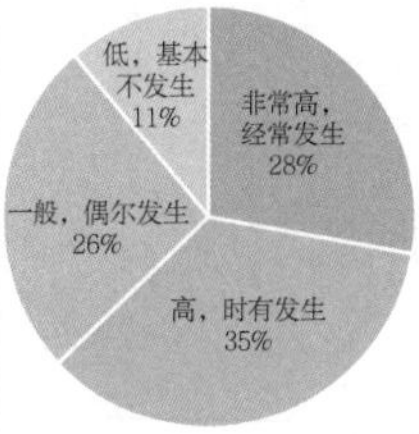 非常高，经常发生 28%；高，时有发生 35%；一般，偶尔发生 26%；低，基本不发生 11%	（1）库区城市公共卫生事故发生概率普遍偏高（达63%）； （2）发生概率的认知度与“学历”有明显的正相关性，如“大学本科、研究生”认知度普遍高于“小学、专科”； （3）危害程度与城市发展水平有明显的负相关性，如重庆市主城区明显低于其他发展水平低的城市（地区）
19	在您所生活的城市中，文化基础设施是否满足需要？	○满足 ○基本满足 ○不满足 ○不清楚	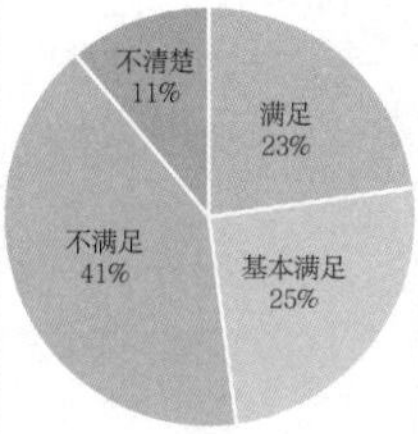 满足 23%；基本满足 25%；不满足 41%；不清楚 11%	（1）库区城市文化基础设施满意度普遍不高（仅26%）； （2）文化基础设施的认知度与“学历、职业、居民类型”有明显的正相关性，如“大学本科、研究生”普遍高于“小学、专科”，“党政机关人员”普遍高于“下岗失业人员”，“当地居民”普遍高于“流动人口”； （3）满意程度与城市发展水平有明显的正相关性，如重庆主城区明显高于其他城市（地区）
20	在您所生活的城市中，您认为移民新区建设条件满足安全需要吗？	○满足 ○基本满足 ○不满足 ○不清楚	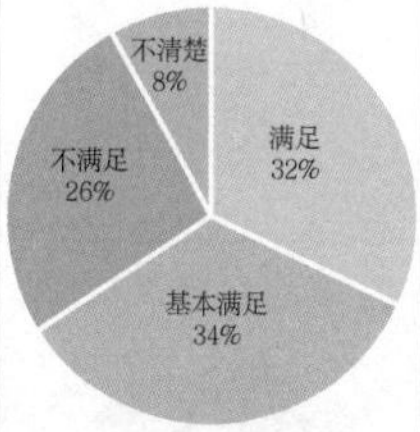 满足 32%；基本满足 34%；不满足 26%；不清楚 8%	（1）移民新区建设条件满意度普遍不高（仅34%，包含8%不清楚）； （2）移民新区建设条件认知度与“居民类型”有明显的正相关性，如“库区移民”普遍高于“当地居民”； （3）满意程度与库区移民新区建设资金投入情况有明显的正相关性[①]，如奉节县，目前靠国家投资、地方集资，治理了19处，仅占全县总隐患数的4.5%，资金严重不足，新区建设条件一般
21	在您所生活的城市中，是否存在因移民安置引发的公共安全事件？	○发生过 ○没有发生过 ○不清楚	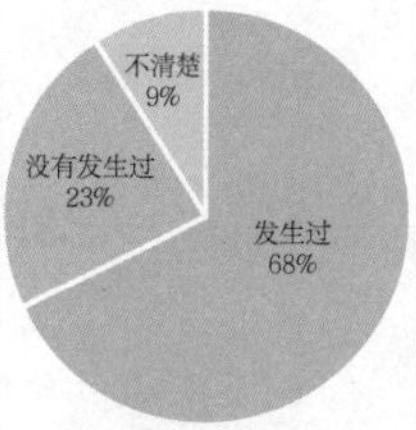 发生过 68%；没有发生过 23%；不清楚 9%	（1）在调查的数据中，发生过因移民安置引发的公共安全事件的比例普遍偏高（达68%）； （2）认知度与“居民类型”有明显的正相关性，如“库区移民”普遍高于“当地居民”； （3）发生地区的分布与城市是否属于移民搬迁类型具有正相关性，如万州等大型移民搬迁城市发生的概率明显高于其他地区

注：资料来源根据问卷资料汇总整理。

① 根据重庆市财政局农业处左良伦处长提供的数据资料显示：“云阳、巫溪、巫山、奉节、万州、丰都7个都是国家级贫困区县，涪陵、忠县则是省级贫困区县，在移民搬迁过程中资金尤为不足。以2011年为例，大致为万州5200万元、巫溪4000万元、巫山3000万元、开县4000万元、云阳4000万元、奉节3000万元、丰都3000万元。”

D. 三峡库区灾害链特征

1）自然灾害链

（1）在“地震”方面，三峡库区是地质板块活动频发地带，有多条断裂带[①]贯穿库区，三峡蓄水会诱发“构造型地震”[②]，其会形成灾害源头，极易诱发崩塌滑坡等其他次生灾害的链发。如 2014 年 3 月 30 日零时 24 分在湖北省宜昌市秭归县（北纬 30.9°，东经 110.8°）发生的 4.7 级地震（震源深度 5km），随后诱发崩塌滑坡等次生灾害，造成巨大的人员伤亡。

（2）在“崩塌滑坡”方面，库区水位的上下变化，会使水流渗入坡体，加大孔隙水压，软化土石，增大坡体容量，改变坡体的静水压、动水压，从而诱发崩塌滑坡，不仅如此“构造性地震”也是引发崩塌滑坡的主要因素，且进一步容易引发“泥石流”等次生灾害。如：2014 年 9 月 3 日湖北省宜昌市秭归县发生了大面积山体崩塌滑坡[③]，随后引发泥石流，导致大岭电站整体损毁、G348 国道中断。

（3）在“泥石流”方面，泥石流可以说是地震、崩塌滑坡的次生灾害，其破坏力更大，由于三峡库区特殊的河谷地形地貌[④]，库区泥石流活动较为活跃[⑤]。如 2008 年 4 月 19 日，三峡库区湖北省兴山县出现持续暴雨天气，最高降雨量达 106mm，移民迁建集镇高阳镇发生特大“泥石流”，人员伤亡严重。

（4）在“水土流失”方面，三峡库区自古以来就是水土流失非常严重的地区[⑥]，库区大于 15° 的坡耕地约占耕地面积的 56.7%，这些坡耕地大多土质松软，极易受到“地质稳定性”变化的影响。如：云阳县全区土地面积 3649km^2，水土流失面积占 67.4%，泥沙流失量 209.10 万吨 / 年，土层厚度 15 ~ 20cm、坡度大于 20° 的坡耕地泥沙流失量 165.9 吨 / 年[⑦]。

（5）在“洪涝”方面，三峡蓄水共淹没的陆地面积约 600km^2，水体下垫面面积大幅度增加所产生的局地效应，与大尺度垫气候系统叠加的复杂过程，会导致库区洪涝灾害的频发。如：2004 年 9 月三峡库区出现大范围的持续性暴雨；2007 年 7 月重庆西部地区遭受暴雨袭击[⑧]，这两次强降水都造成了极为严重的洪涝灾害。

（6）在“交通事故”方面，三峡库区城市交通多受地形限制，道路狭窄，交通条件复杂，加之库区的特有的多雾气候，极易引发交通事故；同时库区蓄水引发的崩塌滑坡、泥石流等次生灾害，也增加了交通事故发生的风险；此外三峡库区城市多依山而建，区域之间的交通联系多为单线，一旦发生交通事

① 具体分布在第二库段仙女山断裂、九畹溪断裂、建始断裂北延和秭归盆地西缘交会部位。

② 构造型地震的发生需要三个条件：（1）有发震断层；（2）发震断层本身已经接近临界状态；（3）水有向深部渗透的条件。

③ 崩塌滑坡体总体积约 80 万 m^3。

④ 已查明库区具有泥石流特征的沟谷 309 条，其中 132 条直接注入长江（左岸 56 条，右岸 76 条），其余 118 条则分布在左岸各级支沟上，59 条分布在右岸各级支沟上（其中，奉节以东三峡峡谷河段内集中分布了 254 条）。

⑤ 泥石流发生需具备三个条件：（1）物源条件；（2）水源条件；（3）地貌条件。

⑥ 其水土流失面积达 5.1 万 km^2，每年流失的泥沙总量达 1.4 亿吨，占长江上游泥沙的 26%。

⑦ 资料来源：三峡工程生态环境保护情况，http://news.sina.com.cn/c/2005-04-28/16196520772.shtml．中国网，2005。

⑧ 周国兵，沈桐立，韩余．重庆“9.4”特大暴雨天气过程数值模拟分析 [J]. 气象科学，2006,26（5）：572-577。

故就会造成片区性堵车，增加次生灾害发生风险。

2）人为灾害链

其一，“库区产业重构”方面：

（1）在“产业空心化”方面，三峡库区移民带来了一系列产业结构重组问题，加之新城建设缺乏系统性的产业支撑，极易在库区搬迁城市产生空心化问题。如：三峡工程主体完工后，受蓄水影响，万州区受淹工矿企业达 370 家，而规划关闭 227 家，仅剩 143 家[①]，新的产业尚未形成，而原有产业也未能升级，导致城乡经济关联度低，无系统产业链，造成产业空心现象。

（2）在“生命线工程灾害”方面，在以“时空急速压缩”为特点的三峡库区移民建设过程中，供水、排水、电力、燃气、石油、电话、广播、电视、医疗、公路、铁路等生命线工程极易受到影响和威胁，任何生命线工程灾害的发生都会对整个三峡库区城市安全带来致命的危险。如：2008 年 1 月重庆市武隆县普降暴雪，暴雪之大，使供电设施遭受了毁灭性的摧毁，造成全县 9 个乡镇近 10 万人用电完全瘫痪，给武隆县产业带了巨大的损失。

（3）在“泄漏爆炸”方面，在三峡库区移民搬迁导致产业重构过程中，大多以重工业为主，在其生产、储藏和运输过程中，极易发生泄漏爆炸等安全事故。如：2010 年 9 月 19 日上午 8 时 20 分左右，位于长寿区关口的长寿化工有限公司内，三车间碳氢相锅炉旁的一个装置发生爆炸，引起附近一个装有危险化学品的储存罐泄漏燃烧，事故造成严重的人员伤亡。

（4）在“火灾”方面，三峡库区城市产业布局受到地形的限制，加之因移民的因素，导致产业局部集约化，人口密集度高，容易发生严重的火灾。如：2007 年 7 月 3 号，位于重庆市万州区五梁桥沙河路 354 号的蓬源防水涂料厂沥青提炼装置发生大火，300 多平方米厂房被烧毁，经济损失严重[②]。

（5）在“大气污染”方面，三峡库区城市工业多为重工业，工业生产排放到大气中的污染物种类繁多，在产业结构重构过程中，由于短期利益驱使，更多的有害烟尘、硫的氧化物、氮的氧化物、有机化合物、卤化物、碳化合物未做彻底的处理就排入大气，加之特殊的地形气候条件的影响，增加了库区城市的公共安全的复杂性。

（6）在“公共卫生事故”方面，三峡库区城市普遍用地不足，人口密度大，产业布局紧凑，加之在移民迁建过程中公共卫生设施建设滞后，公共卫生事故威胁形势严峻。如：湖北省宜昌市兴山县，2002~2012 年 10 年间共发生乙类传染病 9 种 1025 例，传染病平均报告发病率为 351.58/10 万，痢疾、肺结核、病毒性肝炎 3 种传染病占报告传染病总数的 88.98%[③]。

其二，“库区文化断层”方面：

（1）在“文化重构安全”方面，三峡库区文化属于“巴蜀多元文化共存体系”，库区有超过 40 个民族，聚居人口超过 200 万，是历来巴蜀文化等地域文化的主要聚集地。在三峡工程建设过程中，大量文物被淹而消失，原有文化载体受到损害，同时库区移民普遍存在盲目性和较大依赖性，对适应新环境缺乏足

---

① 詹培民．三峡库区产业空心化的在内机理 [J]. 重庆社会科学，2005，09：125-128.

② 资料来源：http：//news.QQ.com.2007 年 07 月 03 日 22：18，红网。

③ 公共卫生与预防医学 [J]. 2013，18（2）。

够的物质基础和文化寄托，极易造成文化意识不稳定，从而增加了文化重构安全的复杂性。

（2）在“移民安置安全”方面，移民安置是三峡库区城市建设最为关键的社会性问题，“搬得出、稳得住、逐步能致富”是三峡水库移民安置的基本目标，当前已进入“后移民时期”（2010 ~ 2026 年[①]），其面临问题的复杂程度远远高于传统的移民类型（外迁移民、后靠就地安置农村移民、脱离土地农村移民、城镇纯居民移民），无形中增加了移民安置的复杂性。

（3）在“群体性暴力事件”方面，移民搬迁所致的“库区文化断层”带来的民众归属感弱，自身利益得不到保证，在移民安置过程中极易发生群体性冲突事件，此类暴力事件随着三峡移民进入后移民时代，其发生率越来越高。如：巫山大昌镇部分移民要求对无审批手续的 1992 年后新增房屋进行补偿的群体性事件；开县自主外迁湖北公安县移民返乡要求同等享受政府集中组织外迁移民待遇的群体性事件等。

3）复合灾害链

（1）在“流域水系统污染”方面，水体滞留时间变长、流速变缓，降低了水体稀释自净能力，导致了水体污染度增加及岸边污染带变宽。如重庆段 71 条主要次级河流 178 个监测断面有 58.4% 的断面水质不能满足水域功能要求，37.1% 的断面水质为 V 类或劣 V 类[②]；

（2）在“消落带污染”方面，因夏季防洪和冬季蓄水发电的需要，三峡水库在每年 10 月至次年 5 月的枯水期间，正常蓄水水位将升至 175m，而在每年 5 月末或 6 月初开始的汛期，为防洪水位将降至 145m，因此在每年的夏季，三峡库区沿线将形成一条长约 5578km，面积约 349km^2 的反季节消落带，这已经成为库区沿线生态最为脆弱的地带。

（3）在“生态环境破坏”方面，三峡库区有 34.66% 的用地坡度大于 25°，水土流失面积占总面积的 58.79%，是全国水土流失最为严重的地区之一，生态敏感性高，库区自身生态系统十分脆弱，再加上“水污染”及“消落带污染”的影响，库区生态环境破坏日趋严重。

① 孙元明 . 三峡库区“后移民时期”的概念、定义及其意义 [J]. 重庆行政，2010（1）：12-13.

② 资料来源于 2013 年 3 月 6 日《新闻晚报》。

参考文献

[1] （德）赫尔曼·哈肯．协同学——大自然构成的奥秘 [M]. 上海：上海译文出版社，2005.

[2] （美）约翰·H·霍兰．隐秩序——适应性造就复杂性 [M]. 上海：上海科技教育出版社，2002.

[3] （美）约翰·H·霍兰．鲁棒——从混沌到有序 [M]. 上海：上海科技教育出版社，2006.

[4] （南非）保罗·西利亚斯．复杂性与后现代主义——理解复杂系统 [M]. 上海：上海世纪出版集团，上海科技教育出版社，2006.

[5] （英）约翰·巴罗．不论——科学的极限与极限的科学 [M]. 上海：上海科学技术出版社，2005.

[6] 李淑清，董华，张吉光．应用可拓学构建城市公共安全体系的研究 [J]. 灾害学，2006（3）.

[7] （法）埃德加·莫兰．复杂思想：自觉的科学 [M]. 陈一壮译．北京：北京师范大学出版社，2001.

[8] 曾宪云，李列平，邓曙光．城市公共安全的现状及防灾减灾策略 [J]. 安全生产与监督，2006（1）.

[9] 仇保兴．中国城市化进程中的城市规划变革 [M]. 上海：同济大学出版社，2004.

[10] 辞海编辑委员会．辞海 [Z]. 上海：上海辞书出版社，1999：943.

[11] 段汉明．城市界壳的构成与城市系统的关系 [M]// 叶树华．资源·环境·城市研究．西安：西北大学出版社，1997.

[12] 段汉明．城市学基础 [M]. 西安：陕西科学技术出版社，2000.

[13] 方可．"复杂"之道 [J]. 城市规划，1999（7）.

[14] 贺昌政，吕建平．自组织数据挖掘理论与经济系统的复杂性研究 [J]. 系统工程理论与实践，2001，21（12）：1-5.

[15] 李明，威塔涅．描述复杂性 [M]. 北京：科学出版社，1998.

[16] 李德华．城市规划原理 [M]. 北京：中国建筑工业出版社，2001.

[17] 李剑锋，刘茂，冉丽君．公共场所人群聚集个人风险的研究 [J]. 安全与环境学报，2006（5）：112-115.

[18] 李晓江．重视城市发展的多样性和复杂性 [J]. 城市规划，2000（1）.

[19] 赵万民，等．山地人居环境七论 [M]. 北京：中国建筑工业出版社，2016.

[20] 李旭．西南地区城市历史发展研究 [D]. 重庆：重庆大学，2010.

[21] 李旭．西南地区城市历史发展研究 [M]. 南京：东南大学出版社，2011.

[22] 李云燕．山地城市绿地防灾减灾功能初探 [D]. 重庆：重庆大学，2007.

[23] 李云燕，赵万民．后三峡时代库区城镇空间管制规划方法探析：以长寿区总体规划为例 [J]. 西部人居环境学刊，2013（2）：25-30.

[24] 李泽新，赵万民．长江三峡库区城市街道演变及其建设特点 [J]. 重庆建筑大学学报，2008（2）:1-10.

[25] 梁思成，陈占祥．梁陈方案与北京 [M]. 沈阳：辽宁万有图书发行有限公司，2005.

[26] 梁应添．香港城市交通规划设计概况：一位建筑师对香港交通的审视 [J]. 中外建筑，2003（5）: 1-4.

[27] 廖炳英，丘承斌．山地城市道路交通与城市形态关系浅析 [J]. 城市道路与防洪，2009（5）: 16-18.

[28] 廖云平，李德万，陈思．重庆市山地地质灾害防治对策 [J]. 重庆交通大学学报：自然科学版，2011(S1): 619-623.

[29] 刘川，徐波，梁伊独，等．日本阪神、淡路大地震的其实 [J]. 国外城市规划，1996（4）.

[30] 刘传正．地质灾害防治工程设计的基本问题 [J]. 中国地质灾害与防治学报，1994（5）: 300-305.

[31] 刘东云，周波．景观规划的杰作——从"翡翠项圈"到新英格兰地区的绿色通道规划 [J]. 中国园林，2001（3）: 59-61.

[32] 刘敦桢．西南古建筑调查概况 [M]// 刘敦桢．刘敦桢文集．北京：中国建筑工业出版社，1987.

[33] 刘剑君，沈治宇．汶川大地震部分混凝土结构建筑物震害分析与思考 [J]. 城乡规划与研究，2009（1）: 23-26.

[34] 刘学．春城昆明——历史、现代、未来 [M]. 昆明：云南美术出版社，2002.

[35] 刘亚丽，何波．地震灾后城镇重建规划及环境影响评价研究 [M]// 城市发展与规划国际论坛论文集．北京：中国城市出版社，2009.

[36] 龙彬．中国古代山水城市营建思想研究 [M]. 南昌：江西科学技术出版社，2001.

[37] 吕元．城市防灾空间系统规划策略研究 [D]. 北京：北京工业大学，2004.

[38] 吕元，胡斌．城市防灾空间理念解析 [J]. 低温建筑技术，2004（5）: 36-37.

[39] 马宗晋，高庆华．减轻自然灾害系统工程初议 [M]// 王劲峰．中国自然灾害灾情分析与减灾对策．武汉：湖北科学技术出版社，1992: 1-7.

[40] 欧阳莹之．复杂系统理论基础 [M]. 田宝国，周亚，樊英译．上海：上海科技教育出版社，2002.

[41] 沈玉麟．外国城市建设史 [M]. 北京：中国建筑工业出版社，1989.

[42] 孙施文．城市规划哲学 [M]. 北京：中国建筑工业出版社，1997.

[43] 吴良墉．吴良铺城市研究论文集（1986—1995）[M]. 北京：中国建筑工业出版社，1996: 40.

[44] 吴良镛．人居环境科学导论 [M]. 北京：中国建筑工业出版社，2002.

[45] 吴良镛，毛其智，吴唯佳，等．京津冀地区城乡空间发展规划研究 [M]. 北京：清华大学出版社，2002.

[46] 吴良镛，赵万民．三峡工程与人居环境建设 [J]. 城市规划，1995（4）: 5-10.

[47] 吴良镛，周干峙，林志群．中国建设事业的今天和明天 [M]. 北京：城市出版社，1994.

[48] 辛向阳，倪健中．东西论衡：天平上的中国 [M]. 北京：中国社会出版社，1996.

[49] 徐坚．山地城镇生态适应性城市设计 [M]. 北京：中国建筑工业出版社，2008: 10.

[50] 杨保军．直面现实的变革之途——探讨近期建设规划的理论与实践意义 [J]. 城市规划，2003.

[51] 姚士谋，朱英明，陈振光，等．中国城镇群 [M]. 合肥：中国科学技术大学出版社，2001.

[52] 余颖，陈炜，王立，等 . 城市结构：理性还是非理性 [J]. 城市发展研究，2001.
[53] 俞孔坚，李迪华，韩西丽 . 论“反规划”[J]. 城市规划，2005（9）.
[54] 张兵 . 城市规划实效论 [M]. 北京：中国人民大学出版社，1998.
[55] 张鸿雁 . 侵入与接替——城市社会结构变迁新论 [M]. 南京：南京大学出版社，2000.
[56] 张济忠 . 分形 [M]. 北京：清华大学出版社，1995.
[57] 赵万民 . 三峡库区城镇化与移民问题研究 [J]. 城市规划，1997（4）: 4-7.
[58] 赵万民 . 三峡工程与人居环境建设 [M]. 北京：中国建筑工业出版社，1999.
[59] 赵万民 . 关于山地人居环境研究的思考 [J]. 规划师，2003（6）: 60-62.
[60] 赵万民 . 西南地区流域人居环境建设研究 [M]. 南京：东南大学出版社，2011.
[61] 赵万民，李云燕 . 西南山地人居环境建设预防灾减灾的思考 [J]. 新建筑，2008（4）: 115-120.
[62] 赵万民，韦小军，王萍，赵炜 . 龚滩古镇的保护与发展 [J]. 华中建筑，2001（2）: 87-91.
[63] 赵炜 . 乌江流域人居环境建设研究 [M]. 南京：东南大学出版社，2008.
[64] 赵炜，杨娇 . 汶川地震灾区安居环境评价技术体系初探 [J]. 四川建筑科学研究，2009（06）: 168-170.
[65] 周干峙 . 城市及其区域——一个典型的开放的复杂巨系统 [J]. 城市规划，2002（2）.
[66] 高志勇 . 暴雨诱发的地质灾害遥感监测与评估 [D]. 重庆：西南大学，2010.
[67] 冯东霞，余德清，龙解冰 . 地质灾害调查的应用前景 [J]. 湖南地质，2002，21（4）.
[68] 汪洋 .3S 架构下的地质灾害灾情风险评估原理、方法与系统集成技术研究 [D]. 重庆：重庆师范大学，2004.
[69] 张文君 . 滑坡灾害遥感动态特征监测及其预测分析研究 [D]. 成都：西南交通大学，2007.
[70] 陈伟，许强，王新平 . 单体滑坡灾害危险性评价方法研究 [J]. 地球与环境，2011，39（4）: 561-566.
[71] 王治华 . 面向新世纪的滑坡、泥石流遥感技术 [J]. 地球信息科学，1999，2.
[72] 王治华 . 滑坡、泥石流遥感回顾与新技术展望 [J]. 国土资源遥感，1999，3.
[73] 王治华 . 数字滑坡技术及其在天台乡滑坡调查中的应用 [J]. 岩土工程学报，2006，28（4）.
[74] 刘光 . 泥石流致灾系数遥感信息模型初探 [J]. 水土保持研究，2001，8（2）.
[75] 阮沈勇，黄润秋 . 基于 GIS 的信息量法模型在地质灾害危险性区划中的应用 [J]. 成都理工大学学报，2001，29（1）.
[76] 高克昌，赵纯勇 . 基于 TM 影像的万州主城区崩塌地质灾害研究 [J]. 遥感技术与应用，2003，18（2）.
[77] 邓嘉农，赵继东，刘丹 . 陇南陕南滑坡泥石流发育程度及发展趋势研究 [J]. 中国水土保持，2003，9.
[78] 赵俊华 . 舟曲县滑坡泥石流遥感影像判读与灾害防治 [J]. 人民长江，2004，35（12）.
[79] 唐川，张军，周春花，等 . 城市泥石流易损性评价 [J]. 灾害学，2005，20（2）.
[80] 刘爱华 . 城市灾害链动力学演变模型与灾害链风险评估方法的研究 [D]. 长沙：中南大学，2013.
[81] 顾朝林，于涛方，李王鸣，等 . 中国城市化——格局、过程、机理 [M]. 北京：科学出版社，2008.
[82] 郭济 . 中央和大城市政府应急机制建设 [M]. 北京：中国人民大学出版社，2004.

[83] 焦双健，魏巍 . 城市防灾学 [M]. 北京：化学工业出版社，2006.

[84] 霍然，胡源，李元洲 . 建筑火灾安全工程导论 [M]. 合肥：中国科技大学出版社，1999：20-30.

[85] 周靖，马石城，赵卫锋 . 城市生命线系统暴雪冰冻灾害链分析 [J]. 灾害学，2008，23（4）.

[86] 安徽省地震局 . 中外典型震害 [M]. 北京：地震出版社，1996.

[87] 马宗晋，郑功成 . 灾害学导论 [M]. 长沙：湖南人民出版社，1998.

[88] （日）滕五晓，加藤孝明，等 . 日本灾害对策体制 [M]. 北京：中国建筑工业出版社，2003.

[89] 马士元 . 整合性灾害防救体系架构之探讨 [D]. 台北：台湾大学，2002.

[90] 马宗晋，郑功成 . 灾害学管理 [M]. 长沙：湖南人民出版社，1998.

[91] 陈荫祥 . 开展灾害科学与灾害学探讨 [J]. 灾害学，1986（1）.

[92] 金慕 . 中国城市安全警告 [M]. 北京：中国城市出版社，2004.

[93] 金磊 . 城市灾害学原理概论 [J]. 大自然探索，1998，17（1）.

[94] 郭增建，秦保燕 . 灾害物理学的方法论（一）[J]. 灾害学，1988（2）.

[95] 郭增建，秦保燕 . 灾害物理学的方法论（二）[J]. 灾害学，1988（4）.

[96] 郭增建，秦保燕 . 耗散理论在地震预报中的应用 [J]. 西北地震学报，1987，9（2）.

[97] 王丽娜，王恒生 . 基于尖点突变的人群拥挤模型研究 [J]. 灾害学，2010（2）.

[98] 孙振华 . 上海城市人为灾害的灾变动力学研究 [J]. 灾害学，1996，11（1）.

[99] 宋利萍，张俊玲 . 城市地震成灾机制分析 [J]. 高原地震，2005（2）.

[100] 雷佼 . 火旋风燃烧动力学的实验与理论研究 [D]. 合肥：中国科技大学，2012.

[101] 刘江龙 . 广州市地面塌陷成灾机制与危险性评价 [D]. 广州：广州大学，2006.

[102] 刘江龙，刘会平，吴湘滨 . 广州市地面塌陷的形成原因与时空分布 [J]. 灾害学，2007，12（4）.

[103] 刘江龙，吴湘滨，申志军 . 广州市地面塌陷分布特征与人为致灾因子分析 [J]. 中国地质灾害与防治学报，2008，19（3）.

[104] 杨小波，吴庆书 . 城市生态学 [M]. 北京：科学出版社，2002.

[105] 马宗晋，高庆华 . 减轻自然灾害系统工程初议 [J]. 灾害学，1990（2）.

[106] 马宗晋 . 中国减灾重大问题研究 [M]. 北京：地震出版社，1992.

[107] 殷杰 . 城市灾害综合风险评估 [D]. 上海：上海师范大学，2008.

[108] 葛全胜，邹铭，郑景云，等 . 中国自然灾害风险综合评估初步研究 [M]. 北京：科学出版社，2008.

[109] 金幕 . 城市灾害学原理 [M]. 北京：气象出版社，1997.

[110] 王绍玉，冯百狭 . 城市灾害应急与管理 [M]. 重庆：重庆出版社，2005.

[111] 马宗晋，高庆华 . 减轻自然灾害系统工程当议 [J]. 科技导报，1990.

[112] 史培军，等 . 国内外自然灾害研究综述及我国近期对策 [J]. 干旱区资源与环境，1989，3（3）.

[113] 史培军 . 论九十年代灾害学 [J]. 地理新论，1991，6（1）.

[114] 史培军 . 三论灾害研究的理论与实践 [J]. 自然灾害学报，2002（3）.

[115] 史培军 . 四论灾害系统研究的理论与实践 [J]. 自然灾害学报，2005（6）.

[116] 史培军．五论灾害系统研究的理论与实践 [J]. 自然灾害学报，2009（12）.

[117] 史培军，邹联，李保俊，等．从区域安全建设到风险管理体系的形成 [J]. 地球科学进展，2005，20（2）.

[118] 张明媛．城市承灾能力及灾害综合风险评价研究 [D]. 大连：大连理工大学，2008.

[119] 尹占娥．城市自然灾害风险评估与实证研究 [D]. 上海：华东师范大学，2009.

[120] 黄崇福，史培军，张远明．城市自然灾害风险评价的一级模型 [J]. 自然灾害学报，1994，3（1）.

[121] 黄崇福，史培军．城市自然灾害风险评价的二级模型 [J]. 自然灾害学报，1994，3（2）.

[122] 黄崇福．自然灾害风险评价理论与实践 [M]. 北京：科学出版社，2005.

[123] 孙崎．城市自然灾害定量评估方法及应用 [D]. 青岛：中国海洋大学，2008.

[124] 吴新燕．城市地震灾害风险分析与应急准备能力评价体系的研究 [D]. 北京：中国地震局地球物理研究所，2006.

[125] 赵庆良．沿海山地丘陵型城市洪灾风险评估与区划研究 [D]. 上海：华东师范大学，2010.

[126] 王营．城乡洪灾淹没损失分析方法研究 [D]. 大连：大连理工大学，2012.

[127] 周天．城市火灾风险和防火能力研究 [D]. 上海：同济大学，2007.

[128] 李杰，宋建学．城市火灾危险性分析 [J]. 自然灾害学报，1995，4（2）.

[129] 吴宗之，多英全．区域定量风险评价方法及其在城市重大危险源安全规划中的应用 [J]. 中国工程科学，2006（4）.

[130] 翁韬，等．城市重大危险源区域风险评价研究 [J]. 中国工程科学，2006（10）.

[131] 王薇．城市防灾空间规划研究及实践 [D]. 长沙：中南大学，2007.

[132] 金嘉．构造城市防灾空间——21 世纪城市功能设计的关键 [J]. 工程设计 CAD 与智能建筑，2001（8）.

[133] 吕元，胡斌．城市防灾空间理念解析明 [J]. 低温建筑技术，2004（5）.

[134] 施小斌．城市防灾空间效能分析及优化选址研究 [D]. 西安：西安建筑科技大学，2006.

[135] 苏幼坡，刘瑞兴．城市地震避难所的规划原则与要点 [J]. 灾害学，2004，27（3）.

[136] 姚清林．试论城市减灾规划 [[J]. 城市规划，1995（3）.

[137] 牛晓霞．城市公共安全规划模式的研究 [J]. 中国安全科学学报，2003，12（3）.

[138] 牛晓霞．城市公共安全规划理论与方法的研究 [D]. 天津：南开大学，2004.

[139] 范维澄，翁文国．中国火灾科学基础研究概况 [M]. 北京：科学出版社，2003.

[140] 王文俊，王月龙，罗英伟．基于 GIS 的“119”消防指挥调度系统的设计与实现 [J]. 计算机工程，2004，30（5）.

[141] 许云，任爱珠，潘国帅．基于 GIS 和 VR 的消防指挥系统研究 [J]. 土木工程学报，2003，36（5）.

[142] 刘钊，程锦，张远智．基于 GIS 的城市火灾信息管理与分析系统 [J]. 灾害学，2000，15（1）.

[143] 谢旭阳，任爱珠．城市地震次生火灾蔓延模拟系统 [J]. 消防科学与技术，2003，22（6）.

[144] 许建东，王新茹，林建德，等．基于 GIS 的城市地震次生火灾蔓延初步研究 [J].2002，24（3）.

[145] 李杰，江建华，李明浩．基于 GIS 的城市地震次生火灾危险性分析系统 [J]. 地震学报，2001，23（4）.

[146] 李杰，江建华．地震次生火灾动态危险性分析方法研究 [J]. 自然灾害学报，2001，10（2）.

[147] 刘仁义，刘南 . 基于 GIS 的复杂地形洪水淹没区计算方法 [J]. 地理学报，2001，56（1）.

[148] 刘仁义，刘南 . 基于 GIS 技术的淹没区确定方法及虚拟现实表达 [J]. 浙江大学学报：理学版，2002，29（5）.

[149] 刘仁义，刘南 . 基于 GIS 技术的水利防灾信息系统研究 [J]. 自然灾害学报，2002，11（1）.

[150] 周成虎，万庆，黄诗峰，等 . 基于 GIS 的洪水灾害风险区划研究 [J]. 地理学报，2000，55（1）.

[151] 白薇 . 城市洪水风险分析及基于 GIS 的洪水淹没范围模拟方法研究 [D]. 哈尔滨：东北农业大学，2001.

[152] 谢礼立，陶夏新，左惠强，等 . 基于 GIS 和 AI 的地震灾害危险性分析与信息系统 [M]//《城市与工程减灾基础研究论文集》编辑委员会 . 城市与工程减灾基础研究论文集 . 北京：中国科学技术出版社，1997.

[153] 朱煌武，黄晓岗 . 合肥市防震减灾计算机信息管理系统——我国城市防震减灾示范研究与应用介绍 [J]. 自然灾害学报，2000，9（3）.

[154] 江建华，李素贞，李杰 . 基于 GIS 的城市生命线工程地震反应仿真研究 [J]. 灾害学，2001，16（1）.

[155] 宋俊高，朱元清 . 上海市防震减灾应急决策信息系统——GIS 的应用 [J]. 地震学报，2000，22（4）.

[156] 火恩杰，宋俊高，朱元清，等 .GIS 在城市防震减灾应急决策中的应用 [J]. 自然灾害学报，2000，9（3）.

[157] 秦效启，翁大根 . 汕头市综合防灾减灾系统基本框架体系 [M]//《城市与工程减灾基础研究论文集》编辑委员会 . 城市与工程减灾基础研究论文集 . 北京：中国科学技术出版社，1997.

[158] 杨玉成，王治山，杨雅玲，等 . 鞍山市城市综合防灾系统的示范研究知识工程总体设计 [M]//《城市与工程减灾基础研究论文集》编辑委员会 . 城市与工程减灾基础研究论文集 . 北京：中国科学技术出版社，1997.

[159] 向晓斌，江见鲸，翁文斌，等 . 镇江市防洪减灾中地理信息系统的应用与开发 [M]//《城市与工程减灾基础研究论文集》编辑委员会 . 城市与工程减灾基础研究论文集 . 北京：中国科学技术出版社，1997.

[160] 化彬，于海涛，江见鲸 . 镇江市综合防灾分析仿真系统中地震分析模块的研究与开发 [M]//《城市与工程减灾基础研究论文集》编辑委员会 . 城市与工程减灾基础研究论文集 . 北京：中国科学技术出版社，1997.

[161] 罗伍剑，任爱珠，季俊贤，等 . 消防通信指挥系统在城市综合防灾中的地位与集成机理 [M]//《城市与工程减灾基础研究论文集》编辑委员会 . 城市与工程减灾基础研究论文集 . 北京：中国科学技术出版社，1997.

[162] 冯凯 . 小城镇灾害数字仿真与公共安全应急管理的集成研究 [D]. 长沙：中南大学，2006.

[163] 赵领娣 . 中国灾害综合管理机制构建研究——以风暴潮灾害为例 [D]. 青岛：中国海洋大学，2003.

[164] 王倩 . 我国自然灾害管理体制与灾害信息共享模型研究 [D]. 武汉：中国地质大学，2010.

[165] 赵成根 . 国外大城市危机管理模式研究 [M]. 北京：北京大学出版社，2006.

[166] 金嘉，周有芒 . 国外最新的安全减灾管理方法与应用 [M]. 天津：天津大学出版社，2006.

[167] 储传亨 . 论城市综合防灾 [J]. 城市发展研究，1996（3）.

[168] 谢礼立 . 自然灾害的特点和管理 [J]. 群言，2004（3）.

[169] 金磊 . 城市灾害学概论 [M]. 天津：天津大学出版社，2005.

[170] 张继权，张会，冈田宪夫 . 综合城市灾害风险管理：创新的途径和新世纪的挑战 [J]. 人文地理，2007（5）.

[171] 陈彪 . 中国灾害管理制度变迁与绩效研究 [D]. 武汉：中国地质大学，2010.

[172] 王春振，陈国阶，等 .“5・12”汶川地震次生山地灾害链（网）的初步研究 [J]. 四川大学学报：工程科学版，2009，25（4）.

[173] 祝江斌，王超，冯斌 . 城市重大突发事件扩散的微观机理研究 [J]. 武汉理工大学学报：社会科学版，2006（5）.

[174] 吴国斌 . 突发公共事件扩散机理研究——以三峡坝区为例 [D]. 武汉：武汉理工大学，2006.

[175] 方志耕，杨保华，陆志鹏 . 基于 Bayes 推理的灾害演化 GERT 网络模型研究 [J]. 中国管理科学，2009（2）.

[176] 谢自莉 . 城市地震次生灾害连锁演化机理及协同应急管理机制研究 [D]. 成都：西南交通大学，2011.

[177] 中国科协学会学术部 . 重大灾害链的演变过程、预测方法及对策 [M]. 北京：中国科学技术出版社，2009.

[178] 陈绍福 . 城市综合减灾规划模式研究 [J]. 灾害学，1997，12（4）.

[179] 张维狱，等 . 城市综合防灾示范研究明 [J]. 建筑科学，1999，23（1）.

[180] 周魁一 . 防洪减灾观念的理论进展——灾害双重属性概念及其科学哲学基础 [J]. 自然灾害学报，2004，13（1）.

[181] 谢礼立，温瑞智 . 数字减灾系统 [J]. 自然灾害学报，2002（2）.

[182] 郭增建，秦保燕 . 灾害物理学简论 [J]. 灾害学，1987（2）.

[183] 高建国 . 城市地震灾害链长链研究 [M]// 中国首届灾害链学术研讨会论文集 . 北京：气象出版社，2007.

[184] 帅嘉冰，徐伟，等 . 长三角地区台风灾害链特征分析 [J]. 自然灾害学报，2012，21（3）.

[185] 李智 . 基于复杂网络的灾害事件演化与控制模型研究 [D]. 长沙：中南大学，2010.

[186] 王翔 . 区域灾害链风险评估研究 [D]. 大连：大连理工大学，2011.

[187] 吴国斌 . 突发公共事件扩散机理研究以三峡坝区为例 [D]. 武汉：武汉理工大学，2006.

[188] 王其藩 . 系统动力学 [M]. 北京：清华大学出版社，2009.

[189] 胡爱军，李宁，等 . 从系统动力学的视角看风险的本质与分类 [J]. 自然灾害学报，2008，17（1）.

[190] 贾仁安，丁荣华 . 系统动力学——反馈动态复杂性分析 [M]. 北京：高等教育出版社，2002.

[191] 陈玉琼 . 自然灾害研究的几个问题 [J]. 灾害学，1990，5（2）.

[192] 文传甲 . 论大气灾害链 [J]. 灾害学，1994，9（3）.

[193] 田连权 . 西南同地灾害链的区域分异 [J]. 山地研究，1995，2.

[194] 王文俊，唐晓春，王建力 . 灾害地貌链及其临界过程初探 [J]. 灾害学，2000，15（1）.

[195] 商宏宽 . 自然灾害研究中几个观念问题的讨论 [J]. 工程地质学报，1996，4（3）.

[196] 肖盛燮 . 灾变链式理论及应用 [M]. 北京：科学出版社，2006.

[197] 肖盛燮 . 生态环境灾变链式理论原创结构梗概 [J]. 岩石力学与工程学报，2006，25.

[198] 肖盛燮，冯玉涛，王肇慧，郝艳广，刘建勋 . 灾变链式阶段的演化形态特征 [J]. 岩石力学与工程学报，2006，25.

[199] 刘文方，肖盛燮，隋严春，周菊芳，高海伟 . 自然灾害链及其断链减灾模式分析 [J]. 岩石力学与工程学报，2006，25.

[200] 范海军，肖盛燮，都艳广，周丹，贺丽丽 . 自然灾害链式效应结构关系及其复杂性规律研究 [J]. 岩石力学与工程学报，2006，25.

[201] 文传甲 . 广义灾害、灾害链及其防治探讨 [J]. 灾害学，2000，15（4）.

[202] 游真，蒋庆丰，徐刚 . 重庆市暴雨规律及其引发的灾害初探 [J]. 重庆环境科学，2001，23（3）.

[203] 傅敏宁，邹武杰，周国强 . 江西省自然灾害链实例分析及综合减灾对策 [J]. 自然灾害学报，2004，13（3）.

[204] 梁潇 . 地质灾变链式演绎动态跟踪系统功能结构 [D]. 重庆：重庆交通大学，2009.

[205] 陈骧 . 基于灾变链式理论的泥石流跟踪与防治 [D]. 重庆：重庆交通大学，2009.

[206] 姚清林，强祖基 . 大地震前地表温度场的演化特征 [J]. 科学研究月刊，2006，(3)：6-8.

[207] XUZS，FENGK.Study on urban community safety plan and disaster emergency management[M]. Progressin Safety Science and Technology，2004.

[208] EllenS.D.et.al.Landslide，Floods and Natine Effects of the Storm of january1982，in the San Franeisco.

[209] Bay Region=Z8.Califonia，V.S.S，1988：3-5.

[210] R.Guillande.Automated maPPing of the land slide hazard on the island of Tahiti based on.

[211] Digital satellite data[J].MaPPing Scienees&Remote Sensing，1995，32（1）.

[212] GuPtaP，Anbalagan R.SloPestability of The riDam Reservoir Area，India，using land slide hazard.

[213] Zonation（LHZ）maPPing[J].Quarterly Journal of Eng Geology，1997，30.

[214] H.Go.mez，T.Kavzoglu.Assessment of shallow land slide susee Ptibility using artifieial neural networks.

[215] InJabonosa River Basin，Venezuela[J].Engineering Geology，2005，78.

[216] Arnold M.，ChenR.S.，Deichmann U.etal.Natural Disaster Hotspots Case Studies Washington，D.C.：Hazard Management Unit[R].World Bank，2006，1-181.

[217] Lenneal J.Henderson.Emergency and disaster：pervasive risk and public bureaucracy in developingnations[J].Public Organization Review，2004，(4)：103-119.

[218] Chin-LienYen，Chin-HsiungLoh，Liang-ChunChen.Development and Implementation of Disaster Reduction Technology in Taiwan[J].Natural Hazards，2006，37（1-2）.

[219] Blaikie, P.T., Cannon.I.Davisand B.Wisner.At Risk: Natural Hazard, People's Vulner ability, and Disasters[M].London: Routledge, 1994.

[220] Chung, R.M.Natural Disaster Studies, An Investigative Series of the Committeeon Natural Disasters[M].Washington, D.C.: National Aacademy Press, 1994.

[221] Burton, and White.The Environment as Hazard[M].New York: The Guilford Press, 1993.

[222] ISDR. International Strategy for Disaster Reduction[EB/OL].Mission and objectives, 2006.http: //www.unisdr.org/eng/aboutisdr/isdr-mission-objectives-eng.htm.

[223] KreimerA., ArnoldM., CarlinA.Building Safer Cities: The Future of Disaster Risk[M].WashingtonDC: Hazard Management Facility, WorldBank, 2003.

[224] Asian Disaster Reduction Center.Databook on Asian natural disasters in the 20th Century[R].Kobe: ADRC, 2000.

[225] Prevention Consortium.Identification and Analysis of Global Disaster.

[226] Anthony Gar-OnYeh, Man Hong Chow.Anintegrated GIS andLocation—Allocation Approach to Public Facilities Planning-an Example of Open Space Planning[J].Comput.Enviro.andUrbanSystems, 1996, 20（4）.

[227] N.Rosmuller, G.E.G.Beroggi.Participative multi-actor safety screening of infrastructures [J].Safety-Science, 2000, 35（1-3）.

[228] MiletiDS.natural hazards and disasters-disaster by design[M].Washington, D.C.: Joseph Henry Press, 1999.

[229] LIU Aihua, WU Chao.Research on Area Risk Assessment for Chemical Park Basedon Domino Effect Model[J].2012 International Symposium on Safety Science and Technology, 2012, 10.

[230] COZZANIV, ANTONIONIG, SPADONIG.The assessment of risk caused by domino effect in quantitative area risk analysis[J].Journal of Hazardous Materials, 2005, A127: 14-30.

[231] S.P.Koumiotis, C.T.Kiranoudis, N.C.Markatos.Statisealanalysis of domino chemical accidents[J].JournalofHazardousMaterials, 2000, 71（1-2）.

[232] FaisalI.KhanandS.A.Abbasi.DOMIFFECT: user——friendlysoftwarefordominoeffectanalysis[J].Enviroments Modelling&Software, 1998, 13.

[233] Mehrotra G.S., Sarkar S.&DharmmarrajuR.Landslide hazard assessment in Rishikesh——Tehriarea, GarhwalHimalaya.Ptoe.6th.Int.Symp.Landslide, Christehureh, NewZealand, 1992, 2.Wieezork, GEEvaulatingDangerLandslideCaralogueMaPeJ.Bulletin of the Assoeiation of Engineering Gelogists, 1984, 1（1）.

[234] Toby N., Carlson, David A. Ripley.On the Relation between NDVI Fraetional Vegetation Cover and Leaf AreaIndex[J].Remote Sensing of Environment, 1997（62）: 241-252.

[235] Blaikie P., Cannon T., Davis I., etal.Risk: Natural hazard, people'svulnerability and Disasters[M].

London: Routledge, 1994: 13-21.

[236] C.F.Hermann, (Ed.): International Crisis: In sight from Behavioral Research[M].N.Y.: FreePress, 1972.

[237] RussellR.DynesandE.LQuarantelli. "HelpingBehaviorinLargeScaleDisasters", inParticipationinSocialandPoliticalActivities, ed.ByDavidHortonSmithandJacquelineMacaulay.San Francisco, CA:Jossey-Bass, 1980: 339-354.

[238] ElQuarantelli, TheDeliveryofDisasterEmergencyMedicalServices: RecommendationsfromSystematicFieldStudies.DisasterMedicine, 1983: 1-44.

[239] Norman R.Augustine.Managing the Crisis You Tried to Prevent[J].HarvardBusinessReview, 1995.

[240] HiP, DuJ, JIM, etal. "UrbanRISkASSessmentReseareh" fMajorNaturalDISastersinChina[J]. AdvaneesinEarthSeienee, 2006, 21 (2): 170-177.

[241] BATAGELJV, MRVARA.Pajek——Program for Large Network Analysis[EB/OL].2009-09-158.

[242] Lada Adamie.Introduetory soeial network analysis with Pajek[EB/OL].2008.

[243] Waugh W.L.Gregory S.Collaborationand Leadership for Effective Emergency Management. SpecialIssue[J].PublicAdministrationReview, 2006, 66 (1): 131-140.

[244] Alexander D.Information technology inreal-time formonitoring and managing natural disasters.Process in Physical Geography, 1991, 15 (3): 238-260.

[245] M.Sheleiby, M.Farnaghi, M.R.Malek, A.A.Alesheikh, .Designand Development of Typical Mobile GIS for Disaster Management[J].Geophysical Research Abstracts, 2007, (9) .

[246] Waugh, WilliamL.Jr.The Political Costs of Failure in the Katrina and Rita Disasters.Annals of the American Academy of Politicaland Social Science, 2006.Haddow, GeorgeD.&Bullock, JaneA. Introduction to Emergency Management (SecondEdition) .ElsevierInc., 2006: 329-331.FEMA.[EB/OL].http: //www.fema.gov/.

[247] Sylves, Richard T., Cumming' William R.FEMA's Path to Homeland Security: 1979-2003[J]. Homeland Security and Emergency Management, 2004, 1 (2) .

[248] Jonathan Abrahams.Disaster management in Australia: The national emergency management System[J]. Emergency Medieine, 2001, (13) .

[249] Piatt,RutherfordH.Disasters and Democracy: The Politics of Extreme Natural Events,Washington,D.C.: IslandPress, 1999.

[250] Prasanta.Kumat.Dey.Decision Support System for Risk Managememt: a Case Study[J].Management Decision, 2001 (8): 634-649.

后 记

在本书即将付梓出版之际，回首漫漫求学路，从初识山城到得窥门径，从择居学步到醍醐灌顶，从走出国门到扎根三峡，山城十六载，一路艰辛，几多风雨，却也收获满囊。一路走来，满怀赤子之心，真诚地感谢恩师教诲、感谢同窗襄助、感谢朋友支持、感谢家人相伴。

师恩如海，衔草难报！最应该感谢的是我的博士生导师赵万民教授。先生人品上乘、学术一流，睿智的思维给我启发，“海鸥乔纳森”的精神给我力量，严谨的治学态度使我受益良多，而生活上的关怀更是带给我长久的温暖。“家道二十年，生师共人生”，感谢先生将我收入门墙，感谢先生的言传身教、悉心点拨，使我得以历时三年遍访泽川、深耕三峡，在可爱其山水秀丽、民风淳朴之余，也能深忧其公共安全迫在眉睫，最终选定“三峡库区城市公共安全”进行探索研究。今日点滴收获，饱含先生心血，先生之言传技法与文章、身教道德与思维早已融入灵魂，必将使我终身受益。先生说：“学术研究是一项连贯性工作。”弟子不才，唯有谨遵教谕，投身科研，上下求索，方能报师恩于万一。

我还要特别感谢重庆大学的肖铁岩副书记、董世永教授、黄天其教授、徐煜辉教授、杨宇振教授、谭少华教授、龙莉莉教授，段炼教授、李泽新教授、李和平教授、龙彬教授、邢忠教授、卢峰教授、曾卫教授、杨培峰教授、魏皓严教授和谭少华教授；感谢清华大学毛其智教授、东南大学杨俊宴教授；感谢华中科技大学黄亚平教授；感谢重庆交大通学汪峰教授；感谢四川美术学院建筑艺术系黄耘教授、张剑涛同事；感谢黄勇、汪洋、黄瓴、李进、戴严、晓芳、云燕、朱猛、刘畅、李旭、萧乐、刘柳、杨黎等“山地人居环境学科团队”的兄弟姐妹们，与你们一起奋斗过的岁月，弥足珍贵！

深情感谢家人无微不至的关爱与支持，求学路压弯了父母的腰，寄托了他们深深的牵挂，没有家人默默的付出，不会有我今天的一切！最后，感谢岁月与生活对我的磨砺！

郭 辉

二〇一六年七月 于重庆